CHINESE COMMUNIST ESPIONAGE

AN INTELLIGENCE PRIMER

中共百年間諜活動

彼得・馬提斯 PETER MATTIS　　馬修・布拉席爾 MATTHEW BRAZIL

目錄
Contents

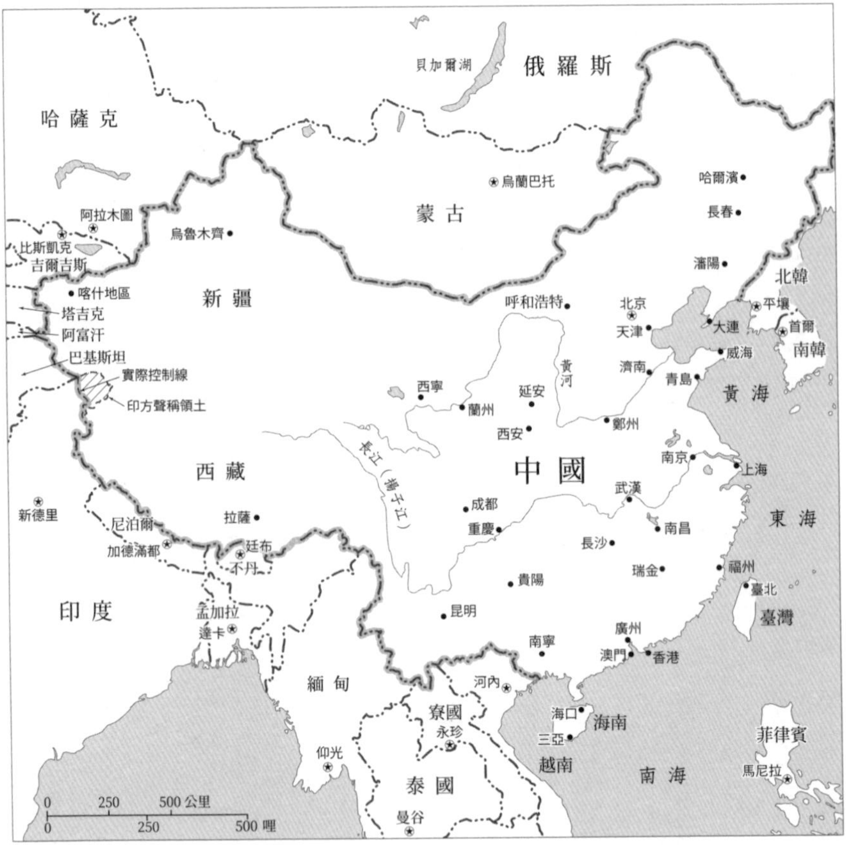
貝加爾湖
俄羅斯
哈薩克
烏蘭巴托
蒙古
阿拉木圖
比斯凱克
吉爾吉斯
烏魯木齊
哈爾濱
長春
瀋陽
北韓
喀什地區
新疆
呼和浩特
北京
平壤
塔吉克
天津
大連
首爾
阿富汗
威海
南韓
巴基斯坦
實際控制線
印方聲稱領土
黃河
濟南
青島
西寧
延安
蘭州
黃海
西安
鄭州
長江（揚子江）
南京
上海
西藏
中國
武漢
新德里
成都
拉薩
尼泊爾
重慶
南昌
東海
長沙
加德滿都
廷布
不丹
瑞金
福州
貴陽
臺北
印度
孟加拉
昆明
臺灣
達卡
廣州
南寧
澳門
香港
緬甸
河內
海口
寮國
海南
永珍
三亞
菲律賓
仰光
越南
南海
泰國
馬尼拉
0 250 500 公里
0 250 500 哩
曼谷

序文 Preface

本書是由當代中華人民共和國情報社群分析師彼得・馬提斯（Peter Mattis）與研究早期中國共產黨（Chinese Communist Party, CCP）情報行動的歷史學者暨前企業調查員馬修・布拉席爾（Matthew Brazail）兩人合作的結果。對於那些冀求更清楚了解中國如何執行間諜工作的人來說，我們希望本書能引起他們的興趣。雖說「人人皆間諜」，中共進行機密情報工作的做法，依然太常被覆蓋在不必要的神祕面紗下。如此使得保護國家安全機密的政府以及保護商業貿易機密的企業可能誤判情勢或是存有偏見。或許更重要的是，扭曲且傷害了中國與其重要外交和貿易夥伴之間的雙邊關係，尤其是美國跟日本。

這種神祕感部分是我們自己造成的。這個領域被中國觀察者所忽略，有時候是為了避免某種破壞商業往來，或是其他與中國建立的長久關係，有時候則是因為中文那層語言薄幕。許多近來以英文發表的中國諜報研究作品未能穿透那層帷幕，或甚至是未能公允討論，在於幾乎未參考任何中文文獻。這就像是某人在北京撰寫一本有關美國情報社群的著作，卻沒有參考任何英文文獻。

讀者可以在我們的參考書目中看到，我們參閱了大量中文著作、書籍以及其他資料。即便如此，我們相信自己不過只是挖掘了表面。相較於一些作者深入探究了大量且未被深論的中文作品，且其中多是關於情報資訊、非官方地下出版品以及未公開檔案的探討，最終為這個陰暗朦朧的世界帶來些許清澈[1]，我們的所知尚淺。然而，相對於近年來愈來愈多將北京神格化的報導，我們期許，自己所展開的，是中國共產黨歷史和治理較黑暗一面的批判性分析。

在撰寫一份參考指南的同時，我們的意圖並非提供明確的答案，而是介紹中國共產黨與當代黨國體制的情報歷史。系統性地描繪關鍵數據、組織和間諜案例，藉此邀請讀者對中國情報機構、及其活動和手法得出自己的結論。相比之下，現存對於中國情報的分析與評論中，有許多是建立於軼事之上，或是根據無法自由發言的國安專業人士的觀察。這些專業人士的經驗經常局限在中國地下活動的一小部分。當我們只專注於商業間諜、情治單位的活動、統一戰線或是網路盜竊的行動時，會導致我們對於中國在這些領域之外的作為做出錯誤的結論——這不禁令人想起瞎子摸象的寓言故事[2]。相反的，對於今日中國情治機構的作為，以及他們的工作在中國共產黨歷史中的根源，我們嘗試提出較概括性的解釋。

一份參考指南的價值在於，許多數據資料可以更容易取得。在英文著作的限制與多數國安專業人士看待中國情治議題的狹窄透鏡之間，有必要照亮這項工作的廣度和歷史深度。現下的需求通常需要由記者跟分析師去強調新的事物，而非延續舊的事物。我們希望這份參考指南可以讓那些必須滿足今日需求的人得以更清楚地看到延續性及新意。

我們特別要感謝David Chambers、James Mulvenon、Bon Suettinger、Frederick Teiwes，以及兩名匿名人士對本書手稿大部分內容所提出的評論。我們也很感謝Børge Bakken、Michael Dutton、Roger Faligot、João Guedes、Jianye He、Philip J. Ivanhoe、Wendell Minnick、Dahlia Lanhua Peterson、Steve Tsang、Bruce Williams、Peter Wood、Miles Maochun Yu，以及加州大學柏克萊分校東亞圖書館（C. V. Starr East Asian Library）與香港中文大學中國研究服務中心（USC）的職員所提供的建議。

儘管以上所列人士以及其他要求匿名人士提供了慷慨的協助，本書內容若有任何錯誤或遺漏之處，我們會負起全責。本書所提出的觀點僅代表作者本人，不包括美國政府、美國國會及行政當局中國委員會（Congressional-Executive Commission on China, CECC）或是任何這些機構所屬人士。

引言
Introduction

對於北京某個政府部會的職員來說，二〇一一年最冷的一天不是在冬季，而是在某個早晨，一名被揭發是美國中央情報局（簡稱ＣＩＡ）間諜的同志與其懷孕的妻子在該部會中庭遭到槍決，行刑過程透過閉路電視播放出來，並下令所有人員全程觀看。

該名男子的判決只是中國政府在二〇一〇年末至二〇一二年十二月之間所發出的十幾項致命警告之一。統治中國的中國共產黨不會寬待那些握有機密且備受信任的人做出背信棄義的行為。不會有一絲仁慈，甚至是對於腹中未出生的叛徒嬰孩。國家安全系統的力量已經摧毀中國內部的ＣＩＡ網絡，任何試圖恢復該網絡的人都會遭殃。

對於這種在其他地方只會招致監獄刑期的罪行，為什麼中國共產黨會以如此大張旗鼓又致命的方式做出回應？其中一個答案在於，該黨已然太過接近遭背叛行為摧毀的境界，不論是來自盟友或是內部間諜的威脅。

對於美國人和其他西方人士來說，外國間諜與相關的「情報失敗」是有危險的，卻不至於對國家存亡造成威脅。一九四一年十二月七日，日軍攻擊夏威夷一役震撼了美國政府，尤其是情報機構，從此美方誓言再也不願受到如此意外打擊——雖然二〇〇一年九月十一日或許可算是足以令人想起往日震撼的事件。在兩次事件中，美國可能有所失誤，但是這些情報挫折並沒有讓這個國家一蹶不振，或束手就擒。

中國共產黨也有自身形式的珍珠港和九一一事件，不同的是，那些事件幾乎摧毀了共產黨在中國的勢力，且突顯了情報（在此定義為有用的資訊和分析結果，足以引導出針對某一敵人的決策）[1]與防護措施（對抗惡意行徑的保護措施）[2]如何開始摻入中國的政黨以及政府組織。一九二七年四月十二日，一場所謂的「反革命政變」突襲差點就殲滅了共產黨。那次政變的發動者是中國共產黨昔日的盟友中國國民黨（Chinese Nationalist Party, KMT），後者的士兵及警力在上海和其他城市包圍並處決了幾千名共產黨員。國民黨人稱該起事件為「一九二七年清黨事件」，當時他們清除掉滲透黨內、意圖顛覆並打倒國民黨領導權的人。在清黨事件結束之際，中國共產黨只剩下兩千至三千名士兵，黨員人數更是從六萬人銳減至一萬人[3]。然而，二十年後，毛澤東領導之下的共產黨把國民黨趕出中國大陸，其部分手段便是在國民黨政府內祕密安插無數間諜，使得該黨從內部開始腐敗。

一九二七年的「四一二事件」促使紅軍在同年八月一日成立，並為日後的地下活動、暗殺小隊及最終吸收紅軍的專業情報單位「中央特別行動科」（Special Services Section〔SSS〕，簡稱中央特科）奠基[4]。今日的國家安全部與公安部皆視中央特科為各自的前身。中央特科為了生存並蒐集敵方情報所做的努力，形塑了該黨創黨論述中的重要成分。今日所頌揚的成功事蹟不盡然只是一種誇飾，更是了解中國共產主義歷史與當代中國黨國體制下驚人的監控組織必不可少的內容。

在蒐集國民黨情報並維持共產黨於中國各城市地下活動這方面，中央特科早年便留下了一些得來不易的收穫和幸運的突破。一九三一年四月，中央特科最重大的成就和其最嚴重的失敗同時發生。自一九二九年以來，該單位以一由三人組成的間諜小隊滲入國民黨情報組織核心，他們即今日人稱的「龍潭三傑」。由錢壯飛、李克農與胡底等三人所提供的情報，使共產黨在城市中的運作得以總是搶先國民黨情報單位一步。三人之中，尤以錢壯飛所提供的情報最有可為。由於其才華及出身，他獲得在國民黨情報長官徐恩曾身旁的機要祕書一職。透過這優勢地位，他看遍所有經過徐桌上的情報，甚至更多。

然而，暗殺與意圖破壞如同其他任何微妙的情報行動，同為中央特科的職權。中央特科行動科謀殺合作者、引爆汽車炸彈，並且暗殺國民黨官員。這些後人所知的「紅隊」或「打狗隊」吸引了許多惡棍，人數不少於忠誠的共產黨員。身兼指引中央特科的負責人顧順章，儘管出身工人運動，也屬於惡棍之流[5]。顧是個有才華的魔術師與偽裝高手，他直接參與了中央特科的行動。在一九三一年四月，武漢的國民黨地方安全官員認出並成功逮捕他。顧和任何人一樣，深知一旦落入國民黨手中，便會面臨拷問和死期，於是他同意合作。然而，他警告捕捉他的人，直到把他解送至位於南京的國民黨情報總部之前，他們不應透露他遭到逮捕的消息。顧知道錢壯飛以及另外兩名「英雄」，但是並沒有供出他們。

逮到顧的人忽視他的建言，向南京發出電報，為自己抓到中國共產黨頭號間諜一事邀功。該電報在徐恩曾出門之後抵達他的辦公室，於是落入錢壯飛手裡。中國共產黨得知顧遭到逮捕且同意合作後，內部旋即快馬加鞭，以迅雷不及掩耳的速度清空城市裡的藏身之處。顧不只詳細了解中央特科，也很清楚中國共產黨在中國各城市的地下網絡。共產黨員的安全藏身處、通訊協定、真實姓名和別名、滲透單位以及國民黨內部的間諜名單都在顧的腦袋裡。錢壯飛、李克農和胡底的祕密身分有可能已經曝光，但是錢至少為中國共產黨爭取到十二小時的優勢先機。這段時間讓共產黨員得以銷毀相關文件，並且命令幹部潛逃出城。

儘管在判斷顧順章不可靠這方面的審查及教化失算，龍潭三傑仍拯救了中國共產黨在城市裡的領導階層。與此同時，毛澤東與紅軍依然安全地躲在江西的偏遠山區，即共產黨領導階層撤退之處。只是，顧順章所造成的傷害幾近摧毀共產黨在城市裡的一席之地。國民黨中央政府包圍了數千名城市裡的共產黨員，雖然重要人物如日後的總理周恩來、五星上將陳賡以及陳雲等，仍逃出搜捕網。如同後文會提到的一些黨的傑出人物，如毛澤東和葉劍英元帥，龍潭三傑藉由拯救關鍵幹部改變了中國革命的軌跡。無數的書籍、文章以及電影皆環繞著這段情節而生，因為這是歷史事實與政治宣傳一舉兩得之處。

然而，當共產黨為國民黨於一九三五年處決顧順章喝采的同時，其敘事也不甚預示了中央特科即將到來的崩解。顧的背叛嚴重削弱了中央特科的行動，以致共產黨在一九三五年解散該單位。當中國共產黨勢力移轉至鄉間以及江西的蘇維埃勢力時，該黨的情報組織也隨之轉移。其中有許多在中央特科開啟情報生涯的人被引介至中央委員會轄下的政治保衛局（Political Protection Bureau, PPB），以及中央革命軍事委員會（Central Revolutionary Military Commission, CRMC）第二局，也就是今日中央軍事委員會（Central Military Commission, CMC）的前身。錢壯飛負責該局電信監聽與分析方面的訓練課程，李克農也擔任中革軍委第二局副局長暨政治保衛局江西省分部主任等職。其他人諸如陳雲、康生跟潘漢年，則負責在城市進行後備行動，以便在潛逃到共產黨基地之前維持其情報任務的運作。

在國民黨剿共（1930-34）與長征期間，中革軍委第二局逐漸化身為拯救黨的傳奇。雖然這個軍事情報單位的影響無法否認，多數經證實的中方資料來源卻淡化了第二局破壞國民黨通訊有功的理由。多年來，國民黨未將通訊內容加密，傳送的訊息一目了然。這種做法使得第二局得以攔截敵方的無線電通訊，建立一場全面的戰鬥秩序，並且對於敵方行動充分警覺，還能找到他們的人員位置。隨著國民黨引進密碼，第二局並未發展出一套強大的解碼能力，而是學習充分利用搶來或偷來的密碼本。紅軍在長征期間的勝利，似乎和第二局當下得以仰賴的戰鬥知識和敵方密碼有直接的關係。

如果中央特科的行動所展現的，是情治之於保護黨的價值，那麼，第二局所展現的價值，便是結合指揮權和情報以掌握先機，並利用規模較小的紅軍陣容有效對抗更具優勢者。中革軍委第二局開啟了中國人民解放軍（People's Liberation Army, PLA）情報組織的歷史。今日在聯合幕僚與戰略支援部隊轄下的情報局會將自己視作直系後裔。雖然軍事情報的歷史在一九三五年長征結束到一九四九年中華人民共和國建立期間的多數時候，不尋常地靜了下來，情報仍然是紅軍領導階層的一項重要支柱。在東北的遼西會戰（1948）期間，林彪將情報人員視作其指揮部隊的一部分而與其同行。彭德懷在一九四〇年於中國東部指揮八路軍時，他告訴新抵達的非軍方情報人員，他們必須直接向他和他的情報總長報告，而非他們位於延安的總部[6]。簡言之，中國共產黨早年便了解到情報之於黨的安全與軍事行動的價值。

了解這些早年歷史的重要性有二。首先，自一九二七年以來，中國共產黨便視情報為專業活動，需一專責組織來管理。即使這些組織建立起來而終至弱化，總會有另一個組織興起並繼承其衣缽。中央特科被納入政治保衛局，而該局也和中革軍委第二局共用人員。兩邊官員隨後進入後繼的社會部、紅軍總參謀部、八路軍情報單位等，幾乎延續到了今日。唯有當中華人民共和國於一九四九年建立之後，較明確的界線才開始在黨、國及軍事情報單位之間浮現，並有了清楚的分工模式。

其次，這些行動的英雄和組織老手直到過世前，皆在中國情報界扮演關鍵要角。這一代創始的情報官員直到一九八〇年代，依然相當活躍。中央特科首位領導人周恩來，也是中國總理，幾乎到他於一九七六年過世前，都還參與了所有國內外情報任務。一九七八至八二年期間，劉光甫任總參謀部情報部部長，一九三〇年代早期，他在瑞金負責執行中央軍委無線電學校。龍潭三傑之一的李克農在一九六二年過世之前，則擔任黨與軍事情報的要職，並在一九三〇年代晚期，隨中國情報人員專業化，他對於第一批運作歷史與訓練課程做出了貢獻。其他許多人——例如葉劍英、伍修權、廖承志、羅青長——也都因為他們形塑了決策者與情報官員之間的關係，以及在情報活動過程中所扮演的角色，而反覆出現在這段歷史中。

動亂的政治、動亂的情治

回溯中國共產黨自一九二一年建黨以來的歷史，好幾個主題的浮現有助我們了解中國共產黨情報與安全任務對該黨發展以及現代中國的影響。仔細地權衡這些主題，讓我們得以從可靠且經證實的數據，以及在資訊充分的情況下才能做出的推斷中，辨識出中國共產黨的政治宣傳語言。

第一個主題通常稱作「紅色vs.專家」。這是一種普遍的緊張關係，存在於那些已證明政治忠誠與技術上有能力的人們之間。這種緊張關係在革命早期十分明顯，且以不同的形式存在，卻不致詆毀專業本身，此狀況一直持續到一九五六年以後[7]。

關於這個主題，有一種緊張關係的變體大幅地影響中國共產黨的情報工作，即一邊是黨的意識形態擁護者和反間諜，而另一邊是黨的情報專家和經過高度訓練的特務。情報官員跟特務在某種程度上，是透過培養與敵方的聯繫管道，包括騙子、小偷、走私者、藥販，以及叛徒等，才能順利蒐集敵人情資。極其諷刺的是，藉由成功竊取敵方機密，在事情順利時，這些共產黨官員與特務身陷人們對其忠誠度的質疑中。而當事情不順時，那些幾乎不曾離開中國共產黨安全根據地的意識形態擁護者和反間諜會肅清自己的情報人員，至少有部分動機是源自於激進的政策指示，有時則是出於毛澤東的偏執[8]。一九五五年，資深情報官員潘漢年坦承，自己未呈報十二年前與當時日本傀儡政府領袖汪精衛所進行的一場重要會議，之後，這便是他的命運。而日後由毛下令的肅清行動中，大約有八百到一千名中國共產黨情報官員跟特務慘遭降級、革職或入獄。

一九五五年的情治界肅清只是中國情報社群節節敗退的第一波浪潮。同年稍晚，周恩來規畫並經毛澤東同意進行組織改造，成立了該黨第一個永久外國情報機構——中央調查部（Central Investigation Department〔CID〕，簡稱中調部）。在接下來的十年間，該組織逐漸茁壯，建立起標準作業流程，並且強化跨機構間的合作。然而，當文化大革命於一九六六年展開，中調部未能倖免於難。紅衛兵在該部內形成派系，互相較勁代表「毛思想」的真正擁護者。在毛夫人江青的激進左派和文革團隊聲勢高漲的同時，幾乎整個中調部的資深領導階級都遭到肅清。一九六七年三月，中調部內部鬥爭促使周恩來與毛澤東策動軍事接管，以保護該部祕密不致洩漏出去，並出現在紅衛兵報紙上。

一九七六年，毛澤東過世以及文化大革命結束，這兩起事件並未終止情治界的肅清行動。下一場大肅清是針對數量未明的文化大革命「受益者」，首先是新任中調部部長羅青長，他也是一九六六年以來，唯一在混亂中存活下來的資深情治界領袖。羅撐過多年，就如同在其他意識形態的社會裡，左派並未在羞愧及恐懼中退縮，即便是鄧小平在一九七八年十二月回歸黨的核心領導位置。事實上，羅抗拒改變。他尤其鼓勵下屬忽略鄧小平在隔年夏天某場外交會議上的演講內容，當時，鄧呼籲情治界進行改革，並且強化在中國大使館以外的祕密活動。

一九八三年，隨著國家安全部的成立，羅終究被永久地趕出情治界，雖然他至今仍在中國共產黨情報史中維持著不可思議的崇高地位。無論如何，隨著情報單位從黨內轉移至國務院轄下的一個政府部會，一九五五、一九六七以及一九八三年的肅清，無疑造成了中華人民共和國情報界嚴重的人才衰退。這些肅清的影響範疇甚至超出了毛澤東的統治權限，反映出這個黨的「鬥批改」理念持續驅使著事件發生[9]。那對於中國共產黨情報工作的影響，不只伴隨著經常性的恐懼，且在今日依舊可見。

進入現代的情報工作

一九八三年國家安全部成立時，正值鄧小平推動改革開放政策，提高了中國與外部世界的互動。一九七五年，鄧著手研擬「四個現代化」——農業、工業、科學技術與國防——目的是讓中國變得富有且強大。這些現代化計畫需要從先進的資本主義經濟體引進技術和管理知識。沒有人知道該怎麼做。中國在一九五〇年代與蘇聯的決裂導致該國採自給自足政策，也在無形中削弱了黨領導人了解外在世界的能力。隨著相對少的重要外交關係以及遭到弱化的情報資源，鄧領導之下的中國需要在外交上進行試驗，同時教育領導階層了解外在世界。

話雖如此，中國的情報機構並未準備好支持這些情報需求。上述的肅清使得民間情報幹部的人數和行動知識皆大幅下滑。此外，當民政部和黨的官僚組織在一九六七年解散時，以下兩種情況之一發生了：一是情報特務失去與其運作者（handler）的聯繫，而且在某些情況下，雙方直到十年後才重新連上線，順利維持情報關係；二是人民解放軍總參謀部第二部（簡稱「總參二部」）接管許多中調部特務，而當黨的官僚組織重新建立之際，並沒有跡象顯示這些特務必然回歸民政體系。當國家安全部在幾年之後成立時，其人員大多來自公安部的反情報單位。甚至首任部長凌雲也是出身自內政安全的背景。

雖然資訊不完整，鄧小平似乎轉向有軍事背景的友人來負責情報工作。一九七五年，鄧小平短暫復位為解放軍總參謀長期間，他將情報界的退伍軍人暨前外交官伍修權帶進來，並擔任副總參謀長暨總參二部部長。一九七九年，伍建立北京國際戰略問題學會（一九九二年改名中國國際戰略學會），以蒐集並分析蘇聯和其他大國的戰略，藉此拓展第二部的公開來源情報[10]。其他重要的第二部部長如劉光甫（1978-82）、張中如（1982-85）與曹辛（1985-88）皆在中革軍委第二局或是八路軍底下開展他們的職涯，其中一些人如曹辛和伍修權更是直接為鄧小平賣命。

這些關係不是衡量鄧小平仰賴軍隊進行情報工作的唯一指標，面對一些表面上相當重要的小組，尤其是關於臺灣與外交事務，人民解放軍主宰了多數工作，擬定總體的政策方向。國家安全部直到一九九〇年代中晚期才加入外交事務主要小組，獨立於該部職責之外。雖然國家安全部部長在政治上是可靠的，並沒有任何跡象顯示，他們並非那種不需要一個正式職位便能發揮影響力的政治要角[11]。一九八五年，外交部響應鄧小平在一九七九年所發表有關外交事務的演講內容，聲稱國家安全部在官方任務中的角色應該縮減，功能也應該有所限制，以免被發現其運作偏離了鄧的現代化工作中十分關鍵的外交關係[12]。

鄧對於解放軍的依賴強化了軍隊做為首要外交情報供應方的角色，但是這造成幾個意外的後果，影響直至今日。專注於外交情報促進了總參二部的國防武官職涯發展，形成一群由熊光楷領導的軍事情報領袖，而這些人幾乎沒有軍事作戰的實務經驗。自一九八八至二〇〇六年，國防武官領導解放軍的情報工作，甚至負責監管訊號情報組織。在某種意義上，這一批新世代的情報官員是解放軍的局外人。舉例來說，熊的早年職涯多在海外擔任國防武官，以及在總參二部擔任分析職位。他完全是在軍事情報界接受教育與服務。他的前輩，身兼情報部門主管職和副總參謀長的許昕，資歷則相對多元。許原來是步兵團軍官，在八路軍中服務於鄧小平的部門下，也曾經參與韓戰。

諷刺的是，鄧犧牲國安部而仰賴解放軍的做法，為一九九〇年代軍事情治政治化創造了機會。總參二部在外交情報工作上的角色崛起——該局多年來被稱作「中國的中情局」——使得軍事情報組織進一步偏離軍事活動[13]。隨著熊光楷晉升至領導階層，他意識到自己幾乎再沒有晉升的空間，便依附在中共中央總書記江澤民之下。江澤民身為外部人士，他必須知道更多有關解放軍領導階級的資訊，以及是否可以信任他們。在鄧小平的協助下，江澤民鎮壓了一九九三年的一場軍事叛變，而且某種程度上，多虧解放軍在一九九五、一九九六、一九九九以及二〇〇一年，分別發動了和美國之間的危機[14]。關於這些危機的紀錄很有限，顯示出解放軍不太想提供資訊，不然就是有時對江澤民不夠坦白。熊多次利用解放軍的訊號情報單位去偵察其他軍事領導人，然後向江澤民報告軍事領導層真正在做的事情。一九九八年，江澤民甚至曾經試圖讓熊掌管國安部，但是其他領導班子阻止了這個由單一明顯派別來管理國安部的想法，於是熊便繼續留在軍隊裡[15]。江與熊的關係強化了軍隊的核心角色，也讓其他部會幾乎沒有空間在外交情報方面扮演有意義的角色。

政治人物對於移除國安部運作限制、拓展其海外範疇的興趣缺缺，以致該部主要專注在鞏固國內情勢。當國安部於一九八三年成立時，其組織結構包括中央總部，以及少數地區性國家安全部門。直到一九八〇年末，國安部的職權只涵蓋一半省級，而再延伸至地方層級的話，其影響力就又更小了。儘管如此，到了一九九〇年代，省級和地方層級終於見到合併的跡象。大多數的擴張則造成公安部的損失。許多公安部官員前一天還是警察，隔天竟成了情報官員。目前的國安部部長陳文清曾是其中之一。陳是從四川省公安廳展開他的反間諜行動職涯，但是在四川省國安廳於一九九三至九四年間創立時，便被轉調至後者[16]。

為了支持中國的領導階級勢力與國安部的擴張所進行的解放軍情報單位整合，對中國情報工作中的某些重大挑戰，並沒有多大幫助。除了在業務單位中摻入戰略情報工作，軍事情報將自身定位成政策支援，而非軍事行動。一九九一年，美國和盟軍在波斯灣戰爭中的軍事行動，便展示了現代軍隊需要穩健、即時的情報能力，以便有效運用飛彈和精確制導武器，而缺乏這種能力的軍隊可說是陷入極其危險的弱勢地位[17]。儘管如此，即使當軍事戰略領袖開始制定激進的現代化計畫，以便讓解放軍有能力進行足以媲美美國和其他先進國家軍隊所執行的信息化作戰，黨領導階層的影響力仍是在軍事戰略領袖之上。

公安部人員流入國安部的現象彰顯出優化訓練和教育計畫的需求。雖然國安部的工作大多是在日常基礎上，以可直接轉移的技術進行內部安全與反情報工作，國內情報技術仍未完全準備好轉移應用至國外情報工作，或是處理海外情資。為了掌握一九九二年以前的中國共產黨情報史與教訓，國安部部長賈春旺（1985-98）開始委託研究非機密書籍與文章，但是這些工作直到數年之後才漸漸為人所知[18]。

無論如何，解放軍與國安部在一九九〇年代中期開始投入資源，直到晚近才收到成果。諸如北京天融信科技有限公司（Beijing TOPSEC Network Security Technology Company）與啟明星辰信息技術集團（Venustech），皆多次收到由政府提供的創業資金。這些早期的網路安全公司為中國產出了第一代本土的防護工具，例如網路感測器和防火牆等。以一九九七年成立的中國國家信息安全測評中心（China National Information Technology Security Evaluation Center, CNITSEC）為中心，上述這些公司同時被帶進環繞著測評中心的企業網絡裡。測評中心在表面上是評估弱點的國家標準中心，但似乎更像是面向公眾的組織，負責為國安部執行電腦網路開發及防禦工作。中國情報單位利用公私部門合作與發包的網絡來掩蓋它們在網路空間中的活動，而這些民間網路安全公司便成為這個網絡的中心。然而，在當時，這些只是把長期賭注押在少數聰穎的研究員身上。十來年之後，這類賭注才演變成中國情報工作的根本，然其成果對國安部來說尤為重要。

中國情報工作改革與開放的年代，同時也是重建的時刻，而北京領導人以其自身的能力順利完成。高度仰賴軍事情報組織的做法，造成整個體系的不平衡。國安部由於嚴重缺乏有經驗的情報專業人員，更像是另一個國家警察勢力，而非擴及全球的精密情報組織。國安部從未真正擺脫前人在過去的政治與肅清行動中所導致的後果，因而束手讓出了軍事情報的戰場。

以全球情報強權之姿浮上檯面

隨著時序進入二十一世紀，中國的經濟勢頭以及國際地位穩定增長，並且在中國於二〇〇一年加入世界貿易組織後加速成長。二〇〇五年，美國副國務卿羅伯・佐利克（Robert Zoellick）進行了一場引人注目的演講，藉此澄清美中關係的目的。佐利克表示，美國的目標應該是將中國納入國際體系中，成為「負責任的利害關係人」。相較於該場演講的內容細節，更重要的是，華府等於承認了必須正視北京為一股茁壯中的力量，且即將和美國不相上下。然而，中國的情報工作並未呈現出任何跟得上國家需要的徵兆。

軍事情報仍為中央領導人的需求所掌控，即使解放軍在關於現代化的著作中，突顯出情報在當代軍事行動中的重要角色[19]。有些謠傳指出，某些國安部的省廳已經著手進行海外情報行動的特殊訓練課程，但是在公開可及的間諜檔案中，未能找到任何證據顯示一種全新的複雜體系正蘊釀中。

中國的情報能力、組織分布與情報支援需求之間的落差，在江澤民交棒給胡錦濤之後不久便開始產生變化。這個過程始於二〇〇二年的第十六屆一中全會，當胡錦濤取代江澤民成為中共中央總書記之際。然而，江還是留任中央軍事委員會主席，使得他依然實質掌握解放軍。因此，江澤民和熊光楷之間的關係持續形塑中國的軍事情報界，而胡錦濤並沒有什麼介入的空間。無論如何，兩個權力中心對解放軍造成指揮上的問題，因為中央軍委主席有權決定軍事政策，批准軍事行動，而解放軍表面上卻是效忠於黨的總書記。解放軍促成了江澤民於二〇〇四年九月從中央軍委正式退休一事，為解放軍（或許還有胡）鋪好了逼迫熊光楷出局的路，以便改變路線，讓解放軍對將其情報組織掌有優先權。

二〇〇五年十二月，熊光楷上將從負責情報的副總參謀長之位退休，象徵了變局即將來臨的第一項公開指標。沒有任何情報背景的章沁生接下熊的位置。隨著解放軍逐漸重申自己對情報組織的控制權，把一名作戰軍官安插到資深情報角色的做法，便是諸多職涯途徑改變的第一步。雖然章沁生只在這個職位上待了短短一段時間就被拔擢至解放軍廣州軍區司令員的位置，他的後繼者包括馬曉天、戚建國以及孫建國皆來自非軍事情報的背景。同樣值得注意的是，資深軍事情報官員也開始從情報之外的領域尋求經驗累積和升遷的機會。在過去，情報職涯是依循一官僚系統，而且有其終點，如今擁有情報經驗的軍官則可以在解放軍內部調動，升任副司令員和副總參謀長的位置。首波調動的其中一名軍官是前總參二部部長陳小工，他之後在二〇〇九年成為空軍副司令員。在總參二部接任他的是楊暉，後來成為南京軍區的參謀長，並且在二〇一七年成為東部戰區的參謀長。其他來自技術偵察和訊號情報背景的人也開始調動，例如技術偵察部部長吳國華，二〇一一年，他成為中國傳統與戰略導彈軍力第二炮兵部隊副司令員[20]。

二〇一五年十一月二十六日，習近平宣告了一系列廣泛的組織改造工作，對於中國人民解放軍體系中，上自中央軍委、下至最低階的士兵都有影響。這些改造從根本上重塑了解放軍的情報組織。總參二部與總參三部轄下的技術偵察或情蒐職能轉移至新成立的戰略支援部隊，並加入其他電子及資訊網絡戰的職能。各軍事業務單位的技術偵察職能也都轉移至這個新興部隊，只在各戰區司令部留下有限的戰力。戰略支援部隊將戰略和作戰情報集中化，從技術及組織的觀點看來，此舉使得戰場上的指揮官較容易融合各方情報。

少了技術部門如航天偵察局之後，總參二部變成中央軍委聯合參謀部情報局。由於缺乏資訊，這個改變的意義依舊未明。一名中國學者表示，情報局會更專注於支援中央軍委和其他高層決策者，而不會被立即的戰事和戰場支援需求所干擾。他認為，要說有什麼差別的話，那就是情報局的影響力會擴大[21]。然而，把技術蒐集的資源移到戰略支援部隊的做法所存在的其中一個潛在風險，是會瓦解中國情報來源的整體性。當一切都置於總參謀部之下，負責情報的副總參謀長就可以提供全面的觀點給領導層。這或許會是過去的領袖如伍修權和熊光楷得以具備如此影響力的原因之一。為了讓其他人在新的組織結構下不會感受到這種損失，解放軍——或至少習近平與中央軍委會——需要建立一套國家情報優先架構，並確保戰略支援部隊的資訊也會流入情報局。可惜的是，能否確實達到這些目的，則是難以預料的。

隨著軍事情報界開始重整，國安部也採取了更激進的主場來蒐集海外情資。所有的跡象皆指向一個擴張該部在海外角色的機會。儘管中國的「走出去」戰略補助中國企業在海外尋求經濟機會，解放軍的態度仍轉趨內斂，隨著中國對海外的興趣擴展，情報能力並沒有以相稱的比例隨之發展。

國安部將賭注押在創造於一九九〇年代的網際空間，而一種類似但較不成功的軍事成就變成中國情報力量的關鍵要素。電腦網路的運用成了具備全整情蒐能力最簡單的途徑，尤其是在過去的情報界肅清已弱化了中國情報人才的情況下，網路使得國安部不必投資大量的時間和金錢來訓練專案情報員以及分析師以了解外國環境並學會在那個環境下執行任務。

資訊轉變成數位形式並儲存在網際網路上，這種潮流為世界各地的訊號情報蒐集和近程技術作戰創造出一波「無畏艦運動」[22]。就如同一九〇六年推出的無畏號戰艦（HMS Dreadnought），其長程砲彈重塑了海洋戰爭，使得英國皇家海軍對德國的優勢不再，而網際網路的運用崛起亦重塑了技術情蒐。冷戰期間，西方國家與蘇聯集團的情報機構傾全力投入機密蒐集的競賽。新的科技戰術被對手發現的同時，雙方也都學到新的戰術，並且在戰場上利用他人的戰術來對抗第三國目標。在牆板內置入竊聽器成了一種手工藝。中國在毛澤東的領導下，一九四九年之後獨立自主、自力更生的政策使得中國的情報機構被孤立在這些經驗之外，在國內的間諜工作從來不需要用上足以媲美西方國家和蘇聯集團情報工作所需的技術精密度。

同樣重要的是，一九三〇年代和四〇年代是機器加密崛起的時期，要破解機密就需要用上早期的電腦。而中革軍委第二局的成就主要不是在密碼學的領域。該局所利用的，是擷取來的編碼簿和測向（direction-finding）技術，並未如美國和英國為了破解德國與日本的密碼而盡力學習如何組織一套系統性的密碼破解法。一九六〇年，中俄決裂，北京也失去了大多數接觸現代科技的管道。然而，冷戰時期的訊號情報需要一先進工業化國家的資源，而中國已落人後。據說直到一九七九年，美國在伊朗革命中失去竊聽管道，因此轉向北京尋求合作之後，解放軍都未曾學習現代技術如遙測分析等。事實上，破解電腦加密通訊仍是北京的間諜組織束手無策的範疇。

網際網路運用改變了中國情報工作的一切，包括民間情報與軍事情報。科技操作的技術，從儀器設備和傳送方式的精良轉變為軟體的精密度。此外，網路使得我們不再需要一個由收聽站、衛星和情報人員組成的網絡，即可以達到全球連通。一九九〇年代，中國軍事和情報思想家了解到這個轉變，但是直到十年之後，中國的活動領域才逐漸清晰。從美國政府洩漏出來的機密顯示，中國情報最早於二〇〇三年便瞄準了美國的軍事和企業網絡，透過一連串的干擾入侵，整體而言稱為「驟雨計畫」（Titan Rain）。英國政府或許是透過和美國的合作，也辨識出相同的駭客入侵其政府網絡，包括外交部和下議院[23]。二〇〇〇年代晚期，司法調查於焉展開，無論是在私部門或公部門，皆發現遭攻擊的主機，形成影響廣布的網絡。第一份揭露這項行動範疇的公開報告來自二〇〇九年加拿大的公民研究室（Citizen Lab），該單位對於中國入侵西藏流亡政府的電腦一事展開調查。隨著調查員解開這個受到指揮並控制的網絡，回溯追蹤遭攻擊的機器時，他們發現有超過一千部受到攻擊的主機分布在一百零三個國家。這個結果讓中方得以取得、編輯檔案，暗地利用耳機和網路攝影機，以及蒐集電子郵件[24]。這項入侵裝置稱作「鬼網」（GhostNet），日後很快地又發現其他大規模情資蒐集和財產權盜竊行為，尤其著名的是二〇一〇年的「極光行動」（Aurora）和始於二〇〇六年的「暗鼠行動」（Shady RAT）[25]。

這些廣布的入侵裝置標誌了網際網路運用顯然已崛起，並成為中國情報套裝工程的必要部分。最重要的是，有些中國的入侵行動顯然聚焦在為國內外的其他情報行動提供活動支援。在極光行動中，谷歌的網絡遭到滲透，中國駭客在谷歌帳號中搜尋涉及司法截取令的中國公民。這份資料顯示出聯邦調查局（以及美國情報界的其他單位）正在美國境內追蹤的對象[26]。安森保險（Anthem Insurance）和聯邦人事管理局遭侵害一事在二〇一五年公諸於世，危及超過兩千萬名現任及前任美國政府雇員的個人資料。雖然該次攻擊的責任歸屬從未公開確認是否解決，美國反情報官員卻也承認，中國似乎正利用相關資料瞄準美國官員，以吸收他們[27]。從這些入侵事件中取得的資料令人懷疑國安部是幕後主使者，因為解放軍不必然具備如此的人力情報能力以進行後續運作。這項行動整合顯示出中國已經造成一股不同以往的情報威脅，無論範疇或尺度，皆已達到精密化的程度。

在西方針對中國電腦網路運用的報導中，引人注目的特點之一，在於這些報導聚焦在解放軍，幾乎排除了國安部。諸如「驟雨計畫」的入侵裝置結合了大量來自中國的活動，卻少見明確指出究竟國安部或其所屬戰力組織為幕後主使者。由於數位鑑識和解放軍網路單位的組織構圖相連，解放軍成為更顯而易見的目標[28]。此相關性促使美國司法部得以向五名服務於總參三部61398部隊的解放軍駭客發出起訴書。解放軍只是比較顯著的目標，且其組織透明度較高，外國分析師因而得以追蹤其活動直達軍事總部。另一方面，國安部行事則謹慎許多。直到二〇一七年五月，才有首件公開的入侵行動，確定可追溯至國安部[29]。因此，也不禁令人懷疑，是否只有國安部內部的人才清楚了解，該部在蒐集海外情資方面有多成功。

二〇〇七年八月，一場涉及情婦的醜聞導致幾名部會首長下台，其中包括國安部部長許永躍，之後，便由耿惠昌接替國安部部長一職。不若前幾任部長，耿是國際情報專家，而非國內情報。他的早年職涯未明，但是他在成為國安部轄下中國現代國際關係研究院（China Institutes of Contemporary International Relations）的主要美國觀察員之前，可能曾經加入中調部[30]。當耿接掌國安部時，或許天時地利人和，他成為該職位當下最適當的人選。解放軍轉趨保守，而官僚制度的變動促使國安部有機會展現它在海外愈見精密的布局。一份針對該時期中國外交政策所做的西方研究顯示，國安部對於外交政策的影響力日漸提升，部分原因便在於它在國內勢力崛起。而這樣的發展對情報工作的影響經常發生，因為情報工作對於外交的進程能發揮有用的貢獻。

自二〇〇三年以來為對抗臺灣和美國，國安部有整整十年在反情報方面取得勝利。國安部最顯著的勝利，是破壞了美國中情局在二〇一〇年底至二〇一二年底於中國的行動。二〇一〇年，國安部開始在中情局和同盟的情報機構中發動一系列攪動情勢的行動，並引出專案情報員。其中一次較為可信的成就，是從中情局取得一套拋棄式祕密通訊系統。利用這類消耗性系統和一名誠信可疑的特務，是常見的作戰手法。然而，據傳，中情局將此拋棄型系統連結至另一套網路系統，而該系統主要供審查合格的忠貞中國特務使用。在兩套系統之間的連結被切斷之前，國安局和軍事訊號情報單位合作產出了大量作戰指引，最終得以追蹤下去。至少有二十名為中情局賣命的中國特務因此遭到逮捕並處決[31]。

自二〇一八年的有利情勢以降，中國情報已無庸置疑成為全球強權。其他情報系統或許以某些特定手法或是在某些特定的專長上占有優勢，但是中國整體的情報能力是不容忽視或小看的。中國的情報機構透過創造性的手法展現出其海外情蒐能力，並且截斷在中國內部運作的主要情報威脅。

總結

中國共產黨和中華人民共和國的情報組織進展，展現出各官僚體系與政治活動在這段歷史所留下的痕跡，至少和諸多情報書寫中，那些想入非非、嘩眾取寵的情節一樣多。今日的中國情報官員或許是《孫子兵法》的後繼者，可惜古老的傳統無法取代實務經驗。一九七一年七月，亨利・季辛吉（Henry Kissinger）前往北京進行祕密任務，中國共產黨的幕後掌權者周恩來曾這麼對他說。當季辛吉對中國的神祕鋪上一層詩意時，周恩來告誡他道：「你會發現（中國）沒那麼神祕。當你愈來愈熟悉，中國，將不會再如過去那般神祕[32]。」

這些關於中國情報史的廣泛筆觸，顯示出意識形態政治和戲劇性變遷的危險。雖然直到封存的檔案公開之前，中國情報史的明確工作內容是無法被書寫下來的，然中國共產黨在毛澤東時代的情報工作表現，無疑是好壞參半。歷史學者歐內斯特・梅（Ernest May）曾針對第一世界大戰至第二次世界大戰期間，歐洲情報工作的成果進行重要研究，在為該項研究作結時，梅觀察到，情報活動的組織似乎與其成功或失敗無關。話雖如此，在經常性的組織重整和布線之下，情報活動的表現始終不如預期[33]。因而更令人懷疑中國的情報歷史，在未來會呈現出不同的樣貌。

中國情報的現行結構起源於一九八三年國安部成立之際，可說是一九二七年以來，中國共產黨創立專業情報單位以來最持久的結構之一。北京當局以其為基礎，配合跨單位任務小組形式，以支持和臺灣、法輪功以及今日反恐相關的情報跟臥底任務[34]。經證實，現行結構穩定，至少某種程度上，由於其有足夠的彈性，而且結構廣布，從北京延展至各省會，甚至深入地方。

中國情報工作使用的語言反映出其承襲馬克思－列寧與革命性的傳統。這些語彙（在與曾經定期和中國官員聯繫的前官員訪談中獲得證實）意謂著情報機構在中國共產黨內部，是信仰的堡壘。雖然就取得情報的技術和方式上而言，這可能是務實的，但是這些資訊經馬克思－列寧的濾鏡而被過濾，其影響在於，海外目標多以最不利的觀點受到解讀。中國共產黨以社經發展的客觀與科學發展法則來研擬政策的做法，意謂著政策失敗經常被視為外在干擾的結果。從我們的研究判斷，中國的情報機構已經將這個觀點內化，而且可能是強化毛澤東的偏執的主要媒介。

這個發現最重要的意涵在於，中國情報機關內部的情報分析或許不像西方情報界充斥著經驗和實證傳統。反之，日常的情報分析工作可能被政治化，其報告著重在強化「科學的」馬克思主義分析所預料到的未來。換句話說，中國共產黨的制度證實可持久，正是因為該黨在面對不利的現實時展現了彈性。國安部及其所屬戰力組織皆以多種方式呈現出這種政治化。根據某專業的國外情報官員，國安部分析是由副部長和部長的多名親信顧問所主導。其分析直接提供給領導者，僅有限度地傳達下去。而副部長和部長的身分讓評估更直接且真實，這是在其他情況下不可能有的情形[35]。此外，近期的一些間諜案突顯出專案情報員要求其線民，以閱讀資料和訪談為基礎，針對大型情報問題提供其評估。這種做法使得情報機關得以將報告遞交出去而不致違反意識形態，並在日後承受政治後果。

關於參考書目的註解

除了中國共產黨與中華人民共和國政府的官方網站，我們避免參考大多數的線上資料，並謹慎地以已出版書目和文章為優先。雖然中國百度多有相關資訊，有些人甚至認為百度是半官方的資料來源，我們仍然只在少數的案例下，才會使用網站上的文章，因為其註腳時有不一致的情形，而且網站上文章可由已註冊會員任意編輯。相較之下，百度上的「文庫」有可攜式文件格式檔案（即PDF），為較可信的已出版文章。

如何使用這個讀本

本書對於想要了解當代中國與間諜活動的一般讀者，以及在情報和國安、近代中國史與中國政治領域的專家，皆有其引人入勝之處。「外國客人」來到中國觀光或定居，不論是觀光客、外交官、商人或是其他身分，多會好奇中國的監視活動如何運作。在第七章，相對於常見的謠言，他們會知道中國政府執行監視的實情。中文學習者將從本書所使用的中文字和羅馬拼音中獲益良多，尤其是關於中國間諜與國家安全的網路辭彙表，其中顯示出這類專業術語在幾十年間如何形成、演進。而時間軸則呈現出中國共產黨情報活動是怎麼影響歷史（以及歷史又是如何影響其情報行動）。針對情報行動、案例以及知名間諜的相關章節，揭露出中國共黨產從早年便將情報和防護措施視為「核心工作」的事實。

我們盡可能地在共產黨與非共產黨的情報來源之間進行交叉比對。若是事與願違，我們則是仔細地檢視取得的證據，並且刪去看似錯誤或誇大的論點。我們歡迎學者指出本書的錯誤或疏漏之處。

在註解之後，有時會附上網址。這些連結有可能短時間之內會變更網址，但是關於這項議題的文章一旦發表，通常只是因為網站管理者移至他處，而非遭到審查並刪除。因此，若是某個網址無法連結，可試試關鍵字搜尋該資料來源；通常你要找的文章會出現在另一個網頁或是網站。

除了本書之外，你可以在ccpintelterms.com找到一線上資源，那是中國間諜與安全辭彙表。我們只有少數途徑得以取得官方的中文辭彙表，例如「使用公安小詞典」，那是一套未被加密的公開保安字典。無論如何，本書的參考書目所表明的，是我們檢閱過其他許多有關中國共產黨的情報及防禦措施的歷史而取得相關辭彙。這個成果應該不只是對於中文學習者有益，也有助於其他對中國以及間諜有興趣的廣大讀者。隨著更多資料浮出檯面，我們期待在後續版本中得以增添辭彙表內容，以促使人們對這個迄今未善加發掘的題目有更進一步的了解。

CHAPTER

1

中國共產黨情報組織
Chinese Communist Intelligence Organizations

一九二一年七月，蘇聯駐上海的特務早在中國共產黨尚未成立之前，便為羽翼未豐的中國馬克思主義者提供協助。他們以地下手段教育該黨領導班子——雖然並非所有人都是聽明的學生。中國共產黨成立後，莫斯科利用共產國際（Communist International，簡稱 Comintern）這個為他們完全掌握的工具，精心規畫政策，甚至是一些行動。一段備受爭議的祕密關係就此誕生。一九四九之後，這段關係演變成中俄「友誼」，並持續至一九六〇年。這種詮釋不是反共產的比喻：在中國出版、經中國共產黨核可的文獻中，便已提供諸多細節[1]。

中國共產黨的情報機關早年也曾獲得蘇聯顧問的直接協助，但是鑑於蘇聯國家政治保衛總局（Unified State Political Directorate, OGPU）、內務人民委員部（People's Commissariat for Internal Affairs, NKVD）、國家安全委員會（Committee of Sate Security, KGB）所涉及的暗殺和其他暴力行動，以及這些機構後繼的當代身分，使得曾經獲蘇聯協助的事實，更是成為中共不願面對的真相[2]。

眾多中國情報官員都曾在蘇聯受訓，或許有上百人——從一九二六年的陳賡、顧順章等人開始。一九三〇年代，周恩來還出借中國同志至蘇聯的軍事情報單位（格魯烏，或稱情報總局）。他們經訓練後，被分派到駐中國日軍的網絡中進行監視任務[3]。

儘管如此，中國共產黨的間諜工作不應該被描繪成蘇聯人的工具，尤其是一九三九年康生正式掌權後。在毛澤東的同意下，康生和副手李克農於一九四〇至四四年間，積極地暗中刺探格魯烏在延安的據點。此外，一九六〇年中蘇交惡的一年多前，毛澤東便批准辭退中國共產黨保安部門內部的蘇聯顧問。此後，再沒有具體證據顯示共產黨內有其他外國顧問，只有情報聯絡，例如在一九七二年理查．尼克森（Richard Nixon）訪中至冷戰結束期間和美方的互動。而其重要主題，則是關於雙方的共同敵人——蘇聯——的情報資料。

儘管受外來影響，中國共產黨情報組織仍持續專注在當前問題，並察覺到威脅：情報能力幾近致命的短缺（1927）；在敵人占據的城市重建地下網絡的需要（1934-39）；為了民族國家的需要而改組一過時的革命組織，卻因韓戰爆發而中斷（1945-53）；隨著中國追求國際地位，一個不完整且斷裂的海外情蒐體系需要整合（1955），以及一個被文化大革命粉碎後的情報與反情報社群，在中國開放的同時，面臨了全新的外國間諜威脅（1983）。二〇一六年，中國的七個軍區重新編制為五個戰區，軍事情報亦面臨重組。分析專家亦質疑是否會有下一步的發展：另一場非軍方情報體系（國安部）重組，也可能是國家警察組織公安部的重組。為打擊黨國體系內部的貪汙及反外國間諜而加速重整，預示著至少重新安排了國安部和公安部的任務，前者重新聚焦在國內的反情報工作以及海外間諜活動。

我們針對中國共產黨情報組織所著的論文指出，他們經常難以跟上時代並重整未來的方向，就像是其他許多國家的情報機構一樣。這個想法與我們在書本中、電視節目上以及電影裡看到的北京認可說詞不同。面向大眾的腳本強調友方的英雄氣概和敵方的殘忍暴行；有時讀起來像是新版的中國四大名著之一《水滸傳》。中國共產黨改編的隱蔽戰線劇情為該黨的正當性進行宣傳，展現出不論黨的領導人是誰、無論期待何等功績，愛國的中國人都會支持中國共產黨。這也似乎是在告訴今日的公民，如同在一九四九年以前，成為共產黨員是愛國行為，今日當然也是。這種信仰系統強調，錯誤最終都會被糾正，而對黨的忠誠也將獲得回饋。

在本章中，我們試圖釐清中國共產黨的情報機構如何發展、衰退乃至復興，以及他們為何成功或失敗。我們希望進一步了解情報是怎麼變成該黨的核心業務，而且在可預見的未來依舊如此。為了確認中國共產黨的官方說詞，我們也尋求臺灣、香港以及其他地方的資料來源以利查證。

一九二七年：中央軍事部特務工作處（1927.05-08）

在勉強逃離國民黨於上海發動的四一二事件之後，一九二七年五月下旬，周恩來在武漢成立特別行動科，隸屬於中央軍事部[4]，並由顧順章負責管理該處的日常勤務。而在此一年前以武漢為基地而成立的VIP保衛工作單位「特務工作處」，或許就移入這個新的機構[5]。新成立的保衛股有六十名成員，接手特務工作處的重要工作，而且其中有半數不久便整備前往莫斯科受訓。而在武漢的情報股，則透過情報人員取得的資料，每天會產出一份報告。他們的資料來源之一便是武漢的警察局長[6]。

特務股成立的時間或許較其他單位晚，負責的是暗殺敵人和叛徒。該單位後來被稱為紅隊，或者更直白地說，紅色恐怖隊。一九二七年八月，隨著中央委員會準備移回上海，這些在中央軍事部轄下的情報與保衛機構盡皆廢除[7]。

一九二七至三五年：中央特別行動科（簡稱中央特科）

一九二七年十一月十四日，中央委員會指示周恩來重新組織轄下部門，並增設一常設都市情報機構[8]。周恩來以當時負責藏身處和會議地點的總務科為基礎，開始擴增其他單位，包括情報、行動和無線電通訊。此整合後的結果便是特別行動科[9]。人們經常以「特科」簡稱之，在今日的出版品和網路上仍廣泛使用。

這個新組織的功能，包含保護中央領導階層、整合情報、暗殺並綁架敵人及叛徒、拯救入獄的同志，以及維護無線電台和密碼[10]。顧順章在一九二七至三一年間領導中央特科。該組織總部位於上海，並且派員分布在天津、北平（今日北京）以及港澳地區。

中央特科於一九三一年四月面臨一次致命危機，當時的科長顧順章遭國民黨拘押在武漢。在刑求的威脅下，顧立刻變節，並供出人名和藏匿處的地點。結果，多名共產黨員因此遭到逮捕並處決，其中包括中共中央總書記向忠發。然而，中央特科在中央政府內安插的臥底及時發出警訊，許多共產黨員因此逃過追捕（見「李克農與龍潭三傑」）。他們的行動或許拯救了中共領導階層以及該黨在城市裡的資源不致被完全殲滅[12]。

一九三一至三三年，由陳雲和康生主導上海城市網絡的殘餘勢力，只是國民黨的強力掃蕩行動迫使他們藏匿或是四處逃逸，並且追隨領導階層前往紅軍位在江西的總部，中央特科也逐漸失去功能。一九三三年上半年，超過六百名共產黨員被拘禁在上海，只剩下不到五百名成員仍是自由身。同年一月，中央特科的臨時指揮官陳雲離開上海，前往江西，而潘漢年（見第三章）也在四個月後離開。到了一九三四年，中國共產黨城市情報網絡高達「百分之九十遭到摧毀」。一九三五年九月，紅軍長征接近尾聲之際，中國共產黨正式解散其年輕的間諜組織[13]。在瑞金的紅軍隊伍中，一後續組織已然形成：政治保衛局，由鄧發領導。政治保衛局吸收中央特科的官員包括李克農等[14]，但是政治保衛局旨在揭發內部敵人而非蒐集情報[15]。儘管在關鍵時刻有成（見莫雄，第三章），直到一九三九年二月成立社會部之前，城鄉情報網絡的建立不再有任何人認真提起。

一九三一至三九年：國家政治保衛局

在一九三〇年最後幾個月，毛澤東清黨和復仇出征（人稱「富田事變」）勝利之後，上海的黨領導班子決定更為集中管控保安工作和清除反革命委員會。一九三一年八月左右，中央政治保衛處於江西成立，從香港的臥底工作起家的新人鄧發被任命為處長[16]。這個新機構隸屬於紅軍前線總司令部。十一月，該處升級為國家政治保衛局，職責為保衛黨中央。李克農、錢壯飛以及其他剛逃出城的中央特科出身老手（例如鄧發本人）等，皆進入政治保衛局接手單位主管，負責紅軍軍區與敵人占領區的事務[17]。這或許是真正的敵情工作在政治保衛局展開的轉捩點，並將其工作範疇自大後方的保衛措施拓展開來。中央特科則繼續在上海運作，但是此刻轉而做為防禦和情報功能的另一個中央機構[18]。這兩個機構之間確切的關係仍需進一步研究。

一九三四年，國家政治保衛局的編制同時包括聚焦民間的單位以及附屬在紅軍內部的單位。兩者像是硬幣的正反兩面，分別由鄧發和李克農領導，而李克農則同時被賦予雙邊職位[19]。一些明顯的案例展現出政治保衛局和紅軍軍事情報部門的「旋轉門」特色：羅瑞卿為政治官員，他在林彪擔任紅一軍團團長期間成為紅一軍團保衛局局長，接著又繼續晉升[20]；張純清在彭德懷擔任紅三軍團團長期間做為紅三軍團保衛局局長，也是一名軍事政治官員[21]；以及王首道，他在共產黨長征期間接任第九軍團政治部主任，並且在一九三五年短暫擔任過政治保衛局局長[22]。

鑑於李克農與錢壯飛在國民黨占領區擔任中央特科臥底情報員的背景，人們可能會猜想，他們被指派的工作，是在瑞金掌握敵方戰線。然而，中國共產黨的資料來源，幾乎不見任何關於他們每日工作的細節——大多只提到一九三一年四月，他們的身分在顧順章變節時曝光，於是重新分發到新單位。這些資料來源，對於李克農身兼國家政治保衛局執行部部長一事說法一致，但是幾乎沒有任何資訊提及其實際工作內容，除了提到他負責安排人員進出「白區」（即國民黨統治區）。錢壯飛以政治保衛局幹部的身分被派發到某個軍事單位，並身兼中央軍委情報局局長。錢最終可能是在長征期間，在一場由國民黨發動的空襲行動中喪命，或者遭俘虜而後殺害[23]。這兩人本來都是鄧發的下屬。然而，李克農的光芒可能蓋過自己的主子：一九三五年抵達寶安時，鄧被調任為糧食部部長，至少文件上是如此記載[24]。李克農則是繼續晉升。

在毛澤東和朱德於瑞金的領導下，這個國家級的政治保衛局從長征前直到長征期間（1934-35）持續運作著。當他們抵達寶安和延安地區時，這個組織同時稱作西北政治保衛局。

一名歷史學者認為，兩者是相同的[25]。一九三五年十月三十日，王首道被指任為該局局長，隨後於一九三六年二月由周興接任[26]。美國記者艾德加・史諾（Edgar Snow）在同年造訪寶安時，周同為接待者之一，他向史諾簡要說明了一些敏感態勢，例如被拘禁中的政治犯人數等[27]。

雖然中央特科在一九三五年九月解散之際，不少人才為政治保衛局所吸收，該局仍致力於保護領導階層，以及「鏟除」敵人（見網路辭彙表中的「Chanchu」一詞）[28]。

一九三九至四九年：中共中央社會部

一九三七年十一月，資深情報人員康生、王明以及陳雲一行人自莫斯科搭乘蘇聯的班機抵達延安。直到一九三八年八月，康生負責中國共產黨所有的安全防衛和情報主力：政治保衛局、警衛部隊領導人，以及不久前廢除的中央特科剩餘人力[29]。雖然缺乏直接證據，康生或許曾接受過蘇聯的情報與防衛行動作戰訓練[30]。歷經一九三〇至三一年的富田事件、一九三一年四月顧順章叛變，以及一九三四至三五年間長征的試煉造成大量傷亡的那些年之後，康生可能曾接受史達林（Joseph Stalin）指示，重新組織中國共產黨的情報工作。

一直到一九三九年，中國共產黨謹守著最安全的基地區域。儘管受到王明的挑戰，毛澤東仍在鞏固黨領導階層這方面大有斬獲；然而，共產黨對於敵方陣營國民黨的認知仍然不足。當時的氣氛已臻成熟，適合重建並重組情報體系。一九三九年二月十八日，黨中央委員會成立社會部，由康生擔任部長。在接下來的四年間，康生把社會部辦公單位往下擴及至多數共產黨掌握的區域；整合情報、反情報以及維安功能；系統化的報告和分析；並在先前未接觸過的地區設置情報站。無論如何，今日人們記憶中的康生，是他在一九四二至四四年間，利用社會部鼓舞大批民眾狂熱奮起，以對抗無辜的假想敵，並以相同的手法協助毛澤東在二十多年後發動文化大革命，釀成一場浩劫。

一九四二年，臺灣歷史學者郭潛從中共南方工作委員會叛逃，最終落腳臺灣[31]。他羅列中央社會部的功能如下，類似中共較精簡版的創立宣言[32]：

- 制定中國共產黨的安全政策與計畫。
- 為社會部旗下各子單位提供指導。
- 直接的保衛措施並鏟除黨內異己。
- 為軍隊、黨及其他負責公共安全（警察）和情報的團體提供防衛相關指導。
- 指派幹部在黨外執行間諜、滲透與其他顛覆行動。
- 設計代碼和暗號[33]。

社會部一開始的組成有部長、副部長、祕書長等各一人，以及轄下部門：一局主管組織事務；二局主管情報事務；三局主管查驗與審訊；四局主管情報分析；還有一般事務局，以及學員訓練的單位。在孔原短暫擔任過社會部副部長之後，康生指派李克農（見第二章）與潘漢年為副部長，負責在國民黨控制區與日本占領區進行諜報工作——這分別是他們的擅長領域[34]。

兩名著名的共產黨歷史學者曾經寫道，社會部與中央情報部（成立於一九四一年）為「一個機構，兩塊牌子」。一九三九至四六年期間，擔任社會部部長的康生，以及其繼任者李克農（1946-49）在位時，皆同時領導社會部與情報部[35]。情報部似乎著重在和紅軍之間的協調，包括由八路軍各聯絡處所執行的情報任務。除了協調，這個安排可能把軍隊排除在社會部的業務之外，同時讓康生崛起成為中國共產黨情報界的資深要角。一九四三年，眾所周知的中央敵區工作委員會或許也是出於類似的動機而成立[36]。隨著一九四三年搶救運動（為一九四二年整風運動後期的政治鬥爭運動）展開，康生更站穩了地位，掌管所有情報活動、特殊行動以及反間諜活動，而後者包括反間諜和反叛徒工作，在一九四三年則是達到高峰，來到幾近瘋狂的地步。

一九四三年以前，康生及其多名副手的部分工作，則是致力於組織打造和訓練。舉例來說，一九四〇年，趙蒼壁利用「蘇聯資料和自身的廣泛經驗」來進行怎樣蒐集和傳遞情報的訓練，並在教室裡或實地演練多種不同情境下的偵查、反偵查，還有安全攜帶隱密訊息的方法、戰地情報蒐集、如何理解新取得的敵方情報，以及鏟除敵方特務[37]。

潘漢年也在回到延安之後，展開了系統性的指導，並在一九三九年初重新派發至社會部。為了修補在日本占領下已遭摧毀的城市網絡，潘漢年和陳雲合力，暗中調查中共黨中央的學校及其他單位裡，是否有適合執行情報任務的學生[38]。招募對象包括大學生、軍人、農民以及工人。舉例來說，潘吸收了一對年輕夫婦，他相信這對年輕夫婦的心理狀態適合長期執行祕密任務，便將他們安插進國民政府戰時首都重慶。他們理解四川方言跟文化，因此可更輕易地建立起一個由當地人組成的情報網絡。由於擁有技能與適應力，他們得以克服各種突發事件[39]。儘管有關潘漢年的著作中並未透露出任何蘇聯對他的影響，但對「潘漢年系統」的描述仍讓人想起蘇聯的內務人民委員部和格魯烏為密探——在安插並融入目標社群前接受特訓的人員，他們會假冒成一般平民——所進行的訓練[40]。

一九四二年一月，周恩來透露，共產黨在四川、貴州以及雲南擁有超過五千名特務（可能包括地下工作者）。其中一知名例子便是國民黨閻寶航中將，他是蔣介石總司令在重慶的軍事策士，但是暗地裡主管一個社會部的網絡[41]。一九四〇年代早期，人還在美國的海外特務冀朝鼎就曾為共產黨工作一段時間。一九四五年以後，冀被安插在國民黨設於南京的財政部[42]。國共內戰結束後，提及和共產黨特務有關的事時，蔣介石如是寫道：「無空不入。」毛澤東聲稱，「在解放戰爭（即國共內戰）期間，情報工作是最成功的」，其原因如下：直到一九四七年，共產黨於南京和上海的情報網絡會向黨報告國民黨在戰役、武器和基地等方面的軍事命令、戰略計畫，以及總司令和高階將領之間的會議內容[43]。

除了情報訓練和任務執行，「鏟除漢奸」，找到並消滅「敵方特務與黨內的托洛茨基分子」一直是共產黨的優先事項，不只是因為史達林、毛澤東以及康生認為這很重要，也因為日本人與國民黨情報工作皆瞄準延安[44]。其中尤為關注的是：在一九三七年七月抗日戰爭爆發後，共產黨黨員的急速擴張，包括來自城市的「小資產階級成分」。如同麥可．杜頓（Michael Dutton）指出，共產黨有「百分之九十的麻煩人物」：一九三七至四〇年間，黨員人數成長百分之九十；在七十七萬名新增黨員中，有百分九十的人出身小資產階級；而現有幹部中，百分之九十的人缺乏在黨校的正式訓練，亦未接受馬克思主義的教育[45]。有鑑於此，毛澤東、陳雲、劉少奇和康生在一九四一年晚期推動「整風」運動，隔年二月正式展開[46]。不若如今遭人譴責的一九四三年搶救運動，當代的中國共產黨仍舊視整風運動為一場正面的事件[47]。

儘管整風運動（1942-44）和搶救運動（1943）的騷動，社會部情報工作仍持續進行。然而，隨著幹部對於承擔加倍危險的工作有所遲疑，重要內線的發展也隨之陷入泥淖，原因來自負責內線的特務不但要面對敵人的偵察風險，而且一旦生存下來，又會被黨懷疑和敵人太過親近[48]。

一九四三年中期，蘇聯格魯烏派駐於延安的聯絡官回報指出，搶救運動如今完全失控，包括周恩來和博古等資深中國共產黨員都成了目標。史達林於一九四三年十二月透過助理格奧爾基・季米特洛夫（Georgi Dimitrov）以電報回應，直接批評康生在搶救運動中的極端措施，並力勸毛澤東停止迫害中國共產黨黨員（見網路辭彙表中的「季米特洛夫電報」〔the Dimitrov telegram〕）[49]。一九四四年，毛澤東減輕該運動力道，而一股全面的強烈反對力量隨之而來。毛被迫在當年至少四場會議上針對社會部的刑求行為道歉，而康生則是坐在台上不發一語。後毛澤東時期的官方歷史已經系統性地把人們的責備對象由主席轉向康生，即便認為康生可以在未經毛允許下推展自己計畫的這種想法是極其荒謬的[50]。

一九四五年，中國共產黨第七次全國代表大會以及當年八月日本意外投降之後，中國共產黨已準備好和勁敵國民黨一較高下，李克農與潘漢年遂試圖振興地下網絡[51]。而毛澤東則一步步將康生逐出權力中心，要他前往山東省；一九四六年十月一日，在馬歇爾任務失敗之後，李克農正式接掌社會部[52]，並將工作重點轉移至軍事情報，同時，隨著國民黨政權因貪汙無能而逐漸腐敗，社會部便吸收一些國民黨官員並在其內部建立網絡。

在中國共產黨革命的最後幾年間，儘管在李克農的運作下有所斬獲，或許因為社會部與康生的關係密切，毛澤東索性在一九四九年年中決定廢除社會部。反間諜人員進入新成立的公安部，而有能力協助建立一套外國情報計畫的人員則維持在李克農之下，但編入暫時性的組織，大多屬於軍方體系。為了滿足一個新興民族國家的需求，永久性機構的改組是必要之舉，但是要等到五年之後，當毛澤東信任的情報長官李克農健康狀況每況愈下之際，國內間諜活動狂潮再次興起，同時又有韓戰爆發，永久性機構的改組才真正展開。

一九四九年至今：中華人民共和國公安部

公安部為中國國家警察單位，每個省、縣、市皆設有公安局，連結至地方上的公安派出所。公安部的重點是警察工作，但是其任務之一包括反恐任務、管理中國龐大的家戶登記以及全國身分系統、指導社區安全委員會、執行邊境安全與移民工作、簽發護照和簽證、保衛敏感場所和設備、管理公共事件，以及監督「公共訊息網絡」[53]。

部分公安部任務不禁令人想起，其在一九四九年早期成立之初，當時中國共產黨及其新政府所面臨的國內幾百萬敵對人民以及海外強大敵人。為了從革命占領切換至管理以及安撫整個國家，毛澤東決定分社會部為兩個政府部會，一是主管公共安全，另一是主管情報。後者的進程有所延宕（見「多重機構過渡期」），但是到了六月，毛澤東勉強說服羅瑞卿接下首任公安部部長一職。羅從軍隊和政治保衛局的前同事中挑選了他的副手[54]。八月，黨廢除社會部，並將社會部和軍隊裡的部分人力移至公安部[55]。

公安部緊盯著敵方，從北京到地方上的派出所皆是[56]。十一月一日，羅瑞卿公開談論散布在全國的數千名前國民黨黨員和敵方「特務分子」。一九五〇年年底，公安部聲稱已「破獲」

兩千零七十起間諜案，包括數起暗殺毛澤東與上海市長、廣州市長的密謀案[57]。當在臺灣的國民政府空軍發動攻勢轟炸上海，人們對於國民黨反擊的擔憂也隨之加深[58]。一九五一年四月，公安部逮捕美國人休．法蘭西斯．雷德蒙（Hugh Francis Redmond），並指控他為美國間諜。一九五二年十一月，兩名中情局探員（見「唐尼－費克托案」）的飛機迫降在中國，隨後被捕[59]。

另一個嚴重的系統性問題是，來自前政權的地方公安不可靠且不稱職。中國共產黨將他們重新安排至公安部轄下的公安局編制內，並安插較可靠的共產黨員接替地方公安。只是，相對於一般人口，人數比例低的公安人員仍未見增加[60]。

為了補足人力，公安局採用「群眾路線治安」與「管制」，由平民志願者協助監視數百萬名在工作場域中被人懷疑不忠的一般大眾。這種做法省去了公安部將他們囚禁在人數不斷增加且負荷過重的公安部勞改營裡[61]。為了揪出這些敵人，中國共產黨和公安部推動鎮壓反革命運動（1950-51），導致七十萬人遭處決。由於擔憂民眾反彈，一九五三年以後，公安部轉而以較專業的方式搜索真正的敵方情報人員，相較於背景可疑的一般人，這些人更難被發掘。這些更為嚴重的反情報案件是由公安局局長凌雲透過民間組成的黨委員會「管制」。當暗中聯繫國外或臺灣的嫌疑加深，不利於資深或其他黨員要角時（例如高崗、饒漱石、潘漢年和李敦白），公安部調查工作便會由黨密切監督，並遵循組織方針。然而，毛澤東的介入向來是不確定因素。舉例來說，毛相信潘漢年不值得信任，加上羅瑞卿一味遵循主席的命令，竟完全無視缺乏變節事實的證據[62]。然而，不若史達林領導下的蘇聯內務人民委員部與國家安全委員會，公安部未被授予權限得以任意脅迫黨員[63]。毛和政治局才是握有韁繩的人。

公安部執行的計畫，成功使中國成為敵方情報單位的艱困目標：透過社區委員會的大規模管制，以政治活動同時持續騷擾真正的和想像中的敵人，以及居民戶口政策，如實記錄每一個居民的住址，禁止他們在未經許可的情況下遷徙，同時也記錄單純的跨區拜訪。在近代，中國共產黨曾考慮廢止戶口系統，但是即使到了二〇一八年，依然妨礙到只是單純想要在外地工作的人[64]。另一個遺留至今的現象是，公安部與公安局官員的人數相較於其他國家的警力依舊很少，對比美國的警力，中國平均每人的公安人數比美國少一半，突顯出該國持續仰賴基層的黨組織和愈來愈興盛的科技手法來監管社會[65]。隨著「世界最大的監控錄影網絡」以遠高於其他國家的程度逐漸部署開來，科技在近年扮演了重大的支援角色，包括網路監控、高度精確的臉部辨識以及其他相關科技[66]。在新疆測試的先進監控設備或許預示了一個迄今只在科幻小說裡存在的未來[67]。

公安部曾在一九四九年年底接待一小群蘇聯顧問，但是除了某些特定的技術指導之外，並未仰賴他們[68]。由於蘇聯對中國現狀不熟悉，中國被蘇方「不恰當，且有時候甚至可笑」的提案激怒，以致公安部在一九五八年九月決定遣返所有駐中蘇聯顧問，隔年便爆發中蘇交惡[69]。不過兩年後，公安部內部文件提及中國的蘇聯人時，皆以帶有貶義的「特務」[70]一詞稱之。

直到一九六六年，公安部與其他維安機構致力於改善機構間的協調合作與通用準則。隨著官僚體系對於以漢民族為多數的社會掌控度提升，美國和臺灣特務滲透的成功案例相對減少，海外對手所付出的心血因此無疾而終。僅一起重大例外發生在一九六一年十月，當時由中情局支持的西藏民兵成功伏擊一支中國解放軍車隊，並且取回二十九卷祕密軍事日誌，隨後轉交給中情局[71]。

當羅瑞卿被拔擢為解放軍總參謀長時，謝富治成為第二任、也是任期最長的公安部部長（1959-72）。根據瑞典漢學家沈邁克（Michael Schoenhals）的說法，謝富治相對無能，而且在一開始並沒有（或是無法）稍加改變過去的政策。接著迎來了文化大革命。一九六六至六七年，謝在總部進行肅清，帶進了解放軍軍官，並且命令地方上的公安局支持「左派的革命行動」。在這一批新進人員中，包括解放軍將領李震，後來成為謝的副部長。到了一九六八年，公安部總部縮編至一百二十六人，只有原來的十分之一量能。然而，有些省、市與縣的公安局依舊在當地黨部的掌控下，無視黨內的左派勢力，而謝則抱怨一些地方公安局支持「保守派」，雖然他設法利用紅衛兵肅清其他「內部敵人」[72]。

一九七二年三月，謝富治死於胃癌，繼任者是李震將軍[73]。一九七二年二月，尼克森造訪中國期間，便是由李震負責監督維安工作；他也曾經領導同年引發爭議的大規模「五一六」陰謀者獵捕行動（可能因此有許多人想要他的命）；為北京愈來愈多的外國使節團執行過維安與監控工作，包括美國聯絡處（U.S. Liaison Office, USLO）；以及在一九七三年八月高度機密的中國共產黨第十次全國代表大會安排後勤和維安布署[74]。在那個月之前，李潔明（James Lilley）抵達北京，做為美國聯絡處裡公開宣告的中情局代表。李潔明全程受到中國嚴密監視，但是他仍設法偵查出情報祕密傳遞點，並且遇到幫忙他的中國人，而未被列為不受歡迎的人[75]。

一九七二年，李震突然死亡之前，由於林彪事件與軍事掌控逐漸增加的問題，毛澤東開始將文官部會裡的解放軍軍官送回軍隊裡。此舉使得公安部對於文化大革命期間遭罷黜的前員工展開雙臂，而李震與他激進的左派副部長施義之或許反對這種做法。然而，李在一九七三年十月離奇死亡，部長一職的空缺，便由施在表面上主責。

華國鋒（見第二章）主導李的死亡調查，裁定李震為自殺身亡，華並在一九七五年成為公安部部長。中央委員會直到一九七七年三月才同意此裁定，然毛澤東已於一九七六年九月過世，激進左派的四人幫業已被推翻[76]。

與此同時，犯罪案件的激增使得公安部受到挑戰，由軍方掌握治安工作的做法顯然已告失敗。從一九六九年少於二十萬犯罪案件數（每十萬人有二十四起案件），到了一九七三年的待處理案件數已增加至超過五十萬（每十萬人有六十起），這是自一九五九至六一年間的大饑荒之後最劇烈的增長。犯罪穩定攀升的情形持續到改革年代的早期，另一個高峰則發生在一九八一年。最早於一九七〇年，周恩來便抱怨過公安部缺乏經專業訓練的人員。一九七二年，據傳毛澤東震驚於多項報告中指出，公安部內部存在刑求問題時，周恩來便嗅到了機會。他繼續帶回昔日公安部幹部，並且恢復鄧小平的職位，部分目的是為了讓他負責處理中國國鐵上發生的罪行（在今日更有效率的高速公路和空中運輸形成之前，鐵路之重要性不言可喻）[77]。一九七四年一月，北京和黑龍江公安局大有斬獲，當時中國以間諜為由驅逐了五名蘇聯外交官，並且逮捕李洪樞，據說他長期以來，都是蘇聯格魯烏特務。四月，周恩來警告所有的公安局要對於臺灣和外國特務保持警戒，並且仰賴群眾組織以強化安全[78]。一九七五年，華國鋒成為公安部部長後，便加快速度找回過去遭肅清的幹部，並將政策方向帶離階級鬥爭[79]。

一九七六年九月，毛澤東過世一個月後，文化大革命終於結束。幹部回歸公安部的行動持續進行，而公安部也設立了一辦公室，針對激進左派分子的行動展開調查。公安部執行更多行動在「嚴打」（strike hard）犯罪與間諜，以及社會秩序的「全面管理」（comprehensive management）。由於警察人數依舊稀缺，欲達成這些任務就需要重新振興地方群眾路線的維安機構。於是逮捕人數激增。如同杜頓所指出，雖然罪行不再泛政治化（譴責陋習、貪汙受賄與暴力皆為反革命行為），公安與黨開始將政治異議入罪，視之如同襲擊、搶劫、謀殺以及間諜這類「法律規範下」的罪行。一九九七年，「反革命罪」類別便從罪名代碼中消失[80]。

一個重大案例顯示出，文化大革命在公安部內部以及全國各地再也不同以往了。前上海公安局局長揚帆在一九五〇年代早期被指控為敵方特務而遭到逮捕，一九八三年十二月，出獄五年之後，他正式洗清罪名，並且因為他在一九四九年之後於上海所執行的反情報工作而受到表揚[81]（見第二章的羅瑞卿，以及第三章的潘漢年）。然而，國家對於打擊間諜的態度並沒有軟化：同年稍早，共產黨總書記胡耀邦宣稱，當局逮捕了兩百名在一九八二年為蘇聯從事間諜工作的中國公民[82]。

然而，在中國打開大門、接受外國投資的同時，間諜案件數卻飆升，國家領導階層因此批判公安部。一九八三年七月，原本由公安部負責的反間諜任務便轉至新成立的國家安全部[83]。國家安全部負責反間諜任務的同時，公安部仍持續管理在中國土地上的外國人，並且維持監控他們的基準（見第七章）。外國企業與其他組織實體若是符合特定條件，便會被公安部列為「敏感單位」，範圍從外國的半導體工廠到公安部自身的市級公安派出所等皆有可能[85]。少了逮捕間諜的任務，公安部工作重點便放在較一般的犯罪案件，即使他們持續處理「情報工作」，例如招募線人便是「隱藏抗爭」中的重要部分[86]。

但是在中國，犯罪所包含的活動範疇之大更甚於其他地方。公安部一局轄下有個既龐大且隱密的六一〇辦公室，成立於一九九九年六月十日。該室原本的任務是為打壓法輪功，如今則是對抗任何未經國家官方認可的「異端宗教」，例如地下天主教、穆斯林以及佛教團體[87]。

近年來，公安部強調運用科技以提高在全國範圍內的成果，並在一九九六至九七年間啟用一一〇緊急電話[88]，二〇〇〇年推出DNA資料庫[89]，並且在幾年後將一套案件管理系統落實到最底層的公安派出所，讓地方公安不只可以看到公安部權限範圍內的案件，還包括一些國安部的案件[90]。諸如二〇一五年的《反恐怖主義法》與二〇一七年的《國家情報法》，以及強化管理的一般性做法已經使得公安部、國安部以及解放軍的行動更有效率，在執行任務和情報工作上得以協調合作[91]。

對於公安部的描寫在電視、電影中經常可見。二〇一六年的電影《湄公河行動》正是其中一部相對如實呈現的作品，片中繪聲繪影地呈現二〇一一年，在金三角邊境地帶發生一起十三名中國公民遭謀殺事件，以及公安部在這之後的行動過程[92]。

一九四九至五五年：多重機構過渡期

一九四九年八月，中共廢除情報部（創立於一九四一年）和社會部（1939-49），這兩個單位曾是中央委員會轄下的「一個機構、兩塊牌子」[93]。取而代之的，是新的國家領導班子規畫以政府部會取代黨的部門來執行公共安全與情報工作。維安暨國內反情報工作很快便指派給新成立的公安部（1949-），但是相當的情報機構卻未形成[94]。

在一九四九年十月至十二月間，公開任命前社會部部長李克農為副外交部長，而另兩個未公開的職銜則是：中央軍委情報部部長[95]暨中央情報委員會書記[96]。

中國的檔案資料中，並未針對外國情報的職責分工做出解釋。然而，黨的領導階層在中華人民共和國建國之初的五年間，已經漸漸形成一個情報社群，他們針砭問題、做出改變，並且制定情報任務配置。一九五〇年四月，一場初始的情報工作會議將臺灣、美國、英國、北韓以及日本劃定為海外特務優先派遣的目標地點，而黨也持續遵循傳承自早年的教條，利用「單線」聯繫的情報網絡（見網路辭彙表中的「Danxian」）。周恩來相當重視從「單一軍事情報」中，轉換而來的軍事與政治情報、經濟情報以及科技斬獲[97]。

一九五〇年上半年，由李克農負責指導一組作家撰寫中國共產黨自一九二七年五月至一九四九年十月一日的情報史，名為《中共二十二年情報工作的初步總結》。該份文件或許更像是一部意識形態指引手冊，而非歷史回顧。該書從未公開發表，卻曾被中國共產黨的歷史學者引用為參考書目。李克農的研究專注在一九三七年至一九四九年，時值毛澤東已強化黨的掌控，同時慶祝馬克思－列寧－毛澤東的思想在引導中共機構上的重要性。官方版本指出，中共情報摒棄蘇聯和美國的慣例如美人計、脅迫和勒索、賄賂告密者及暗殺反對者[98]。然而，這種說法尤其與一九二八至三四年間紅色突擊隊執行的一系列暗殺行動，以及當代諸如伯納德・布爾西科（Bernard Boursicot）、保羅・杜米特（Paul Doumitt）案件與針對陳文英（Katrina

Leung）的指控等自相矛盾[99]。

一九五〇年六月，韓戰爆發，由美國主導的反擊行動主力將聯合國和美方軍力帶到中國邊界。如前文所提，中央軍委情報部在一九五〇年十二月由李克農指揮成立，藉此改進情報工作。然而，該組織只持續到一九五三年一月。巧合的是，這個時期和韓國的長期戰爭僵局（1951.07-1953.07）一致，當時中國和聯合國付出高昂代價的一連串攻勢，卻未能取得重大的成果。這個血腥的時期或許激起了對於軍事情報任務的重新評估。中央軍委聯絡部在李克農的監督下，或許在此刻被賦予了外國情報的責任[100]。

從旁協助李克農的人包括羅青長、鄒大鵬、馬次青和馮炫[101]。由於他在一九五一至五三年間同時在韓國主責談判事宜，他勢必將許多職權授予這些人。

一九五三年三月，李克農心臟宿疾嚴重惡化。三月五日，毛澤東指示他尋求醫療救治，隔天便聽聞史達林死於莫斯科[102]。這名蘇聯領導人生前堅持韓戰應該繼續下去，但是隨著他的離世，中國和聯合國便在板門店重新展開談判，並於七月達成休戰協議[103]。

這些事件發展，再加上其他較世俗的問題，諸如怎麼資助中央軍委轄下的外國情報單位（1954），或許是外國情報工作最終的整合遭到延宕的主因[104]。無論如何，到了一九五五年初，黨與軍隊裡的情報相關人員已經準備好迎接變局。

一九五五至八三年：中央調查部

一九五五年，不再忙於國際談判的李克農被視為領導一個整合後的中國情報機構的最佳人選。二月二十三日，黨中央辦公廳主任楊尚昆與羅青長和其他人見面，提議將「政情」功能置於中央委員會的一個部門之下，如同一九四九年以前——不同於早先希望在國務院轄下形成一政治情報部的想法。李克農同意這項提議，並在三月四日與總理周恩來、羅青長及解放軍總參謀部部長粟裕開會面議。他們決定將一些外國情報職責從中央軍委切割出來[105]，並在黨的中央委員會下成立中共中央調查部（簡稱「中調部」），由李克農擔任部長，毛澤東則於四月八日核定這項安排。此中調部的人員當中，許多是來自解放軍總參聯絡部，這些人自七月一日起調離軍隊，進入中調部。李克農的第一批副手包括鄒大鵬和馮炫，而他的資深機要助理則有羅長青、毛誠和馬次青。李克農向楊尚昆報告，而重大事件則是委由政治局的鄧小平與周恩來負責[106]。

或許因為中調部隸屬於黨中央，其存在仍是未公開的祕密[107]。知情者總是隱晦地稱之為「中直西苑機關」，因其位在北京的西北方。在安全的情況下，名稱便是調查部，或是中調部[108]。

這是北京對這一系列事件審查後的官方歷史版本，但是實情似乎更顯複雜[109]。這系列事件展開於一波捲土重來的間諜熱潮中，早些時候也曾牽制住中國共產黨（舉例來說，見第二章的康生，以及網路辭彙表中的「身家調查」與「搶救運動」）。自一九五〇至五三年，上萬名群眾被冠上反革命分子而遭捕，還有另外幾千人以「特務」名義而被捕，雖然也確實有威脅的疑慮存在（見第五章的「唐尼－費克托案」）。共產黨當時採取的動作如今亦被黨內的歷史學者稱之為嚴重錯誤，再加上其所介入的事件，再再突顯出黨的過度反應。兩名前市級公安局局長：上海的揚帆和廣州的陳波，曾在一九五四年被誣陷為敵方特務。接著又有兩起更驚人的發展：一九五五年四月三日，「隱藏戰線」的英雄潘漢年遭到逮捕，遭指控叛國（如同揚帆），以及克什米爾公主號（Kashmir Princess）爆炸案：四月十一日，一架印度航空客機在公海上空炸毀，總理周恩來原本預訂搭乘該航班前往萬隆參加不結盟國家會議。中國調查結果顯示，該架客機在香港停留時，國民黨暗中埋設一枚定時炸彈，因此在空中引爆炸毀[110]。

揪出更多反革命分子的壓力隨之而來，雖然這或許只是對當代事件的反應，如同那個年代和毛澤東政權下的徵兆。黨中央建議一一審查組織內的人員，以「徹底肅清暗藏的反革命分子」[111]。超過一千八百萬人在隨後的肅反運動中接受調查，雖然最終僅二十五萬七千五百五十一人遭到清算[112]。而在中共情報界，八百到一千人被降級、調職或是逮捕，主要是因為他們過去和潘漢年有所關聯，後者於一九三七至四五年間在中國境內的日本占領區經營中共的間諜網絡[113]。這或許意謂著，毛澤東不論先前或往後，都有傾向藉由連坐法將大量人民冠上汙名的慣例。

李克農的自傳作者聲稱，李克農是唯一一個對潘漢年遭逮捕抱持異議者。他曾撰寫一份包括兩部分的報告，分別在一九五五年五月和七月發表——正好是中調部甫成立之際——內容總結了潘漢年的職涯，並洗清他的叛國罪名[114]。一九五五年九月，毛主席不但忽視這個事實，他還是信任李克農，任命他為中調部部長，並且將他晉升為上將[115]。

針對這些警示性的事件發展為何影響中調部於三月至七月間的成立，黨的歷史學者並未做出評論。不出所料，相關細節依舊未公開，但值得注意的是，李克農順利在這段失序期間將組織建立的進程維持在軌道上。

早期的中調部優先事項是位在臺北和華府的敵人，而且理由很充分：美國中情局持續從臺灣以及國民黨占領的鄰近島嶼滲透中國[116]。一九五五年，中調部在上海與廣東成立市級及省級分局，這兩個地區皆受到國民黨餘黨騷擾[117]。關於中調部與公安部的反情報網絡是怎麼透過這些分局進行合作，中調部是否揭發敵對的外國行動，以及該部在中國境內的工作範疇有多大，都需要進一步研究才得以界定。

一九五五至六九年間，願意和中國建立外交關係的國家倍增，從二十六國增加至五十國[118]。一九五五年萬隆會議之後的「第二波建立外交關係浪潮」意謂著，中調部在海外有更多機會，也激起了一陣內部辯論：祕密行動可否與公開行動互補，而不致把中國的情報條件走漏給敵方。一邊是中調部二局局長熊向暉，他同時也是自國共內戰以來即參與中共情報祕密任務的老手。他暗示，祕密行動已然擱置一旁，並聲稱依國外現況，應該有利於情報人員以公開方式進行情報資訊的聯繫，尤其是在歐洲。馬次青則反駁，這種聯繫或許很有幫助，但是會造成安全問題，而祕密行動依舊有其必要性。周恩來做為最終裁決者，同意馬次青的看法：祕密行動還是優先事項[119]。周恩來的選擇或許為中調部接下來的發展設定好方向：除了黨內需要知道其存在的人之外，中調部維持未被公開承認，甚至未能言及。

一九四九年以後，中共和蘇聯之間的情報往來一開始相當順暢，蘇聯甚至安排了顧問坐陣中調部。然而，一九五八年九月，莫斯科在原因不明的情況下撤走待在中調部和公安部的格魯烏官員，一年後中蘇交惡，蘇聯派駐在中國的顧問亦多隨之撤離[120]。

中調部進行了內部研討會和相關會議以推動標準化流程，並且討論問題。一九五五年十二月，第二次政治情報工作會議參加的單位包括公安部、中調部和中共檢查委員會。周恩來在會議上發表演說，強調對內穩固社會主義建設與人民民主專政，對外則與中國鄰近區域維持和平[121]——這是可預期的主題，但也暗示一防禦姿態，不同於一個世代之前莫斯科的共產國際推動革命的做法。儘管如此，在一九五〇與一九六〇年代間，中國愈來愈活躍於協助其他國家的解放運動，尤其是東南亞地區[122]。中調部在這些運動中的角色，則有賴進一步研究迄今尚未公開的檔案。

在一九四九年落幕的革命期間，中國共產黨確實會讓一些情報人員以記者身分臥底。其中派駐在海外的人員通常以新華社記者身分而獲准旅行、提出疑問，並以看似可信的理由培養聯絡人。新華社海外辦公室設立時，至少都會有臥底情報人員進駐，包括布拉格（1948）、倫敦和開羅（1956）、巴黎（1957），以及日本（1964）。該社於香港的辦公室不只進行情報工作，甚至漸漸變成中國在英屬殖民地上的非官方領事館[123]，而新華社也在葡萄牙所屬的澳門飛地建立起具備相同功能的地點[124]。

中調部後續還舉行了其他調查部工作會議。一次是在一九五九年二月至三月間，與會者包括中調部派駐海外的人員。另一次是在一九六一年十月二十日的全國情報工作會議，這可謂是一場關鍵的跨機構協作場合，與會者包括中調部、公安部、外交部、解放軍總參謀部情報部、解放軍總政治部、國務院外交事務辦公室以及國務院僑務辦公室。顯然，和中調部工作相關的關係人眾多，或許其中還有一些競爭對手：會議中同時討論了「如何整頓情報工作和各系統的分工」[125]。

一九五七年十月，李克農摔傷造成腦溢血，使得孔原成為執行部長。李在一九六一年曾短暫復原，但在一九六二年二月過世。孔於是在十一月正式就任領導[126]。

楊尚昆的日記僅少部分提及監督情報任務的細節，但偶爾也會看到一些小道消息。舉例來說，自一九六二年十月十一日至十二月十日，他和孔原以及其他中調部高級官員見了九次面，這算是相對高的頻次了，或許是預期孔原將取得正式領導權，以及與早期美國試圖滲透西藏的作為有關。十一月十六日，或許是為了慶祝孔原晉升，在釣魚台國賓館（位於北京）舉辦晚宴，以楊尚昆的說法是：「中調部請駐外使節，幾乎喝醉了！」[127]

除了做為中調部副部長，羅青長也是中央對臺工作領導小組副組長，並且在周恩來行政辦公室領導情報事務[128]。羅的訃聞中讚頌他在一九六三年四月於國家主席劉少奇拜訪柬埔寨期間，扮演發掘國民黨暗殺密謀的重要角色，以及他在一九六四年說服前國民黨將軍李宗仁於瑞士變節投共[129]。這些生平事蹟省略了他和毛澤東的貼身護衛汪東興，以及激進的辯論家、殘酷的執行者暨情報老手康生之間緊密的關係。抗日戰爭期間，羅曾在延安為康生工作。這兩人日後皆成為文化大革命受益者，在接下來的風暴中保護並利用羅青長。中調部內部人士於是稱他們為「三位一體」。

當文化大革命於一九六六年八月進入混亂階段時，毛把中調部的政治掌控權從四面楚歌的鄧小平手中轉到康生手中[130]。接下來的七個月，孔原和他的副手童小鵬試著將中調部從當時的政治風暴中抽離出來，使其運作在軌道上，可惜紅衛兵的派系很快地在中調部內部形成，就如同他們在其他組織裡的做法，顯然導致了情報外洩（見「一九六六至六七年：機密資料盜竊」，第五章）[131]。不若中國在建造核武和核彈這方面的付出，情報行動在毛所引領的最後一場革命掠劫中，未能倖免於難。

羅青長在一九六六年十二月接管中調部，而孔原則遭到免職[132]。一個月之後，激進的中央專案審查小組由江青主導，對曾經歷過中調部內紅衛兵造反派多月鬥爭的孔原展開調查。孔原及其副手被迫進入勞改營，或是受到更不人道的待遇，只有一人——羅青長——繼續留任。即使是一九六七年四月當軍隊接管中調部時，以及後來在一九六九年六月十三日當中調部被總參二部（情報）吸收時[133]，羅青長都不曾被解職。

熊向暉可能領導過總參二部，而羅或許曾經擔任過副部長。隨著中國和蘇聯之間的敵對氣氛達到頂點，毛澤東試圖終結被西方孤立的局勢，漸漸和美國恢復友好關係。之後中國在一九七一年獲准加入聯合國，中調部官員也開始回到他們在海外的工作崗位。一九七三年三月，當中調部正式重建，成為中央委員會直屬部會，羅也重掌了該部門[134]。或許不是出於巧合，這件事發生的同時，毛澤東同意周恩來的提案，讓鄧小平重回政治局（三月九日），並參與後續（二月至六月）由周恩來與季辛吉展開的協商，內容涉及中美雙方在北京、華府開啟外交使節團，由此，為中共情報機構執行海外任務提供新的契機[135]。

一九七六年一月八日，周恩來過世。一九七五年十二月二十日，周恩來在醫院行將就木之際，他找來羅青長，當時羅的官階太低而無法參與例行性會議。周恩來在病榻前問他在臺灣的老友近況，並且要求中調部轉達他的心願，即他們「不要忘了為人民福祉而服務」。對於這戲劇性的一幕，中方的敘事並未表明是否造成任何實質的影響[136]。

毛澤東於一九七六年九月過世，繼任者華國鋒重新開啟國家級共享資源「情報」系統，並進行相關措施來評估並輸入國外科技（見華國鋒，第二章）[137]。對於這位新領導來說，不幸的是，他因為一項野心太大的十年計畫而遭到譴責，該計畫在其他高階領導人包括鄧小平皆同意實施的情況下，於一九七八年二月至三月間公諸於世。然而，鄧小平以該計畫的毛主義風格來質疑華國鋒，並在十二月開啟自己通往領導階級的登頂路途[138]。

六個月之後的一九七九年七月七日，如今名列副總理，但影響力卻相對大的鄧小平，在一場由外交部召開的工作會議上發表演說。他建議中調部停止利用外交身分掩護其海外人員——鄧並指出這項建議是源自於周恩來在一九六四年的想法。然而，羅青長卻公然避開鄧在演說中所宣揚的。他採取與鄧截然不同的做法，一方面擴張六個區域性單位，並且加派人員至海外擔任外交職務。在內部進行簡報時，羅青長呼籲幹部忽略鄧的政策方針，表示那代表了走回「階級鬥爭」和「反情報主義」的路子，表面上看來，如同修辭上的指控。一九七九年八月，雖然羅青長漸漸表現出服從的態勢，他仍避免做出改變，並在一九八三年退休，時值鄧策動了一場組織重組，迫使他離開[139]。鄧花了那麼久的時間才擺脫羅這個惡名昭彰的文革受益者，然而羅即使到了今天，仍備受尊崇，無疑證明了他縈繞不去的影響力，或許也證明了激進左派的影響力。

儘管對鄧小平來說，羅青長猶如芒刺在背，但中美關係嚴重到令人沮喪的地步，或許對一九八三年的情報改組產生了更強而有力的影響。一九七九年一月與美國外交正常化之後，中共領導班子希望能迎來一段鞏固且穩定的時期，只是隨之而來的問題竟造成安全防衛方面的顧慮：一九七九年二月中越戰爭傷亡慘重；《臺灣關係法》於同年四月生效，內容包括一旦中國攻擊臺灣，美國可對臺提供協防；以及美國總統吉米・卡特（Jimmy Carter）在一九八〇年十一月的大選中敗給羅納德・雷根（Ronald Reagan），而後者曾公開宣稱與在臺灣的國民黨政府誓為盟友[140]。

反情報的憂慮可能上升了。過去沉睡中的消費者欲望，在中國公民心中漸漸甦醒，且愈來愈抵擋不了現金的誘惑，與此同時，在中國國土上，有愈來愈多未經官方陪同的外國人在城市裡出沒，外國領事館的數量也倍增[141]。當時反情報屬於公安部的權限，然中國共產黨內部的自由派改革者總理趙紫陽則認為必須有所作為，並表達出對於犯罪現象增加的憂慮，他指出，國安人員「對於政治與意識形態帶有無法忍受的漠然」，有必要「壓迫反革命活動」。如此導致了一九八三年夏天展開的一場打擊犯罪行動，以及在同年稍後展開的「反對資產階級自由化」和「清除精神污染」的運動。一九七八年，鄧小平或許曾經承諾會放棄階級鬥爭，但是對敵人的鬥爭仍然是中國共產黨劇本的一部分[142]。

持續性的間諜競賽逐漸形塑起美中關係的特色，儘管其他面向的合作也在發展中。一九八一年初，黨內曾興起一場論戰，內容是關於西化的風險，以及仰賴一個外國強權的危險，這兩個主題甚至呼應到今日習近平所推動的反間諜運動（2014-）與「中國製造二〇二五」提案[143]。

若是鄧小平和趙紫陽都意識到，隨著中國對外開放，公安部不再勝任逮捕間諜的活動，這便有助於解釋為何要設立一新機構——國安部——來強化海外間諜活動和國內反間諜工作。國安部的設立由趙紫陽提出，並且在一九八三年七月經全國人民代表大會（簡稱「全國人大」）表決通過。

一九五五年至二〇一五年：總參二部
二〇一五年迄今：聯合參謀部情報局

過去六十年間，總參二部——又稱總參情報部——是中國軍隊主要的情報組織。總參二部及其伙伴、負責技術偵察的總參三部，都是中央革命軍事委員會第二局和八路軍情報機構的接班組織。

總參二部是對總參謀部監督情報與外交事務的副司令官負責。該軍官是解放軍的主要外交官，參與諸多軍事單位之間的交流活動，也是解放軍的高階情報官員。在由黨領導的特別小組中，包括港澳事務、臺灣事務以及外交事務，身兼情報官員的副司令官無論如何，都會是負責報告的兩名解放軍代表之一，同時也兼任由伍修權中將於一九七九年創立的中國國際戰略學會主席。

根據多方資料來源，總參二部由六或七個局所組成，分成三大系統。第一個系統管理總參二部的祕密人事情報行動。多數資料來源認為，位於總部的是一局，旗下設有五個附屬聯絡處，分別位於北京、上海、廣州、瀋陽以及天津。根據臺灣針對間諜案所起訴的內容描述，此系統可能也包括位在其他城市的辦公室。然而，未有公開資訊指出這些辦公室是否向地方的聯絡處或是直接向總參二部的總部報告。

第二個系統專責科學研究，以及總參二部任務中涉及技術的面向，包括無人航空載具、技術感測器和衛星等。這個系統或許是總參二部最容易被發現的部分，因為每一個主要組成部分，包括二局，偶爾在一些公開場合，會提及相關軍事單位的祕密代碼。這些包括了航天偵察局、北京遙感所以及戰略無人航空載具。最重要的是，該局引導軍事區域內的戰術偵察與情報方面的行動[144]。

第三個系統負責管理駐外武官與公開的人力情報蒐集，並且執行外交事務中的分析工作[145]。這個系統或許包括了三局、四局、五局以及六局[146]。其中有一局可能是做為駐外武官辦公室（口語稱武官處）的聯繫窗口，另外三局則負責分別針對三個地理區域進行分析：俄羅斯、前蘇聯與東歐地區；美國與西歐；以及亞洲[147]。

除了這些內部的局處，總參二部亦監管兩個截然不同的智庫：中國國際戰略學會、中國國際戰略研究基金會。根據官方描述，中國國際戰略學會為總參二部之外的中國政府和軍事單位提供服務。這個智庫「為中國政府相關部門、軍方與其他機構、企業提供諮詢和政策建言、執行研究計畫，並且為了國家安全、經濟發展、國際安全與世界之和平發展而扮演其智庫角色[148]」。中國國際戰略學會的人員包括總參二部官員中，原本專責武官和分析工作的人、退休的資深情報人員，以及永久職的研究人員[149]。若說中國國際戰略學會主要為研究機構，那麼中國國際戰略研究基金會便是一個與交流有關的智庫，對總參二部來說，或許扮演了一個更具執行力的角色。前總參二部官員翟志海於一九八九年創立該基金會，而後在一九九〇年代初期交接給陳知涯（陳賡的兒子；見第二章）。副總參謀長熊光楷曾指導該基金會之下最著名的研究，內容所針對的危機管理與決策，是以美國國安會為模型，建立政策修正過程的情報基礎。該研究案最後無疾而終，但是該基金會直到二〇〇〇年代末期仍持續與海外對話，探索相關議題[150]。

二〇一五年十一月二十六日，中國國家主席暨中央軍委主席習近平宣布一項重大的解放軍改造計畫。其中和總參二部尤其相關的改革措施大幅改組，第一級部會（例如總參謀部）必須向中央軍事委員會報告，並且建立戰略支援部隊。第一項改革將總參謀部改名為中央軍委聯合參謀部。主要的改變是，總參謀部不再同時做為解放軍的總參謀以及地面部隊的總部：後者被切分為一獨立單位，而總參二部本身則是從部的地位降級成局，成為中央軍委聯合參謀部情報局。第二項改革則帶來更深遠的影響，因為技術偵察與總參三部被移至戰略支援部隊下[151]。雖然有關聯合參謀部情報局的新資料仍未公開，總參二部的基本特點依舊完整：還是有一名聯合參謀部的副參謀長監管情報與外交事務。中國國際戰略學會則未受影響，而中國的新聞報導皆未指出情報局不再維持其管理武官和分析工作的角色。反之，中方對話者相信，情報局將會繼續扮演重要角色以提供中國領導人所需資訊[152]。

一九八三年迄今：國家安全部

一九八三年六月二十日，在第六屆全國人大的第一場會議上，與會代表通過總理趙紫陽的提議，成立一個國家安全的專責部會「以保護國家安全並強化中國的反間諜工作」。隔日，人大投票選出凌雲為首任部長[153]。國家安全部在七月一日召開首次會議，宣布該部正式成立。中央政法委員會書記陳丕顯在開幕致詞中概述新部會的目標：「做好國家安全工作，將可有效促進社會主義現代化、實現祖國統一的目標、對抗霸權主義，並且捍衛世界和平。」[154]在陳丕顯委婉的言語中所隱藏的第一項公開暗示是，除了接手國內反間諜工作，國安部也會執行海外情報任務和祕密行動以影響海外事件。

藉由將情報與反間諜工作完全自共產黨權限中抽離，並改置於國務院（也就是中國政府）之下，國安部的創立標誌了一個截然不同於過去共產黨作為的開始。凌雲在早先以公安部副部長身分接受新華社訪問時表示：「我們堅決反對以司法或行政手段解決意識形態與歧異意見的問題。」根據淩雲的說法，這種做法只有康生和左派的「四人幫」之流才會利用的情報與反間諜手段[155]。國安部這個主要的情報組織或許掩飾了其意識形態強化者的角色，但是純粹的效忠於黨依然極其必要[156]。

陳丕顯的演說提出五項與效忠於黨有關的人事要求：肅清康生、謝富治與極左派的影響力；遵循鄧小平的演講中所敦促的「解放思想、總結經驗，（以及）積極改革」；「永不忽略（黨工或職工）」；中國共產黨的領導班子背後「維持全體一致的政治立場」；以及遵循黨的紀律[157]。

國安部大致上遵循著去政治化的原則。這並不是說貪汙沒有對這個組織造成影響。國安部尤其在地方層級上，通常會為共產黨官員或與他們關係良好的友人提供保護其商業交易的服務[158]。然而，這個部會似乎鮮少與任何菁英政治的調遣或肅清扯上關係。自一九八三年以來，只有針對北京市委書記陳希同（1995）和上海市委書記陳良宇（2006）的肅清行動遭謠傳涉及國安部[159]。在薄熙來和周永康倒台後的大規模肅清行動中，北京市國安局局長梁克以及副部長丘進遭驅逐下台，正是因為他們利用國安部資源來支持特定領導人在政治鬥爭中的行動[160]。

一九八三年創立國安部算不上艱困之舉。前兩任部長淩雲和賈春旺所面臨的挑戰，是如何將幾個僅省級單位大小的部會變成全國性安全機構。國安部的擴張有四波浪潮。最原始的轄下單位（或者說是在第一年創立的單位）應該是市級的國安局或省級的國安廳，包括北京、福建、廣東、廣西、黑龍江、江蘇、遼寧與上海。第二波浪潮很快地在一九八五至八八年間成形，包括重慶、甘肅、海南、河南、陝西、天津以及浙江。第三波浪潮從一九九〇至九五年間，該部完成擴張及至全國各省，納入安徽、湖南、青海和四川[161]。第四波擴張則屬垂直性的，由省級國安廳接管地方的公安局或是建立直屬的市級或縣級國安局。對許多地方上的公安局人員來說，他們前一天還是公安，隔天就成了國安人員。當國安部部長賈春旺於一九八八年調任至公安部時，國安部已經是一個全國性組織，遍及每一個行政層級。

從國家層級到地方層級，國安部及其下轄的國安廳、國安局皆是向一個由各級領導小組、平行單位以及委員會所形成的系統報告，並依此領導防禦工作，同時為共產黨領導階級減輕政治化的風險。目前，在這個系統中最重要的兩個單位是政法委員會和中央國家安全委員會。政法委員會由一名政治局成員擔任書記，在本書成書之際，該會書記為前公安部部長郭聲琨；並由一名副黨書記負責主管較低層級的單位。這些委員會在其層級上監督所有與國家安全、公共安全、監獄及檢察（司法）相關的事務。二〇一三年十一月，習近平在第十八屆三中全會上宣布成立中央國家安全委員會。二〇一四年四月十五日，該委員會召開第一次會議。而成立這個新委員會的目的有二：首先，是為了平衡國安部擴張所形成的內部政治權力，和二〇〇〇到二〇一〇年國安單位的能力；其次，該委員會引導國安部和其他維安軍力針對黨國威脅預先計畫並先發制人[162]。在較低的行政層級上，省、縣與市皆設有國家安全領導小組。政法委員會與國家安全領導小組，在人員配置上有部分重疊。此外，兩者與國防動員委員會及六一〇辦公室結合，形成某種由多個子系統組成的母系統，監督地方安全和情報工作。

國安部總部由各個經編號的局處組織而成，分散在北京市內至少四個地區。目前，據信國安部至少設有十八個局。不若人民解放軍可透過部隊代號來追查各單位，國安部的下屬單位並沒那麼容易辨識。以下所列是我們稍微有點信心的幾個局處代號[163]。

- 第一局：由非臥底國安部人員和中國政府組織合作執行「祕線」（secret line）任務。
- 第二局：國安部人員利用外交、記者或其他政府相關身分臥底執行的「明線」（open line）任務。
- 第三局：不明。
- 第四局：臺港澳局。
- 第五局：情報分析通報局。
- 第六局：不明。
- 第七局：反間諜情報局，在國內外蒐集敵方情報機關的資訊並展開情報工作。

- 第八局：反間諜偵察局，負責執行調查，偵察並逮捕中國境內的外國間諜。
- 第九局：對內保防偵察局，管理並監控中國境內的外國實體組織與反對組織，以防範間諜。
- 第十局：對外保防偵察局，管理中國留學生組織和其他海外實體組織，以及調查海外反動組織的活動。
- 第十一局：中國現代國際關係研究所，執行共享資源研究、翻譯以及分析。其下分析師也經常與外國代表團開會，或是以客座研究員身分赴海外執勤。
- 第十二局：社會調查局，負責處理國安部對共產黨的統一戰線工作系統。
- 第十三局：中國信息安全測評中心，推測是負責管理並發展其他調查設備。
- 第十四局：技術偵察局，負責郵件檢查與電信偵控。
- 第十五局：與更大規模的臺灣事務工作系統連結，其公開名稱是中國社會科學院臺灣研究所（Institute of Taiwan Studies, China Academy of Social Sciences）。
- 第十六局：不明。
- 第十七局：不明。
- 第十八局：美國行動局，負責執行並管理對美相關的祕密情報工作。

CHAPTER

2

中國共產黨情報領袖
Chinese Communist Intelligence Leaders

曾經帶領中國共產黨情報與國安機構的人（都是男性）幾乎沒有什麼相同的特點。除了都是男性外，共同的特徵就是對黨的忠誠了。一九二七年，周恩來開啟了中國的情報工作，從早年便是情報領袖，直到離世為止。幾十年之後，以陳雲的話來說，在周之前，這個黨「還不知道如何組織情報」[1]。出身自一知識分子家庭，周恩來即使是在攀上黨的領導高位之後，仍維持著諜報技術和行動管理方面的專業。在當代，他仍是本書所討論的人物當中最受尊敬的一人，當代政治宣傳甚至尊崇他及至聖人的地位。顧順章，他是受過蘇聯訓練的特務兼刺客，並沒有特別的意識形態，直到一九三一年被捕之前，一直為領導層所信任；被捕之後，為了逃過刑求和保命，他當下變節。康生，他是組織和情報專家，後來成為「毛澤東思想」的辯士，也是中國共產黨情報史上的另一隻害群之馬。他對毛澤東的忠誠堅定不移，卻在文化大革命期間做為聽命於毛主席的一把利刃，並在身後遭黨開除。李克農一開始在一個重要的網絡中擔任臥底情報員，日後成為極有能力的情報通才和談判者。他在國共內戰與早期中國領導中國共產黨的情報工作。羅青長，據說是傑出的分析師，在文化大革命期間和康生結盟，反對鄧小平在一九七九年推動的情報改革，而後在一九八三年遭封殺。令人不解的是，中國共產黨持續以羅在一九六六年以前的成就，為他塑造形象，並忽略在此之後所發生的每一件事。

後鄧小平時代（1992-）的領導人也是形形色色，彼此之間的共通點是對黨忠誠，儘管沾染了貪汙氣息。無論如何，影響力最為持久的可說是毛澤東主席本人了。他從一九三〇年左右便試圖掌握共產黨情報及維安工作的重要權力，並在一九三五至三九年間強化掌控力道。情報工作變成毛的機器。直到他於一九七六年過世以前，每個情報主管都是經過他的核可，而他也是政策的最終裁定者。

在今日被黨稱作「公安保衛史上的三次大的左傾」中，毛是未被提及、也未被指控的共謀者。第一次的大左傾，也就是一九三〇年所謂的富田事變，毛利用紅軍維安人員做為祕密警察來攻擊他在黨和軍隊裡的敵人。中國共產黨領導層批評他，而他的影響力也確實短暫下滑，雖然在長征期間（1934-35）便恢復以往。毛接著藉由另外兩次「左傾」以強化他的權力，包括了搶救運動（1943）與始於一九六六年的文化大革命[2]。

在毛過世四十年之後，這些「偏差」遮掩了毛對中國情報與維安工作所留下來的影響。

國安部不只是一個外國情報組織，也用來調查黨內反對政權的聲音及貪汙行為，雖然相較於史達林領導下的內務人民委員部與格魯烏，國安部要節制地多了。公安部則不僅提供警力，也肅清了非共產主義的政治運動分子，以及宗教人士。儘管毛所領導的三次大左傾當中被視為正當的刑求，在今日黨的政治宣傳中是備受譴責的行為，情報和安全機構以及黨的內部紀律單位依舊採行同樣的手段。

馬克思主義的政治敏感度依舊驅使著政策與分析方向，中國現任領導人習近平已經回歸毛的政策方針，要求他的維安人員與整個黨國機構對他忠誠。過去，似乎在另一種意義上展開序幕：至少在本章中所描繪的某些領導人物，成為中國新一代情報人員研究、效法的對象。而一如既往，他們的典範是被塑造出來的，以展示當代領導權力最正統且適當的一面。

以下條目是依照姓氏的羅馬字母排序。某些當代人物的資訊較少，而其他人物對專業人士而言，則較為熟知。

陳賡（1903-61）

出身湖南，陳賡是中國共產黨的早期成員，也是共產黨革命時期知名的將軍。早年革命鬥士時期的一九二八至三一年間，他曾在上海為中央特科執行情報任務。他的兒子陳知涯則是一九九〇年代的資深情報官員。

陳賡在湖南期間，曾經短暫待過某個軍閥的陣營[3]，爾後於一九二二年十二月加入中國共產黨[4]。在上海進入某所大學後不久，並在湖南參與過抗議活動後，草創的黃埔軍校代表招募他入校。一九二四年十一月，陳賡自這個國民黨軍官學校畢業[5]。他參與了對抗地方軍閥的活動，並在一九二五年十月救了蔣介石一命，根據中國共產黨的記述，他贏得這名國民黨領導人永遠的敬重[6]。

一九二六年七月，陳賡參與國民政府北伐的第一個月過後，中國共產黨派遣他和顧順章赴莫斯科、伯力、海參崴接受爆破、審訊、射擊、實地調查、政治保衛行動，以及武裝叛變等相關訓練。一九二七年二月，兩人回到上海，並向周恩來報告，當時周正準備迎接國民黨北伐軍。三月，周恩來將陳賡送至武漢，到了武漢，陳賡成為國民黨唐生智將軍之下的特務營司令官。四月十二日，國共分裂後，陳賡四處奔走，為保護武漢的共產黨領導階層，於是，他暗地前往南昌參與八一起義，該起事件被認為是紅軍誕生的契機。在後續的撤退行動中，九月一日，陳賡左腿中了三槍，骨頭碎裂。撤退路線經過汕頭及香港，陳終於在十月抵達上海。共產黨以假身分安排他入院治療，但是一名國民黨忠貞黨員認出他，以致他必須再次竄逃。一九二八年四月，當他可以再次行走時，共產黨指派他在新成立的中央特科從事間諜工作[7]。

陳領導特二科，也就是情報科，負責滲透國民黨的情報機構、警力、外國領事館、報紙、通訊社以及犯罪集團，大多是在上海，但也有在武漢、北平－天津一帶和香港[8]。中央特科有過一些成就，但也曾發動過一場失敗的戰役，其所帶來的部分影響，在共產黨第二十五、六十九號通知（一九二七年十二月與一九二八年十月）中可見一斑：盡速安插特務進入國民黨特種單位，並且禁止遭逮捕的共產黨員洩密，違者處死[9]。

在這絕望時刻，被現代政治宣傳媲美為正面英雄事蹟之一，便是陳賡領導的情報科設法達成一些重要成就，包括一九二九年利用柯麟醫生暗殺變節者白鑫[10]，以及在一九三〇至三一年間龍潭三傑滲透國民黨[11]。

陳賡或許是最深知楊登瀛（又以原名鮑君甫為人所知）滲透國民黨情報單位臥底行動的人[12]。楊登瀛是廣東人，稍微受過馬克思思想的薰陶，偏好和上位者往來[13]。一九二八年二月，他毫無懸念自願加入中國共產黨，陳賡親自培訓這名菜鳥特務[14]，而後他設法滲透進入國民黨的情報單位——中統——最終成為中統和上海公共租界工部局的聯繫窗口[15]。楊登瀛將國民黨與外國租界警察行動的資訊提供給共產黨[16]，直到中央特科負責人顧順章在一九三一年四月變節，導致陳賡、楊登瀛和其他許多人的身分曝光[17]。

顧在四月二十五日的變節對共產黨來說是一次重大災難，儘管對那些收到龍潭三傑及早警示而得以脫逃的人來說是一場勝利。然而，該起事件使得陳賡與其他人無法留在上海。一九三一年九月二十一日，陳離開上海，前往鄂豫皖蘇區，把他在情報科的職位交給了潘漢年，而陳雲和康生則擔負起其他中央特科的領導職務[18]。

九月五日，陳賡右腿受傷，當時他正擔任紅軍第四軍第十二師師長。接受過治療和一連串的驚險事件後，陳終於回到上海，接受更完整的治療，並接受新任務指派[19]。

一九三三年三月二十四日，陳賡在原定離開上海的前一晚去看電影，不料被他昔日同志陳連晟（〔Chen Liansheng，音譯〕兩人未往來）認出，當時陳連晟已經變節投靠國民黨，於是他尾隨陳賡走出電影院，試圖說服陳賡變節。雖然陳賡試圖逃走，仍與廖承志一同被逮捕，關進上海租界的監獄。沒多久，兩人被轉移中國城區裡的國民黨拘留所[20]。

在當時，國民黨力勸一些共產黨成員請求寬恕並變節投降，而不是如一般常見的，只給一次仁慈的機會，一旦不接受就會遭受嚴刑拷問並處決。蔣介石把陳賡移送到南京，不斷送禮給他並示出善意。隨後，陳賡又被移送至一間南京的飯店，兩名臥底的共產黨員便協助他逃離[21]。

陳賡逃往江西蘇區之後，恢復軍職。在長征期間，他握有戰鬥指揮權，負責保護重要人物的安危，包括在一九三五年一月舉行的遵義會議中，負責領導層的維安工作。此後的三〇年代後半及四〇年代期間，陳賡在軍旅生涯中持續表現亮眼。一九五〇年，他曾短暫擔任胡志明的軍事顧問，並投入韓戰（1951-52），而後成為解放軍副總參謀長（1954）與國防部副部長（1959）[22]。一如李克農，陳賡晚年罹患心臟病[23]。也和李克農一樣，陳於五十八歲過世的事實或許讓他逃過文化大革命時期，因而未被貼上敵方間諜的標籤。

陳開曾（?-2008）

上海的陳開曾在一九九〇年晉升為少將，一九九九年至二〇〇一年擔任總參二部部長。未有其他英文或中文相關資料。

陳文清（1960-）

陳文清是國安部第五任部長，亦為本書寫成時的現任部長。二〇一六年十一月七日全國人大會議上，他獲得任命[24]。

陳小工（1949-）

山東省的陳小工在二〇〇六與二〇〇七年間，曾經擔任總參二部部長不到十八個月，而後被拔擢至總參謀長助理。二〇一三年自解放軍退役，現任全國人大外事委員會委員[25]。二〇〇九年，陳小工任解放軍空軍副司令員，並以中將身分結束軍旅生涯。在幾名高階情報官員轉任解放軍勤務或戰事副官職位的人當中，陳小工是第一人，他的職涯並沒有在情報界之後就此打住[26]。陳小工的父親是外交官陳楚，是中日關係於一九七二年正常化之後的首位北京駐日大使。

陳小工從事軍情工作的時機較晚。他的職涯起步是擔任步兵團軍官，一九八〇年代早期，曾參與自一九七九年中越戰爭以來，兩國邊界週期性發生的零星衝突事件。據說，他在實際戰事中曾經擔任軍團團長，而他的部隊遭遇嚴重傷亡。根據某項記述指出，陳小工在一九八〇年代中期為解放軍的計畫負責人，被指派支援美國在阿富汗執行的祕密行動計畫，而這也是他踏入軍事情報界的契機。一本半官方的自傳中提道，一九八六年，陳進入總參二部，先後擔任副處長、處長、副局長，然後是局長[27]。進入總參二部後，曾有一段時間他被派往華府，在大西洋理事會（Atlantic Council）擔任客座研究員。

一九九〇年代中期，陳小工任總參二部第五局局長，監督美國與西歐的情報分析工作[28]。一九九九年至二〇〇一年，被任命為駐開羅武官，隨後於二〇〇一年九月轉任駐華府武官長達兩年，但是因為二〇〇一年四月的EP-3事件（中美撞機事件），他遭五角大廈冷凍，排除在例行聯繫名單之外[29]。

出乎意料的是，二〇〇三年九月，陳小工提前離開美國，擔任中共中央外事辦公室副主任。他在二〇〇六年舉行的中央外事工作會議籌備工作中成為關鍵要角，最終被任命為總參謀長助理[30]。

陳友誼（1954-）

二〇一一年十二月，陳友誼接掌總參二部部長。截至二〇一八年九月為止，沒有任何消息顯示他在新成立的聯合參謀部情報局裡遭撤換。他過去曾任總參二部副部長和國防部維和事務辦公室主任。後者是某個總參二部轄下局處的對外名稱；據推測，二〇一五至一六年改組之後，該單位依舊持續運作[31]。陳友誼在二〇一〇年七月擔任副部長期間晉升為少將。一九九五年，陳友誼從中國社會科學院俄羅斯東歐中亞研究所取得博士學位，是公認的前蘇聯專家[32]。

鄧發（1906-46）

一九三一至三五年間，鄧發擔任毛澤東的祕密警察頭子。在海外，人們因為艾德加・史諾的《紅星照耀中國》（*Red Star Over China*）而認識他。如同龔昌榮（見第三章），鄧發也是個極富色彩的人物，其生命故事或許最終成為某部傳記動作片的主題，尤其是如果今日的領導層想要進一步清理中共情報和公安界在革命期間所遺留下來最黑暗的元素。

鄧發出生於靠近廣州的雲浮市。他沒受過正規教育，但是他的父親堅持讓這孩子每天傍晚念書兩個小時。鄧發為了幫忙家計，在一間農村工廠打工包裝鞭炮，同時持續自學[33]。

一九二一年，中國共產黨成立那年，還是青少年的鄧發離家前往廣州，在一艘前往香港的英國船隻上擔任廚工。一九二二年，海員罷工行動使得他被左派以及工會事務所吸引，而後成為鼓吹者。一九二三年，他加入中國共產黨。

在一九二六至二七年的北伐期間，他負責指揮在廣州的一小隊年輕人。四月十二日，國民黨發動政變，鄧發繼續進行地下宣傳工作。一九二七年十月，他與葉劍英和其他人一起參加慘烈的廣州起義，當時他指揮一支區作戰部隊和工人赤衛隊。雖然吃了敗仗，鄧發再一次躲過敵人攻擊，回到家中撰寫了一篇針對這次行動的評論。

一九二八年，正值周恩來發展新改組的中央特科，亦即中國共產黨的第一個情報組織。鄧發當時人在香港，在太古船塢擔任中共書記，周恩來另外讓他處理中央特科的事務。

鄧發被賦予的責任迅速倍增。在香港的英國當局以及在廣州的國民黨政府都知道這個人，儘管如此，鄧發依舊在香港的示威活動和肢體衝突中公開現身。一九三〇年接近尾聲之際，他遭英國人逮捕，他假裝自己是個普通農民，企圖矇混對方，反覆自問自答：「誰是鄧發？」

然而，超過數名香港警察目擊鄧發出沒。一九三〇年十二月，他離開英屬殖民地，前往紅軍占領區最南端的福建、廣東和江西（閩粵贛）邊區，擔任特委書記和軍事委員會主席[34]。

那是最好的時機。當時國民政府以一支親國民政府的地方團體（自稱AB團）對抗中共擴張，而鄧發正好捲進這波濤洶湧的氛圍裡。在中國共產黨內部，毛澤東逮到機會將競爭者塑造成AB團的反動支持者，導致富田事件爆發：大規模處決疑似AB團的成員、紅軍幹部，甚至是一些「根據地創始人」[35]。

鄧發在這場殺戮行動中善盡職守，一九三一年十一月晉升為新成立的國家政治保衛局局長。大約同一時期，李克農、錢壯飛以及其他中央特科的情報官剛從城市撤退出來，便順勢加入政治保衛局。一九三二至三四年，政治保衛局或多或少稍微將重心從國內安全擴張到其他更重要的事情上[36]。這個時期同時標誌著中央特科的衰微，爾後於一九三五年正式廢除。雖然共產黨的歷史學者將富田事件的過度操作與其後續餘波歸咎在毛澤東的反對者王明所致，卻也公認，這當中有許多是由鄧發親自執行。他變成黨領導層中，最令人痛恨的人之一，卻仍在一九三四年一月，受拔擢為中國共產黨中央執行委員[37]。

後續事件迫使政治保衛局重新聚焦。一九三四年九月，一名國民黨軍隊內部的中共臥底特務莫雄收到消息，國民黨軍隊即將展開第五次「圍剿」行動，其所動用的軍力可能擊垮紅軍。莫雄的網絡設法取得國民黨軍隊的攻擊計畫，並遞送至位於瑞金的共產黨總部[38]。

紅軍逃過了包圍，並在一九三四年十月展開著名的長征。政治保衛局從未停止鏟除黨所察覺到的敵人，但是作戰序列逐漸轉移至戰術軍事任務如偵察、訊號攔截與分析[39]。李克農在長征期間漸漸取得領導地位；很明顯地，他比鄧發更熟稔於這些職責[40]。一九三五年十一月，長征結束之際，鄧發被調至糧食部[41]。儘管職位被調動，他仍在一九三六年六月假冒成國民政府官員，前往西安見史諾，並且幫助史諾前往毛澤東的基地[42]。

鄧發或許在一些維安事務上仍負有職責，但是即便未被降職，他還是被轉調至其他平行單位。雖然他能讀能寫，有幽默感並且值得信賴，鄧發畢竟比較不像情報專家，反而像是忠誠的執行者：大膽、體能佳、在保護和威嚇方面經驗豐富，並且為黨內的在上位者服務，但絕非深諳世事的政客。一九三七年初，鄧發被派往莫斯科，在王明與康生的帶領下，參與中共代表團拜訪共產國際的工作，一方面學習馬克思－列寧的革命理論，另一方面也分享了諸如「中國工人運動」等議題。他也遊說蘇聯加速其所承諾的軍事協防工作[43]。

是年七月，日本對中國北方的攻勢導致戰爭全面爆發。中國共產黨和國民黨好不容易形成「第二次聯合戰線」（即第二次國共合作）以對抗日本。史達林決定，王明、康生和鄧發應該返回中國——王明與康生加入中共在延安的政治局，鄧發則是接替陳雲成為中共於迪化（今新疆烏魯木齊）的代表。鄧發更是遠離了情報管理的工作，但是在一九三七年九月返回中國後，他於十二月接受任命，進入中共統治階層的政治局，成為迪化的非常駐成員，也成為這個菁英團體的一分子[44]。

鄧發在新疆待了兩年。毫無疑問，祕密技能對生存很有幫助。在第二次破天荒的轉調時刻，鄧發於一九三九年年中被派往延安接掌中央黨校[45]。

那一年，黨的領導層偏執地相信，敵人滲透的情形一個月比一個月更是惡化。鄧發必須確保自己的學生（包括許多新進黨員）受到完整的馬克思教育，以抵抗舊社會的誘惑。然而，到了一九四二年年初，毛澤東決定必須對黨員的態度進行大規模的檢視。身為忠貞的共產黨官員，鄧發留在黨校。同年二月，毛澤東以一場演說〈整頓黨的作風〉展開了整風運動。鄧在毛之後發言，承諾會協助根除較低階黨員中潛在的反對者，包括黨校裡的學生[46]。

鄧發在一九四三年春天離開黨校，接掌中央職工委員會，正值由毛澤東和康生主導、聲名狼籍的搶救運動展開，數百名假間諜被迫招供[47]。事實難以確認，但是這一步顯示出鄧發刻意作壁上觀。

當毛澤東在中國共產黨第七次全國代表大會（一九四五年四月至六月）中崛起，挾帶著前所未有的權力及影響力，鄧發也失去了他在政治局與中央委員會的一席之地，而這正是維安工作更為殘酷的面向[48]。

在毛澤東試圖團結中國共產黨上下以打敗國民黨時，鄧發被派往巴黎（一九四五年十二月）、馬尼拉以及上海（一九四六年一月），代表中國出席勞工會議，並且宣傳當時事件的中共版本，這個做法更讓人感覺到，毛澤東想要把他的前祕密警察頭子逐出視線外。

四月八日，一架從重慶飛往延安的班機載著四名美國機組員和十七名乘客，其中包括鄧發、博古以及葉挺將軍，該班機飛行超過其目的地達一百三十四公里之遠，最後於山西省黑茶山墜毀。多年來有謠傳指稱，該起事件是人為蓄意破壞造成，但是並沒有決定性的證據[49]。

耿惠昌（1951-）

河北的耿惠昌是國安部第四任部長，在位期間自二〇〇七年八月三十日至二〇一六年十一月。他是首位有外交背景的國安部部長，不若歷任皆有國內安全或國內政治為背景，雖然這個經驗的內涵幾乎不可能有一衡量標準。耿的官方自傳指出，他具備大學學歷，標註的日期包括出生日期、成為部長的日子，以及在二〇〇八年與二〇一三年的全國人大上獲得職位確認的事實[50]。據傳聞，耿不只是美國事務的專家，他對於日本和經濟間諜也極有見解[51]。

耿的公開職涯紀錄相當匱乏。由於中文或英文的資訊不足，有兩個時期的重要缺口無法補上。第一段缺口是他的早年職涯。耿在《現代國際關係》（*Contemporary International Relations*）期刊上發表過一篇關於美國總統選舉的文章，但是此前，他的職涯紀錄就像是一個黑洞[52]。一九八五年，他成為中國現代國際關係研究院（China Institutes of Contemporary International Relations,CICIR）下轄的美國研究所（Institute of American Studies）副所長。自一九八五至九四年，耿惠昌在中國現代國際關係研究院內穩定地晉升，並於一九九三年接掌院長一職——這是國安部內部屬於局長級職位——直到他又再次消失[53]。第二段缺口結束於一九九〇年代尾聲或二〇〇〇年代初期左右，時值耿惠昌回到國安部位於北京的總部，並成為部長助理或副部長[54]。

顧順章（1895-1935）

顧順章出身上海地區。他以中共中央特科負責人的身分，在一九三一年變節投向國民政府，此一事件或許讓他成為中國最為人所知的叛徒。顧順章背叛了無數的黨內同志，洩露他們的藏身地點，以及執行祕密任務的方式，幾乎徹底殲滅了共產黨在城市裡的勢力。現存的資料中，幾乎找不到他清晰的照片。

由於北京的政治宣傳者對於呈現顧順章最不堪的樣貌具強烈企圖心，欲從有關他的故事情節中梳理出事實真相，仍然是未竟之功。許多資料或許仍屬機密檔案。一九二四年，他加入中國共產黨，並參與工會組織和罷工行動，之後的一九二六年十二月，中共曾將顧順章和陳賡送往莫斯科、伯力和海參崴接受為期三個月的地下工作訓練[55]。期間，兩人習得爆破、偵訊、槍法、實地調查、政治保護行動和軍事叛變等的相關知識。一九二七年二月，兩人回到中國，盡皆進入相關單位服務：陳賡成為武漢某個特務營的營長[56]，而顧順章則成為軍事特別委員會的負責人[57]，這是中共初期負責監督地下工作的組織。中共和國民黨於一九二七年四月分道揚鑣後，為了擴張黨的情報組織，兩人也在一九二八至三〇年間投入新進情報人員的訓練工作[58]。

直到顧順章於一九三一年四月叛變前，顧、陳二人始終維持同志關係，但是中共卻將兩人描繪成截然不同的對手，即使是在那災難性的一天到來之前的日子：陳賡是容光煥發的有為青年、有能力的樂觀主義者；顧順章則是邪惡的投機分子、毒蟲、好色之徒，以及充滿野心的陰險人物，由於他的逾矩行為而受到周恩來的管束。然而，在他變節的前夕，周恩來和黨領導層仍信任著他，在董健吾的陪同下，護送中共領導人物張國燾踏上自上海前往湖北－河南－安徽（鄂豫皖）蘇區這趟長達五百哩的旅程[59]。這不禁讓人懷疑起今日有關顧順章變節之前的暗黑描述，也無助於釐清他的真實人格特質，以及他對中共情報工作的實質貢獻。

一九三一年四月中旬，顧順章和董健吾護送張國燾前往鄂豫皖蘇區之後，顧為了在四月二十五日赴一場祕密會面而途經武漢、返回上海。那天他偽裝成「百變魔術師」化廣奇，別名李明——他特別鍾愛這個臥底身分，似乎經常做此打扮。一名受雇於國民黨的前共產黨員意外認出顧順章，於是當局立刻逮捕他。在不是合作就是刑求致死的情況下，顧順章決定和國民黨負責捕捉共產黨員的組織中統局合作[60]。顧僅只對逮捕他的人提供當地中共組織的有限資訊，但承諾將提供更多資訊，以換取和總司令蔣介石於南京會面，蔣也在接下來的週一同意了他的要求[61]。

武漢的中統局辦公室立即發出六封加密電報給位於南京的長官徐恩曾。然而，那個週末，他們並未聯絡到徐恩曾。反而是在中統局總部臥底的中共特務錢壯飛在徐之前收到電報，便向中共發出警報（見「龍潭三傑」）[62]。

周恩來、陳雲、李克農跟其他高階共產黨員一得知消息，於四月二十六日開會，向上海及江蘇的共產黨員發出指示，命令他們當夜撤離藏匿處。兩個小時之內，陳雲向黨的各分支單位發出超過一百張貼有顧順章照片的海報，以便他們在採取撤退措施時能夠小心留意[63]。共產黨中央委員會讓周恩來去找顧順章的家人，詢問他們是否打算到南京與顧會合。當顧順章的妻子說，她有義務追隨自己的丈夫時，探訪她的人當場殺了她，以及家中的另外十名成員，只留下一名襁褓中的嬰孩[64]。亡者的屍體直到幾週後才被發現，但是推估他們可能在那個週日或週一的晚上（四月二十六至二十七日）便已遇害，正好是顧順章要求蔣介石保護他們之際。似乎沒有人知道那名倖存的男孩後來的發展。

根據中共發出的「通緝革命叛徒顧順章」的通緝令內容，顧洩露給國民黨的資訊包括如何找到中共中央總書記向忠發和其他高階官員，而國民黨也當即展開行動。顧同時交出中共設於湖北的辦公室所在位置，以及超過十二個過去不為人知的共產黨員，包括已經被拘留的人，以及中共行動的一般資訊[65]。

雖然中共的描述，暗示了周恩來在四年後安排人手暗殺顧順章，美國著名漢學家魏斐德（Frederic Wakeman）指出，國民黨在臺灣的紀錄顯示，顧順章決定重新加入共產黨，卻被國民黨中統局發現，因而遭到處決[66]。

儘管顧順章的人生有些部分依舊撲朔迷離，而且可取得的記述也有必要嚴格檢視，但不難理解他至今為何仍是中共許可的官方歷史上的一個焦點。他的變節幾乎摧毀了共產黨，而他本身更是充滿戲劇性又謎樣的人物。更重要的是，他的親人被埋在城市裡的一座天井下，直到屍臭味飄出才引人注意，此一事實無疑是警告那些可能背叛中共的人：黨最終會展開報復。

華國鋒（1921-2008）

華國鋒以身為在毛澤東與鄧小平之間的過渡中國領導人而為人所知。但是他相對較不為人知的，是在文化大革命之後，隨著中國力圖重振科技發展，而負責監督中國的維安組織以及科學和科技組織。華國鋒的職涯包括早期執行戰術情報和偵察。在毛的晚年，華國鋒執行過鮮為人知的敏感任務，包括調查一九七一年林彪叛變，以及兩年後的公安部部長李震之死。

和華國鋒有關的謠言已經存在幾十年[67]，他的部分個人歷史仍然不甚清晰[68]。一九三八年，時年十七歲的華國鋒便加入中國共產黨，成為山西的游擊兵。他的單位在一九四〇至四一年間為八路軍提供戰術情報：華偽裝成當地農民，偶爾在敵後偵察，據傳聞他有辦法信手拈來便設計出爆炸裝置來對付日本巡邏隊。諸如此類有關華的故事或許過於誇大，但是在一九四二年，華國鋒受到拔擢，無疑意謂著他確有其能耐[69]。

在中國內戰中，華國鋒繼續執行戰術情報和破壞工作，將間諜送進國民黨閻錫山將軍的單位進行偵察，在食物及飲用水中下毒，同時進行政治宣傳[70]。

一九四九年，華國鋒意外被調至毛澤東的出生地湖南省湘潭縣。他大力推行土地改革，展開原則上忠誠支持毛澤東指示，但偶爾例外的工作模式[71]。當一九五八年大躍進展開，華國鋒投北京所好，撰寫了激進政策有成的報告，毛並藉此反駁其他報告中針對饑荒所提出的批判。毛主席在一年後任用華國鋒為湖南省委書記處書記。一九六一年，華被調回湘潭——也許與其說是降職，不如說是在饑荒最嚴重之際被賦予管理毛的家鄉此一敏感崗位。華國鋒為了讓毛印象深刻而接下任務，設法讓擴散中的災難隔絕於領導人的家鄉之外[72]。

一九六四年，華國鋒成為湖南省委書記，藉由加強民兵部隊以及談論美國的威脅，將自身的權限擴大至涵蓋省級維安工作。毛澤東視華國鋒掌理下的湖南省為五個支持其農村計畫的省分之一[73]。

文化大革命期間，華遭遇到湖南的紅衛兵反抗，一九六七年年中，甚至被一支「革命反叛」的工人團體拘禁在省會長沙。周恩來和對方協商釋放他，但是直到軍隊介入之後，華才得以重新掌權。對於毛澤東的計畫表現忠誠，再加上自身的行政管理技能，促使華在全面肅清之後的官員短缺潮中，顯得「既紅且專業」而引人注意——凡此種種，引領他更上一層樓，而且，絕非最後一次。身為傑出的「存活者」，一九六九年，華國鋒在中國共產黨第九次全國代表大會上獲指名為中央委員會的一員[74]。

一九七一年十月，毛澤東將華國鋒調至北京，主管農業、財政以及商業事務。毛極力催促華發展出靈敏的「政治嗅覺」，但也信任他，賦予他至少三項敏感的任務：評估林彪在一九七一年九月試圖發起的「政變」、檢討聲稱遭受不正當對待的前幹部[75]，以及針對公安部部長李震在一九七三年十月二十二日離奇死亡的案件展開調查[76]。華國鋒判定李震之死為自殺。該起事件引發領導層內部高度的質疑及爭議，迫使華落入明顯尷尬的境地[77]。

一九七三年八月，華國鋒被選入政治局；一九七五年一月，他被正式任命為國務院副總理兼公安部部長[78]。在隨後晉升的過程中，華監督情報與維安工作，同時握有引進國外科學和科技的權限[79]。接下來的資料再再顯示，華國鋒要不是同意、要不就是影響了中國的技術引進和外交情報任務之間的協作關係，雖然這還需要進一步研究才能夠有定論。

一九七五年，全國科學技術工作會議十二年來首次召開，而華國鋒與鄧小平合力，全面整頓中國科學院。他們的目標包括加快引進國外技術、支持基礎研究，以及削減意識形態的干預。然而，毛澤東在同年十一月對鄧小平的批判，以及後續在一九七六年年初的激進反對聲浪，使得他們的努力就此停滯[80]。

一九七六年九月九日，毛澤東過世。不到一個月，華國鋒便執行了可能是他的職涯中最重要的維安工作，他在十月六日逮捕江青及其激進同夥——所謂「四人幫」——的行動中扮演了決定性的角色[81]。

激進左派不再有影響力之後，華國鋒監督並恢復國家共享資源情報系統。該系統建於一九五六年，可惜在文化大革命期間遭到閒置。一九七七年，官方公布了一份全國科學與技術發展計畫，全國人大於隔年批准了四個現代化。同年，中國科學技術情報學會（China Society for S&T Information）、中國科學技術信息研究所（Institute of Scientific and Technical Information of China）以及軍方，再次致力建立一套共享資源的資訊系統。由此在一定程度上，促使在一九八〇年第五屆全國科學技術工作會議上，中國共產黨決議結合情報工作、經濟建設以及科學技術發展[82]。不幸的是，對華國鋒來說，這些推動中國科技的成就，由於一九七八年二、三月間公布的十年計畫而顯得黯淡無光。鄧小平再一次崛起，雖然他本身也同意十年計畫[83]，卻以該計畫不過是毛澤東時期的象徵而詆毀華國鋒[84]。

華國鋒在一九八〇至八一年間喪失其影響力和高位，但是不若其他在毛澤東時期失勢的官員，華並未入監或遭到貶議，甚至還維持了他在中央委員會的一席之地直到離開人世為止[85]。在他做為中國高級領導人的五年任期中，再次恢復了外國情報與科技的引進，並展開密切的合作。他在重建這些能力並強化國內維安方面的工作，也由後來的領導人續繼延用下去。

黃柏富

二〇〇三年年底至二〇〇六年年初，由出身浙江省的黃柏富擔任總參二部部長。在成為部長之前，他是總參二部的政治委員[86]。自軍事體系退休之後，他成為總參二部轄下智庫中國國際戰略學會副會長，服務年間至少是從二〇〇八年至二〇一五年尾聲[87]。

姬勝德（1948-）

姬勝德是中國外交官姬鵬飛之子，於一九九五至九九年間擔任總參二部部長。他也曾擔任副部長，負責監督該部派赴海外的武官[88]。

由於涉入一九九九年「遠華案」走私醜聞中，姬勝德死刑改判為無期徒刑，目前關押中。在他被捕之前的多年間，始終過著奢華的生活，甚至在同僚與外國官員面前炫耀進口名車[89]。姬勝德也涉入投注金錢至一九九六年美國總統選戰的風波，據報導，他匯款三十萬美元給鍾育瀚，爾後轉至民主黨以及當年的候選人手裡[90]。

賈春旺（1938-）

由於俞強聲叛變，凌雲在一九八五年被迫去職，國安部就此迎來一個新時代。賈春旺在國安部服務十三年，主管國安部的擴張及其發展，使之成為一全國性組織，下至在地方上設立各局處。在所有國安部部長之中，賈春旺因為發展出國安部以外的職涯而更顯獨特，且在他的同輩之中成為一崛起之秀[91]。

賈春旺及其時代的菁英人士系出同門，例如胡錦濤。賈屬於由清華大學校長蔣南翔培養出來的清華幫。一九六〇年代中期畢業後，他仍留任「雙肩挑幹部」，擔任清華的中國共產黨代表。根據官方自傳，他曾經在文化大革命期間被下放到鄉間勞改六年，直到一九七二年才回到清華大學。在接下來的十年間，賈春旺任共青團清華大學委員會書記，並在一九七八年至一九八二年間為共產黨清華大學委員會提供服務[92]。一九八三年，當鄧小平汰換掉老一輩的幹部，賈春旺便是年輕幹部當中被拔擢至高階位置的人之一（北京市委第一副書記）。賈的職涯前景或許是在他擔任國務院副總理喬石的左右手時漸漸提升。一九八七年，喬石成為中央政治局委員，監督中央黨校與中央書記處。據說隨著喬石躍起至領導中央政法委員會和全國人民代表大會的地位時，賈春旺也成為喬石最信賴的副手之一[93]。這些關係或許讓賈受到保護並握有政治權力，且在北京市委書紀陳希同於一九九五年下台時，得以進入國安部[94]。

國安部一開始是中央層級的部會，只有一些省級單位。到了賈春旺的任期結束之際，國安部已涵蓋至每一個省以及省級城市，還有無數的地方縣市。國安部的擴張共有四波浪潮，結束於一九九〇年代中期（見「國安部」）。前三波浪潮（1983-84、1985-88、1990-95）大幅地平行擴張，該部的範疇擴及至各省分。第四波浪潮和第三波幾乎同時發生，國安部逐漸下達至地方。該部大幅接管現有的公安局，藉此達成垂直擴張。建立起國安部的成就讓賈春旺在一九九七年中國共產黨全國代表大會之前，即獲提名為政治局一員[95]。

身為國安部部長，賈的次要貢獻是展開一項歷史研究計畫。一九九〇年代初期起，賈接受託付，著手撰寫中國情報界和情報領袖的歷史，以便教育年輕一輩的情報人員。根據國安部辦公室某本談論李克農的書，序言中提到，這些歷史的重點至少在某種程度上是為了教育年輕一輩的情報人員，使他們了解自己所承襲的歷史。因為在一九五〇年代中期、文化大革命以及國安部形成期間的三波情報界肅清過程中，年輕一輩的情報人員或是那些從公安部轉調過的人員欠缺一股歷史感，或是屬於某個豐富傳統的認同感[96]。

然而，賈春旺的政治生涯未能因此更進一步。賈對於國安與政法機構的掌控——自一九八〇年代中期便建立起來——激起最高政治領導人江澤民與李鵬的擔憂。賈春旺不但未獲得拔擢，反而是看似平行調動——或許是被迫的——至公安部。賈的調任可說是開啟了公安部的政治崛起，直到政治局委員周永康在二〇〇三年成為公安部部長為止。有些謠言指出，賈春旺是因為對臺灣與西藏的情報任務失敗而遭調動[97]。賈最終以公安部部長的身分結束其行政生涯（1998-2003），而後擔任最高人民檢察院檢察長（2003-08）。

康生（1898-1975）

康生是中國最為人所知的情報人物之一，而他罪有應得的惡毒名聲和誇大的紀錄，通常被用來淨化中國共產黨官方歷史。甚至不承認在他最黑暗的時期裡，毛澤東、劉少奇、陳雲以及其他高階領導人曾給予他全力支持。儘管康生在一九四二至四四年間的政治運動中所扮演的角色造成了嚴重破壞，四〇年代間，他在建立中共間諜機構方面的努力，為該黨贏得一九四九年的勝利。

如同許多共產黨員，康生曾多次改名換姓，這也似乎標誌著他的人生轉折。出生時，他的本名是張宗可，來自山東省靠近青島的一戶地主人家[98]。當他就讀於上海大學時，他以張溶之名在一九二五年年初加入中國共產黨，負責工會組織工作。他曾參加五卅運動，而後在一九二六年輟學，成為中共中央組織部上海分部主任[99]，並曾協助領導一九二七年三月北伐期間的上海工人武裝起義[100]。

一九二七年四一二反共產事件之後，城市裡的中共黨員轉入地下。一九三一年，康生成為中央組織部部長[101]，在顧順章於一九三一年四月二十五日叛變後，康生協助黨閃電撤退[102]。

無論如何，康生的職涯在那一年，由於接連的災難性事件而大幅提升。周恩來任命康生（當時化名為趙容）為中央委員會兼中央特別委員會委員，負責監管情報及國安工作。康生在陳雲領導中央特科期間成為他的副手，以及特三科（紅隊）科長，負責暗殺敵人[103]。一九三一年十二月，周恩來逃離上海，幾個月之後，當陳雲也離開時，康生接管中央特科的所有工作，獲得「老闆」的暱稱。然而，中國共產黨在隔年幾乎全面撤出上海。康生遂於一九三三年七月逃往莫斯科[104]，並以康生為他最後的化名[105]。

一九三三年八月至一九三七年十一月，時值康生待在莫斯科期間，他為中共駐共產國際代表團領袖王明的助理。他目睹史達林在一九三四年將蘇聯的安全部門整合進單一機構內務人民委員部，並利用他們在大清洗（1936-38）期間肅清共產黨內可能的敵人[106]。雖然相關細節不足，但康生曾在莫斯科接受內務人民委員部的專業安全防衛訓練[107]，並在中國同僚中辨識出可能的叛徒或托派分子（Trotskyites）[108]。今日的中共論述中則聲稱，康生為了隱瞞其資產階級的過去而迫害忠誠的同志、巴結高階領導人王明，並大肆對其他人展開報復[109]。然而，受害者更是另有其人。一九三五年，康生甚至可能曾呼籲處決胡志明，當時他在莫斯科接受共產國際訓練。康生或許只是遵循史達林式的做法來提升自己，同時避免被稱作是反革命人士，並學習恐怖交易的技倆[110]。

當王明與康生在一九三七年十一月返回中國時，王曾試圖保全在黨內的領導地位，康生卻在一年之內，便選擇站在毛澤東那一邊。一九三八年初，康生在《解放》的一篇文章中指稱，前中國共產黨領導人陳獨秀是托洛茨基的追隨者，也是一名間諜。藉此為毛澤東消除了通往黨領導地位途中的一個敵人[111]。那年夏天，康生為充滿爭議的演員江青的背景背書，儘管江青被懷疑和國民黨有關，毛澤東仍想娶她[112]。一九三七年十二月，毛澤東任命康生為中央書記處書記；一九三八年三月，黨校校長；以及同年八月，中央情報部部長。當中國共產黨的情報體系於一九三九年二月重組時，康生成為中央社會部部長，該部如今升級為黨中央的一個部會。儘管莫斯科在一九四〇年三月表達反對，康生仍漸漸取得其他領導地位，包括一九四一年秋天在委員會主席任內所展開的「審查幹部」行動[113]。在惡名昭彰的「整風運動」（1942-44）與「搶救運動」（1943）過程中，康生直接以中央委員會以及毛澤東的名義展開工作，而毛澤東則將延安的敵方間諜形容為「厚如毛皮」[114]。

莫斯科從駐延安的格魯烏特務手中收到報告之後，在一九四三年十二月二十二日向毛澤東發出「季米特洛夫電報」，要求毛澤東停止對可靠的黨內同志進行肅清行動[115]。該封電報幾乎可以肯定是在史達林的批准下才發送的，其中特別提到毛的情報首長：「我也對康生的角色感到懷疑……他正在採取不正當的手段，這只會引發一般黨員和大眾之間的猜忌及強烈不滿，（可能）反而幫了敵人，摧毀貴黨。」[116]

毛澤東一開始抗拒，但在延安興起大規模反對康生的憤怒氛圍中，最終屈服於莫斯科的警告。一九四六年十月，毛澤東讓他的維安首長下台，撤換掉康生在情報部和社會部部長的職位，而為保護他，在一九四七年春夏之際把他送往山西領導土地改革工作[117]。不久後，康生又被派到出生地山東省，擔任中央華東局副書記，附屬在饒漱石之下——可說是一次嚴重的降級[118]。

康生於山東省工作（1948-56）期間，他在政治局的地位從排名第六到只是個候補委員之間擺盪。一九五五年，他的前部屬潘漢年遭到逮捕，被指控為敵方間諜，接著有高達一千名情報幹部遭到肅清並降職。同年間，中共中央調查部成立，是一個完全致力於對外情報的組織。一九五六年九月，毛澤東把康生召回北京參與中國共產黨第八次全國代表大會的第一場全體會議。儘管黨內紀錄顯示，康生在中調部毫無地位，他本人與李克農和羅青長仍維持聯繫[119]。

一九五〇年代晚期，康生致力於中蘇關係，受毛澤東指派在鄧小平身邊協助反抗莫斯科的去史達林化——這波浪潮被北京視為反毛澤東的個人狂熱。在步入文化大革命的過程中，康生與江青合作找出意識形態批鬥的目標對象。一九六六年八月，當局勢開始混亂之際，康生排擠掉鄧小平，成為中共情報機構的監督者[120]，並將中央宣傳部與組織部的領導班子汙名化為敵方間諜[121]。康生自稱有能力在沒有客觀證據的情況下察覺敵方間諜，如今被斥為「神祕主義」[122]。一九六七年四月，中調部內部的混亂局勢使得機密文件的安全性受到危害——紅衛兵報紙開始刊登機密資料。毛澤東同意周恩來提出的一項計畫，把中調部的人員和資產轉由總參二部（軍事情報）管理，這可能是自林彪掌握軍隊以來，針對康生的一次短暫挫敗。

一九七一年九月十三日，林彪試圖逃離中國，結果死於一場墜機意外，繼這起林彪事件後，康生變得異常憂鬱。一九七二年五月，他被診斷出膀胱癌。如今是真的生病了，康生基於身為資深革命人士的象徵性理由而繼續留在政治局，但是他的活動已經大幅減少[123]。在他臨死之際，康生請周恩來和鄧小平這兩位和他維持緊密關係的人告訴毛澤東，江青與張春橋在一九三〇年代便已背叛中國共產黨，而且當時可能還是臺灣的間諜[124]。毛澤東則回應道，康生看到的是「床底下的間諜」[125]。

康生的身體狀況持續惡化，最終於一九七五年十二月過世。他的死亡標幟了在毛領導之下，中共安全和情報界的戲劇性事件終於劃下錯綜複雜的句點。一九八〇年，康生和前公安部部長謝富治死後，皆被冠上江青的共謀者罪名而遭開除黨籍。

康生為後世留下長久且不幸的影響。他將一九三〇年代的中共「鬥爭文化」打造成毛澤東的工具，使之得以鞏固政權，並且讓情報機構茁壯起來，即使他在實際的諜報紀律中避免採行專家意見。然有一項常規做法出自康生之手，此即「逼供信」，在當代的中共維安體系中仍沿用之。然而，康生對於毛澤東未多加以批判地支持，始終努力迎合毛的偏好，這種順從的做法相較於其他高階領導者來說並不是多麼特別。其關鍵差異在於，康生和毛主席的私人關係一直保持良好[126]。

孔原（1906-90；配偶：許明）

文化大革命之前，最後一名中調部部長是來自江西的孔原。在那個動盪即將展開的時期，孔原是遭到肅清的情報官員中位階最高的一人[127]。一份經中國共產黨核准的總結指出，孔原「對於黨的組織、海關工作、外交事務、對外貿易、對臺工作和隱蔽戰線上做出重大貢獻。」[128]事實上，他多數時候從事的是間諜工作；而根據一名臺灣學者的說法，孔原和其他許多官員曾執行過他們皆十分擅長的臥底任務，而且那可能正是他們實際的工作內容[129]。

身為一名十八歲的學生運動分子，在長沙的孔原未負有情報職責，但是祕密偵察一名敵方的當地軍閥。他加入共青團，很快正式加入共產黨（1925）。正當國民黨北伐軍在一九二六年九月進入長沙時，孔原組織了工人「糾察隊」以提供武裝支援。

長沙安全之後，孔原被指派為某個特別法庭的首席法官，負責審理某地主的案子[130]。一九二七年四月，當國民黨籌畫打擊共產黨的行動時，孔原被派往武漢購買軍火。之後，孔原參加了一九二七年八月一日的南昌起義，並加入新成立的政治保衛處，執行貼身警衛工作，可能還有一些情報任務[131]。

一九二八年，在短暫擔任另一個工會職務後，隔年，孔原被派赴莫斯科的東方勞動者共產主義大學（Communist University of Toilers of the East）接受十八個月的訓練。受訓內容可能包括了標準的一年期軍事與政治課程，剩下的六個月則是其他未可知的特殊訓練[132]。一九三〇年十月，孔原回到中國，成為康生的祕書。隔年，擔任組織部部長的康生也開始參與情報工作[133]。

一九三一至三四年，國民黨以迅雷不及掩耳的速度追捕城市裡的共產黨員，而孔原則一直轉移陣地。他成為中共江蘇省委，並擔任中共中央駐北方代表。一九三五年春，他回到上海，被指派為中央候補委員，以及白區黨組織的代表[134]。他是當時在中國大城市裡少數的活躍共產黨員之一。他與其他人如潘漢年、龔昌榮出沒在上海，顯示出中共情報人員是在一九三一至三六年間最後撤出城市且最早回來的一群。

一九三五年七月，在共產黨的城市網路幾乎消失之餘，孔原撤到莫斯科，表面上是為了參加共產國際第七次代表大會。他在莫斯科的列寧學院修習一門進階課程，或許持續了三年之久，不過這段記述是模糊的，而且可能只是為了掩飾他所接受的其他訓練[135]。這些事進展的同時，也是王明和惡名昭彰的康生在莫斯科做為中共的共產國際代表。康生試圖在當地肅清中國共產黨人士，以政治上不可靠之叛徒的名義，向內務人民委員部告發這些人——但是孔原不知何故，竟逃過一劫。

一九三八年八月，孔原在中日戰爭開打一年後返回中國。他一開始被派往新疆擔任軍隊裡的政治教員。在那之前，孔原或許已經接受過重要的情報訓練，也有過相關經驗；因為在一九三九年四月，他被任命為中共新成立的統一情報機構社會部副部長[136]。

同年十月，孔原發表一篇文章讚美「對抗顛覆特務的鬥爭」，該文預示了整風運動（1942-44）與搶救運動（1943）[137]。然而，李克農在一九四〇年五月撤換掉孔原社會部副部長的職位，允許孔原和周恩來前往重慶，而當時孔原的另一半許明也在重慶「執行祕密工作」。根據某消息來源，為了「建立祕密機關」，孔原花了將近四個月在重慶臥底。然而，他的行動卻被國民黨發現，周恩來便把他調轉至八路軍辦事處一公開職缺，接手去職的資深黨員博古所負責的南方局工作[138]。

一九四一年一月，新四軍事件（即皖南事變）標誌了國共軍事合作的實質終結。中共位於國民政府首都重慶的辦事處仍持續運作，儘管像是派駐敵國的外交使節團。孔原與其他人建立起武裝地下網絡，接受指示負責蒐集武器、避免和公開黨員接觸，並且實行「三勤」：勤業、勤學、勤交友。

一九四二年尾聲，孔原不經意遇上高慶（Gao Qing，音譯），一名被借調至格魯烏（蘇聯軍事情報單位）的中共黨員。高曾參與在重慶對抗國民黨的地下工作，當下強烈表達想要會見周恩來。他也確實見到了，而孔原遂成為高的專案主管[139]。

一九四三年六月，發生在延安的搶救運動促使周恩來、孔原和他們的另一半，還有一百多名其他人被緊急召回總部。七月十六日抵達延安後，康生立刻指控孔原與許明是「叛徒」和「敵方特務」，假意「揮舞紅旗」。對孔原的質疑，可能延續到一九四三年十二月二十二日收到季米特洛夫電報之際，當俄羅斯方面強烈建議毛澤東控制住康生，停止攻擊周恩來及其他人。孔原僥倖活下來了，只是包庇他的周恩來和葉劍英兩人，在中國共產黨第七次全國代表大會上（1945.04-06）的政治排名竟意外的低（分別為第二十三和第三十一）[140]。

在一九四三年的搶救運動中，孔原麻煩的根源就如同其他許多參與情報工作的人：當黨內幹部安全地待在大後方而無法就近觀察他時，他所執行的地下工作就「不夠清晰明確」。

二十年之後，在文化大革命期間，孔原、許明和其他人又再一次受到毫無根據卻具毀滅性的指控，因為他們實際上是以地下特務的身分在執行勤務[141]。

雖然孔原直到一九五七年才再次擔任高階情報職位，日本的投降已讓他得以回到情報界。一九四五年九月，他和許明以及其他情報人員或是徒步或是騎馬，艱苦跋涉來到位於瀋陽的社會部分支。孔原同時也恢復了情報人員身分，成為市委高級官員。隨著中國內戰在一九四七年持續進行，孔原被派遣至不同單位，包括靠近韓國邊界的吉林及延邊替共產黨軍隊徵兵。滿洲的情勢穩定下來，國民黨軍隊撤退後，孔原在一九四八至四九年間先是被派赴吉林，而後至撫順擔任市委書記，而且他在治理方面所投注的心力皆被一一記錄了下來：重建經濟、發展農業與工業生產、鼓勵商業活動，以及在每個城市住戶中搜尋敵人[142]。

隨著共產黨的勝利來臨，一九四九年七月，孔原被召回權力核心，但是並非情報職位。中央委員會任命孔原擔任兩個重要的財經委員會委員[143]，以及中央人民政府海關總署署長。這些淨是政治敏感的職位，不太可能是做為掩護的職務。除了建立自第一次鴉片戰爭（1839-42）以來，中國第一個統一且完全主權管理的海關組織，孔原還推動了一項內部整風計畫以確保人員對中國共產黨計畫的忠誠度[144]。

一九五〇年代，孔原的外交事務職責擴大。一九五三年，他成為對外貿易部副部長，致力於與華沙公約締約國、北韓和越南建立商業關係。此後，孔原被指派進入高度敏感的中央對臺小組（後改稱中央對臺工作領導小組）。一九五七年，他回到高階情報職位上，擔任中國第一個對外情報機構中調部副部長[145]。一年之內，孔原又成為國務院外辦副主任，負責監管與國外政府組織的聯繫工作[146]。在那個孤立的年代裡，只要外國人與中國共產黨聯繫，中共情報官員自始至終都會無所不在（見李克農、潘漢年、周恩來與羅青長）。

一九五七年十月，李克農因腦出血而退居幕後，孔原或許因此成為中調部代理部長[147]，並在一九六二年二月李過世後，正式接掌中調部[148]。一九六六年，激進左派的中央專案審查小組指控孔原涉嫌對資深同志不利，而對他展開調查[149]。他與許明以「敵方間諜」的名義被鬥爭，同時遭指控在紅衛兵的鬥爭中，暗地裡向他們的孩子洩露毛澤東的偏好。兩人都企圖自殺，但不知何故，許明身亡，孔原卻活了下來。最後，在監獄裡度過七年時光[150]。

一九七五年，孔原再次浮上檯面，擔任總參謀部轄下某個單位的政治委員，正好是毛澤東臨死前及鄧小平短暫復出之際。當時他可能已經是半退休狀態，並從監獄生活中恢復元氣。一九八〇年，他被任命為總參謀部顧問；一九八三年，以國家安全領導小組成員的身分，參與組建國家安全部的工作。一九八〇年代，孔原也為中國海關提供建言。

經歷了漫長且精采的人生，孔原在一九九〇年九月過世[151]。不若其他和他一樣有卓越成績的傑出情報英雄，有關孔原的資料很少被公開發表，箇中原因依舊不明。

李克農（1898-1962）

李克農的成就清楚傳達出，中國共產黨情報界在早年便採用了標準的間諜技術。今日被視為獨一無二的革命英雄，且在其官方自傳中，被稱作「卓越人物」，李克農領導了第一批重要間諜團，包圍住國民黨敵營內部，並在一九四九年共產黨革命結束之際，晉升至中國共產黨間諜界之首，而中華人民共和國成立的早年，李克農也是領導海外情報的人物[152]。官方對於李克農的描述，是中共情報界忠誠、有能力、可敬的代表，與康生等惡棍之流成鮮明對比。在李克農斷斷續續地將中共情報活動從祕密警察轉向間諜的同時，他是靠著汲汲營營於毛澤東的偏好而存活下來，而且他對於協助康生與毛澤東的某些惡劣行徑也從未遲疑。

李克農出生於安徽省巢縣，在武漢附近長大。身為「五四世代」的一分子，李克農透過家庭、激進的期刊以及地方示威活動，很早就接觸到民族主義政治。他在一九二六年加入中國共產黨，並在國民黨北伐時提供協助，隨後在一九二七年四月國共分裂之際逃往上海[153]。

一九二七至二九年間，李克農在上海和潘漢年一起執行文化和宣傳工作，也或許到了一九二八年，同時擔任中央特科官員。一九二九年十一月，他認識了跟他同鄉的共產黨員胡底，胡把他介紹給當時剛被徐恩曾聘為機要祕書的錢壯飛。徐恩曾是國民黨黨務調查科新任命的科長，負責追捕共產黨員。李克農向周恩來報告此事，於是在十二月，中央特科成立了一支「特別小組」，或說是一間諜圈，在國民黨的安全部門裡臥底。他們的工作或許有助降低中共在接下來十六個月裡的死傷人數。一九三〇年，李克農也吸收了身為國民黨軍隊幕僚的莫雄，他在五年後提供的消息，讓江西的紅軍得以逃過國民黨第五次圍剿行動[154]。

李克農小組的好運在一九三一年四月二十五日用罄，當時中央特科負責人顧順章變節，把他所知的一切全盤告訴國民黨，包括李克農、錢壯飛以及胡底的身分。然而，李克農小組的迅速反應讓共產黨在十二至三十六小時之內撤出即將陷入危急的藏身處[155]（見「龍潭三傑」）。

李克農、錢壯飛以及胡底逃到位於江西的紅軍總部，隨後被轉調至政治保衛局裡，在鄧飛底下做事。當時，政治保衛局著重在內部安全[156]。然而，長征（1934-35）期間的軍事需要使得有關敵方的情報就跟內部安全同等重要，而李克農證明了自己比鄧發更能夠勝任這份工作，後者在早期的肅清行動中所扮演的角色令許多人深感憎惡。鄧發被拉下台，李克農則協助將政治保衛局的工作擴張至涵蓋了保護關鍵領導人、內部調查、拘押背叛者，以及戰術軍事情報[157]。儘管如此，「鏟除」叛徒仍是政治保衛局的重要任務[158]。

一九三五年，艾德加·史諾注意到，李克農是對外辦公室聯絡部部長，這或許確實是他的職務，但是肯定也是為了掩飾其情報工作[159]。一九三六年西安事變期間，李克農又進一步擴大他的職責，接下談判者的角色，這也是他日後在海外為人所知的原因：一九三六至三七年，他和國民黨的統一戰線談判；一九四五至四六年，馬歇爾訪問期間的國共談判；一九五一至五三年，板門店和平談判，以及一九五四年的日內瓦會談[160]。

一九三七年十一月，康生回國又一次改變了中共情報界的樣貌。位階較高的康生在一九三九年接管政治保衛局，並改組成社會部，最終強化該局在黨內組織的存在，並且將網絡擴及至全國，以面對日本入侵。一開始，孔原是康生的副部長，但是李克農和潘漢年在一九四一年年初取代了他，由潘負責日本占領區的間諜工作，李則是在延安的總部管理中國其他地區的工作[161]。李克農建立了一系列的八路軍辦事處，負責在國民政府掌控的城市處理中共與國民黨之間的聯繫（1937-46）[162]。每一個辦事處都有高階代表負責中共的核心工作：組織、宣傳、軍事和情報。這些辦事處成了一九四九年中華人民共和國成立之初的外交使團雛型[163]。

即使身為高階官員，李克農仍偶爾花時間執行任務，例如在一九三七年遊說宋氏三姊妹的宋靄齡（國民黨財政部長孔祥熙之妻）支持統一戰線。利用情報人員所具備的技巧如辨識與評估適當地招募人選、安排祕密情資交換，以及使計讓某人願意進行祕密雙邊合作，或把統一戰線影響工作指派給情報人員執行等，這些是共產黨特有的做法[164]。

一九四二年，周恩來透露，中共有五千名特務分布在國民黨掌握的區域，包括四川、貴州和雲南。這些人包括國民黨閻寶航中將，他是總司令蔣介石的軍事策士，卻暗地經營著自己的共產黨網絡[165]。革命之後，蔣介石自己也寫道「中共特務無空不入」[166]。

儘管有這些成就，一九四二至四四年仍是中國共產黨間諜組織在延安的黑暗歲月，當時毛澤東和康生在李克農的協助下，開啟了整風（1942-44）和搶救（1943）運動。後者包括了無數透過刑求逼迫的謬誤譴責和供詞（見「逼供信」）[167]。

鴉片或許是李克農人生的一個汙點。蘇聯作家孫平（Peter Vladimirov，《延安日記》作者）曾是派駐在延安的格魯烏代表。他寫道，中共中央政治局委員任弼時在一九四三年九月向他簡短描述過，鴉片在那個經濟困境中所扮演的「先鋒、革命性角色」，並請求這名俄國人向莫斯科尋求理解。為了確保鴉片運送、銷售順利，據說李克農扮演了重要角色，在國民黨與日本占領區持續和祕密犯罪集團聯繫[168]。在孫平的日記發表二十多年之後，臺灣歷史學者陳永發的研究也支持了走私鴉片的說法，並總結指出，從中共基地運出來的「特產」所擁有的價值遠高於其他貨物。儘管毛澤東日後認為種植「某物」是個錯誤，紅區經濟若是沒有它，可能會承受極為重大的挫敗[169]。

一九四三年十二月，透過季米特洛夫電報，蘇聯說服毛澤東停止反間諜活動[170]。一九四四年，毛澤東與美國迪克西使團（U.S. Dixie mission，即美軍觀察組）一時興起的互動只是暫時的平衡。間諜工作依舊重要。當時，身為迪克西使團指揮官的包瑞德上校（David Barrett）寫道：「在延安沒有警察。我們後來才知道，警力大概是不需要的，因為整個中國共產黨社會遍布著間諜、窺探者以及告密者。當然了，這些人不是明顯存在的……我們所到之處可能都有人緊緊跟隨，但是我們從未意識到。」[171]

由於一九四三年搶救運動的過分行徑，康生引發眾怒，導致毛澤東公開道歉，並逐步將康生從最高階的職位上調離。一九四六年十月，毛澤東命令李克農從北平回到延安，以接掌情報部。不到兩年，李克農便取代康生成為社會部部長。中國情報界的另一段新世代就此展開[172]。

隨著內戰隱約浮現，李克農的工作重心從內部調查轉移至關鍵軍事情報的間諜工作。日本投降的那一天，李克農召開一場「緊急會議」，敦促各單位在國民黨內部布下內線。然而，由於這份工作會暴露在雙重風險下，招募並不容易：若是未被國民黨人逮捕，任一特務日後也都有可能在共產黨內部遭懷疑和敵人有關而陷入窘境[173]。

儘管如此，國民黨本身的缺失，加上李克農與潘漢年的足智多謀，使得他們在一九四七至四九年間全面滲透國民黨軍隊及政府[174]。就如同在早先十年之間的做法，中共在自己的占領區牽制住敵方的情報工作，同樣的做法延續到中華人民共和國成立之後。外部的間諜機構發現自己很難、甚至不可能在中國的核心地區維繫情報特務網絡。

一九四九至五〇年，李克農曾描寫有關革命期間的情報工作。對於外國研究者來說，那段描述仍屬機密且未公開，但可能曾為中共歷史學者引用。一九五〇年十月，在中國開始介入韓戰之前，毛澤東決定把情報和防禦工作拆開至兩個國務院（政府）轄下部會。社會部遭廢除，由公安部（1949.08-）接手該部的國內反情報工作。李克農本要接掌一個情報部會，但是出於某些未被公開聲明的理由，整合工作受到延宕，反而由軍方主導。直到一九五三年七月，李克農身為板門店和談的主要談判者，心臟問題卻見惡化，而戰事本身可能也延誤了後來的重組工作[175]。

一九五五年，事情總算有了眉目，儘管碰巧發生了情報界一次毀滅性肅清。在三月至七月間，周恩來、楊尚昆和其他領導同意指派李克農為中調部部長，即重整後，直屬於中央委員會的對外情報機構。然而，同樣也是在三月，大規模逮捕行動開始，導致八百至一千名情報人員的降職、轉調或是入獄。如同一九三一至四三年之間的情形，這場災難的根本原因在於毛澤東本人。由於潘漢年未向上報告，他曾於一九四三年和傀儡政府領導人汪精衛會面，毛主席裁定潘是「反革命派系」的主謀[176]。

在孤島單飛的情況下，李克農試圖轉移毛主席的怒火。在四月二十九日與七月二十九日，他寫了一份包括兩部分的報告堅稱潘漢年是無辜的[177]。這份報告至今仍是機密，難以證實其內容。然而，後續發生的事件發人深省：從四月到七月，領導班子討論重組中華人民共和國的情報組織，並且肅清內部敵人。在七月和八月間，儘管是祕密進行，中調部正式成立，成為中國第一個對外情報機構，由李克農擔任部長。九月，李克農被晉升為上將[178]。如果相信中共審核過的敘事，那麼李克農勇於爭辯毛澤東對潘漢年的猜忌，不知何故並未阻礙到他的職涯。

官方說法似乎以維護毛澤東的合理性為優先。藉由把問題的責任歸咎在幾個惡棍，並且歌頌其他人物如李克農，世人所見的，便是一則編寫好的中共間諜敘事。無論如何，李克農在健康惡化及艱困的政治環境下，依舊成就了許多事。一九五七年十月，他跌了一跤導致腦出血，於是卸下職務直到一九六二年二月離世[179]。

根據其傳記作者所述，李克農在一九六一年七月逐漸康復之際，收到最後一項任務：為了評估一九三二至三五年間中央特科式微的教訓，負責蒐集歷史資料，並訪問資深情報人員。這無疑是重拾他在一九四九至五〇年間所進行的祕密研究。李克農最後主持的小組在上海工作了一個秋天，寫下八萬字的報告。而這份報告和其他許多紀錄至今仍是機密[180]。

李克農於一九六二年過世，無疑是逃過了緊接而來的悲劇。他的傳記作者聲稱，一九六七年一月，毛澤東斷然拒絕康生企圖對李克農進行的死後批鬥。然而，在一九七八年，文化大革命結束後兩年，李先念曾說過，如果李克農活到一九六六年，他肯定會被極左派「冠上一個大大的特務（間諜）罪名」[181]。針對李克農的研究仍持續，以便為這重要人物的生平找出更適當的定位。

李震（1914-73）

李震少將曾是中央委員會成員，也是公安部部長。當他於一九七三年十月二十二日被發現在公安部北京總部上吊身亡時，仍在部長任內[182]。他的死震驚了中共中央政治局，可能還導致了第四屆全國人大延期。從有限的資料中可看出，中國對李震的軍事紀錄做出正面描述，卻譴責他是反革命分子[183]。李震的死被官方定調為自殺，但是至少有一名主要的中共黨史學者依舊認為，李震的案件尚未解決，而他的死存在疑點[184]。

李震在一九三七年八月加入共產黨。經過一次統一戰線的任務，他被賦予一連串軍事政治的政委職務，首先是地方上的游擊小隊，接著是在八路軍的旅和軍級單位。中國內戰期間（1946-49），李震擔任陳毅和謝富治將軍領導的中原野戰軍高階政治委員[185]。韓戰期間（1950-53），李震領導中國人民志願軍第十二軍。之後，他被調派到瀋陽軍區總部（1954-66），最後成為該單位的副政治委員[186]。

一九六六年九月，文化大革命完全失序，李震被調派到北京公安部，可能是基於他在戰時與公安部部長謝富治的關係。李震成為副部長，該組織的第二把交椅。關於李震在公安部的活動，並沒有多少細節描述，但是他和謝富治之間持續的聯繫顯示出他支持導致大規模混亂、肅清以及刑求的激進左派計畫。很快地，在一九七一年九月，當毛澤東表面上的接班人林彪企圖叛變之後，謝富治於一九七二年三月離世，李震便接掌了公安部[187]。

在他人生最後幾個月，李震的權力達到顛峰。自從一九六九年中國共產黨第九次全國代表大會之後，他便同時擔任部長和中央委員會委員。在中共十大（一九七三年八月）上，黨代表在最後一刻被召集起來，並通過地下通道被帶往人民大會堂，並為毛澤東的統治地位及其文革政策背書[188]。在當時那種「任何事都是國家機密」[189]的氛圍中，這種做法是很常見的，而且可能也是因為外交使節和記者的人數增加，其中包括美國人，他們被擋在一個街區之外的北京飯店（Beijing Hotel）[190]。

在這種緊張的氛圍中，李震所肩負的職責重大且敏感，官方敘事暗示著，這和他的死亡有關。當時他是周恩來的副手，領導中央小組監督針對「五一六共謀」的大規模調查。在毛澤東的許可及周恩來的推動下，這次調查瞄準的是在一九六七年攻擊總理的極左派紅衛兵領袖。然而，為了阻止一九六七至六八年間的騷亂，該次調查逐漸延伸到數千名紅衛兵。當李震在一九七二年二月接手日常的監督活動時，理查．尼克森（Richard Nixon）於同月拜訪中國，而獵捕謀反者的行動也在全國展開[191]。

如今，官方認定五一六調查太過，殃及數百萬名無辜者。李震之死也被同一批官僚認定為自殺，因為據稱他唯恐自己也被五一六調查起底。周恩來一開始認為李震之死是謀殺，或許是因為有那麼多人在五一六調查下受到傷害。但是透過動機、手段與機會的面向觀之，在當時的情況下，公開可及的敘事仍未回應到針對某些暴行的合理懷疑[192]。

負責領導調查的人員當中，有三個人同意該案為自殺：華國鋒、劉復之、于桑。在毛澤東於一九七六年九月過世後，這三人皆獲得晉升。相較之下，對此有異議的王洪文則在一個月後遭到逮捕，並遭指控為四人幫成員之一。一年之後，五一六調查停止。由於關於李震生平和死亡的官方敘事有限，又有難以計數的人可能受益於他的死，官方自殺的裁定顯得不夠完整。

凌雲（1917-2018）

出生浙江省嘉興市，凌雲在反情報方面的職涯歷練很長，直到一九八三年，他接掌新成立的國安部首任部長。儘管他擁有反情報方面的專長，諷刺的是，凌雲在一九八五年遭到解職，原因是他麾下的一名局長涉及高層叛變。

凌雲於一九三八年加入中國共產黨，成為社會部的幹部。一開始可能是在延安市棗園鎮的社會部總部接受偵訊員訓練。關於他的職涯，其細節描述不多，但是在共產黨於一九四九年取得勝利後，凌雲進入了公安部擔任局長一職，可能是負責反情報工作。一九五五年四月四日，潘漢年遭逮隔天，凌雲拜訪了入獄的李敦白（Sidney Rittenberg），通知這個美國人他已獲釋，並為他六年來在監獄遭受的不白之冤道歉[193]。

文化大革命於一九六六年展開，凌雲時任公安部副部長，依舊負責反情報工作。稍候於一九六七年，凌雲和另外兩名副部長許建國和徐子榮一同被逮捕。三人在一九六八年遭到刑求，目的是為了逼迫他們坦承自己曾是敵方間諜。只有凌雲活了下來[194]。他日後將自身遭遇歸咎於康生的指控。

凌雲在文化大革命後復職的時機點，得等到中調部部長羅青長在一九八三年被迫出局後，才換他登場。政治局指派他擔任新成立的國安部部長一職，這個從解散的中調部、公安部的反情報單位、統一戰線工作部以及其他可能的單位集結起來的部門。然而，由於其外事局局長俞強聲向美方投誠，他的任期也隨之提前中止[195]。

解職之後，凌雲似乎獲得寬恕而免於懲處。他至少在中共審核過的間諜活動文獻中出現過一次，且未見任何不名譽的暗示。然而，他的生涯仍有多數未被記錄，不若其他在中共情報史上的重要人物[196]。當凌雲的官方訃聞在二〇一八年三月發出時，俞強聲叛變導致他離開國安部的那段歷史並未被提及——僅談到他在一九八三年受命為國安部部長，以及在二〇〇四年退休，反映出官方持續對凌雲的職涯保持緘默[197]。

羅宇棟（1943-）

來自重慶的羅宇棟曾兩度擔任總參二部部長，分別為一九九二至九五年，以及二〇〇一至〇三年。在這兩次任期之間，羅宇棟少將則是在總參二部管理的智庫中國國際戰略學會擔任副會長。

羅宇棟在一九六〇年進入總參謀部，畢業自張家口外國語學院。他的職涯相當隱晦，但是據說他至少曾經在南京國際關係學院有兩次任職的機會，並且自一九九五年起擔任該學院院長[198]。

羅青長（1918-2014）

出身自四川的羅青長，由於對敵人的充分了解而為人所知，他可能是毛澤東時代及其之後的中國共產黨文官情報界中，適應能力最好的倖存者。在毛澤東掌權後期，羅青長擔任中調部部長直至一九八三年組織改組。他在文化大革命期間曾支援激進左派，以致他於同年被迫下台，但離奇的是，他並未遭到明顯報復。

一九三二年，羅青長加入共青團，時年十四歲，爾後於一九三六年加入共產黨。他熬過了長征，並在青年之間執行政治工作。隨後，他在紅四方面軍裡服役，於吳德峰麾下擔任經驗豐富的情報幹部。當時的羅青長還不到二十歲，吳德峰推薦他進入中央黨校。一九三八年七月畢業後，羅直接被送去接受社會部的情報訓練課程。羅的班級是情報學員中的第二期，也是首批年輕學員。歷時五個月的完整課程與過去相對短期、臨時的課程不同，意在彌補長征過後有能力的情報幹部短缺現象[199]。

當課程於一九三八年十二月結束時，羅青長被分發到西安的八路軍辦事處，表面上是擔任機要祕書，實際職責則是為西安的中共祕密情報網絡工作。不若其他從事類似職務的人，羅青長在這段期間的成就少有紀錄，除了在一九三八至三九年間，據推測他負責協調滲透國民黨司令官胡宗南總部的工作。一九四一年，羅青長被調回延安，成為情報分析師。在他以廣博的記憶力為情報報告增添資訊而引起毛澤東的注意之後，他便獲盛讚並譽為「有名的活檔案」。社會部部長康生將羅青長調派為西安行動的負責人，與王石堅一同工作，後者在六年後變成中共情報史上，最聲名狼籍的叛變者之一[200]。

一九四九年，毛澤東廢除社會部，羅青長在重組過程中被賦予中央情報部一局及四局局長的職位。一九四九年十月過後，他又加入中央軍事委員會聯絡部，最終晉升為部長。一九五五年，羅長青同時進入周恩來總理辦公室，成為負責情報事務的副主任——此舉可能在十年之後的文化大革命期間拯救了他。同年，據說總理要求羅青長研究潘漢年的紀錄，當時潘漢年因叛變罪而遭到逮捕（另見李克農）。一九五五至六一年間，羅青長接任新成立的中調部祕書長，兼任該部副部長，可能是負責分析工作，此外也擔任中央對臺工作領導小組的副主任[201]。在後者的崗位上，羅青長的訃聞中，則讚頌他曾發掘一宗國民黨密謀，企圖在一九六三年四月中共領導人劉少奇出訪柬埔寨期間執行暗殺計畫，以及他在一九六四年說服前國民黨將軍李宗仁向中共投誠的貢獻[202]。

一九六七年，激進的中央專案組針對中調部部長孔原展開調查，當時孔已經受到來自紅衛兵造反派的壓力。他和他的幾名副手都被迫離開中調部而進入勞改營，或甚至落入更慘不忍睹的下場，除了羅青長一人。在軍隊於一九六七年四月接管中調部以及中調部在一九六九年六月被併入總參謀部期間，羅青長似乎仍繼續待在他的崗位上[203]。至今人們仍不清楚羅做了什麼而得以免於落入與同儕相同的命運，但是有些資料來源顯示，他不只與周恩來的關係緊密，也與康生和汪東興交好，而這兩人皆是文化大革命的受益者。

隨著中國與蘇聯之間的關係愈來愈敵對，毛澤東試圖終結中國的激進孤立。當中華人民共和國在一九七一年獲准進入聯合國，中調部人員也回到了他們在海外的崗位；到了此時，羅青長可能在組織裡已是數一數二，或許僅次於一名軍事將領[204]。然而，中調部直到一九七三年三月才完全成為中央委員會轄下的一個部會[205]，正好是毛澤東接受周恩來提議，讓鄧小平回歸（三月九日）之時，也是周恩來與季辛吉討論開放中美之間建立外交使節團期間。羅青長被任命為中調部部長[206]。

一九七五年十二月二十日，周恩來病重末期入院。無視於上下階層的關係，他召來羅青長進行最後一場會議[207]。很快地，更多事隨之而來，尤其是周恩來在一九七六年一月八日離世、天安門廣場上反對左派的群眾抗議、鄧小平第二次失勢，以及華國鋒在四月崛起。毛澤東九月九日過世，而激進左派在一個月後就狼狽瓦解，文化大革命也隨之劃下句點[208]。

一九七七年七月，鄧小平重掌外交事務，羅青長難逃一劫，部分原因在於他的保護者汪東興在那段期間也失勢了。一年多過去，鄧小平有更多重要的事情要處理，包括一九七九年初，面對越南短暫卻充滿災難的攻擊[209]。然而，到了一九七九年七月七日，鄧小平將注意力轉向中調部與羅青長。當天於外事工作會議上的一場演說中，鄧小平建議中調部駐外人員卸下外交身分的掩護，敦促他們改而仰賴祕密、非法的臥底，多加利用海外特務；他聲稱，這個指示原是周恩來在文化大革命之前所下[210]。這不禁令人多少想起李克農，他在一九四五至四六年間所推動的，由大後方養尊處優的情報人員充當志願者，執行相對危險的地下特務滲透工作。

然而，羅青長抗拒這個做法。他避而不談鄧小平這場演說，反而加派具外交身分的人員，並且命令下屬務必反對鄧小平的「階級鬥爭與反情報」觀點。九月，羅青長被迫轉而支持鄧小平。不久後，羅青長支持潘漢年復職，這可不是人們期待一個硬底子左派去做的事[211]。

儘管如此，鄧小平依舊對羅青長持續逃避改變的態度深感懊惱。羅仍安坐在職位上，直到一九八三年情報組織改組，中調部被廢除，以國安部取而代之。由於鄧小平當時還有其他事要煩惱，例如一九八〇年九月，支開華國鋒、安排江青與四人幫其他人的審判（1980.11-1981.01）以及其他事項，羅青長或許因此再次倖免於難[212]。無論如何，羅的生存能力相當值得欽佩，有待進一步研究。

一九八三年七月，羅青長被逐出情報界領導圈子之後，他依舊是中央對臺工作領導小組的副組長（隨後成為顧問）[213]。二〇一四年，羅青長離世，其追悼會的規模正符合他身為周恩來親信的老一輩革命家的身分。他的孩子當中，有擔任解放軍將領或其他官員等，而他在諸多顯要的文革受益者中，仍是一個極不尋常的存在[214]。

羅瑞卿（1906-78）

羅在今日極受推崇，他是忠誠的共產主義分子，也是革命時期相當有見地的軍事政委與國安官員，曾擔任第一任公安部部長（1949-59）與總參謀長（1959-65）。在毛思想逐漸高張成主流之際，他仍致力追尋軍隊的專業化。人們較少談論他在一九五〇年代對於擴大反間諜運動的積極運作，以及他後來疏忽了毛澤東針對中共情報高層所發動的不公正起訴。一九六五年十二月，毛和國防部長林彪策畫對羅瑞卿公開譴責，指控他反對人民戰爭。羅瑞卿於是和北京副市長吳晗一同成為最早一批在文化大革命籌備階段便失勢的高階領導人。

一九二六年十一月，羅瑞卿為黃埔軍校武漢分校第五期畢業生。他參加了一九二七年八月一日的南昌起義，於一九二八年獲准加入中國共產黨[215]。羅瑞卿成為紅軍的第一批政委之一，最終加入朱德與毛澤東位於江西省井岡山的基地[216]。

羅瑞卿在一九三二年受傷，被送到蘇聯進行治療，或許也在當時接受了維安事務方面的訓練。當羅回到江西，他成為林彪第一軍團編制下的政治保衛局局長。在長征後，羅瑞卿繼續擔任高階政委的職務。一九三七年，他成為負責鋤奸與政治保衛工作的五人委員會成員之一，同時也成為中國人民抗日軍事政治大學的教務長。一九四〇至四四年間，羅瑞卿在八路軍擔任高級政委，而後回到延安出席一九四五年中國共產黨第七次全國代表大會，該次大會鞏固了毛澤東在黨內做為一名不容挑戰的領導者地位。馬歇爾任務（1946）期間，羅瑞卿是葉劍英在北京的手下之一。一九四七年，該次任務失敗之際，羅回到第十九兵團擔任華北最高階的政委之一。當周恩來告訴羅，毛澤東即將任命他擔任新成立的公安部部長時，羅希望能回到他出生的四川省參加解放軍最後的一波攻勢，因此他回覆周恩來，當時領導社會部的人，如李克農，會是更適當的人選。周恩來警告道，毛澤東已經決定任命他了，並補充說：「各人有各人的事，李克農有李克農的事。」當天傍晚的晚餐上，毛澤東更進一步力勸羅瑞卿接受此一人事任命[217]。

隨著中華人民共和國在一九四九年十月一日建國，籌備公安部的工作也如火如荼展開，直到十一月一日終於正式成立。同月，公安部接受五名蘇聯顧問派遣至其總部，但仍維持本身的組織架構及運作方式。羅瑞卿一上任的工作重點就是確保中國疆界及新占領區，他尤其關注外國間諜的動靜。一週之後，上海市公安局逮捕了十七名國民黨特務，他們當時計畫要暗殺市長陳毅。十一月十二日，北京當局又拘押了三名國民黨特務。接著在一九五〇年一月和二月發生國民黨發動B-24轟炸機襲擊上海，造成超過五百人死亡。在北京與天津又有更多逮捕行動，而且隨著臺灣對岸有特務登陸的消息回報而來，各地公安局也投入了海岸巡防工作[218]。

除了反間諜工作，羅瑞卿同時推動公安體制改革。為了達成大規模的警力置換計畫，在中華人民共和國建立之初便成立了大約三十五個公安學院。數千名在意識形態方面可靠的「革命派公安」取代了被逐出市級公安局的「壞分子」——也就是從國民政府時代遺留下來的人[219]。

這波騷動的氛圍導致中國在一九五〇年十月介入韓戰，而後續的政治運動就此展開，更是羅瑞卿日後調查上海市公安局局長揚帆的歷史背景。在人民解放軍於一九四九年五月進入上海之後一個月，揚帆身為中共高階情報人員，從已解散的社會部被調來擔任新成立的上海市公安局副局長。一九五〇年，揚被拔擢為局長，但是同年爆發了他手下的前國民政府特務向臺灣投誠，引起羅瑞卿注意到，揚帆手下另一名同為前國民政府時期留下來的高層官員胡均鶴。一九五一年十二月，羅前往調查胡的人事任命，並且開始批判揚帆，最終將他逮捕[220]。

隨著韓戰停火且趨向和平，羅瑞卿繼續致力於反間諜工作[221]。毛澤東開始更頻繁地旅行，羅瑞卿則和中央警衛局局長汪東興緊密合作，以確保毛主席的安危。為此，汪在一九五五年成為公安部副部長。毛澤東的維安小組所面臨的一項主要挑戰在於，毛主席喜好一時興起的計畫。這樣的個性在羅瑞卿、汪東興和其他高階官員陪同他造訪武漢時導致了黃鶴樓事件（1953.02）。當時有一群人認出毛澤東，以致引發了一陣短暫的失控，羅瑞卿深感自慚。

一九五八年一月，毛澤東展開大躍進，要求全國在農業及工業生產上創造極端的成長。羅瑞卿當時領導公安部與地方上的公安局，也進行了他們自己的「大躍進」，大肆調查案件並逮捕、拘禁嫌疑者。這使得各地公安局想方設法地躍進，設定過度野心的目標如大幅減少通報火警，甚至是減少通報的家庭糾紛。蒐集情報和拘捕嫌疑者的權力被下放至較低階的派出所以及社區委員會[222]。一九五八年尾聲，羅瑞卿試圖懸崖勒馬，但是政治力很快介入：由於彭德懷元帥在一九五九年夏天的盧山會議上遭到整肅，羅瑞卿於九月被調回人民解放軍擔任總參謀長。公安部改由謝富治掌管。在謝的任期早年，有些地方公社透過勞改營安排自身的改革，營裡的囚犯被當作奴隸般強迫勞動。

羅瑞卿比起彭德懷更具優勢：他在一九四二至四四年延安整風運動期間曾批評彭德懷，並與毛澤東關係密切，而且身為公安部部長的他還同時握有人民解放軍公安部隊司令官和政委身分[223]。擔任總參謀長（1959-65）期間，羅計畫和印度的邊境戰爭（1962），並協助越南對抗美國在印度支那的增兵行動（1962-65）。然而，在一九六五年十一月，羅瑞卿遭譴責反對人民戰爭，因為他將軍事技能優先於政治訓練，使得他與國防部長林彪和毛澤東主席本人之間意見不合。羅瑞卿於同月失蹤，並在十二月遭拔除職位[224]。在公安部，部長謝富治指向羅瑞卿的案例，斷言那是一場犯罪陰謀，導致後續在一九六六年初期於公安部內部引發進一步的肅清行動。一九六六年八月，公安部的文革小組接掌該部，並展開肅清市級公安局，整個國家的秩序就此瓦解[225]。

那年三月，羅瑞卿試圖從三樓窗戶跳樓自殺。他雙腿骨折，但挽回一命，接著又繼續承受汙辱。儘管如此，這名將軍仍一心一意效忠毛澤東。即使在他於一九七四年獲釋之後，羅瑞卿還前往天安門廣場，對著毛澤東的巨大肖像真誠致敬[226]。

羅瑞卿曾說過一句至理名言：「特情工作好像一把刀子，用得好可以殺害敵人，用得不好也可以傷害自己。」[227]一九七四年獲釋，羅瑞卿於一九七八年八月在德國就醫期間，因心臟病發離世[228]。

羅瑞卿最終的命運是諷刺的。身為一九五〇年代中國最高維安官員，他毫不遲疑地聽從毛澤東指示，回應毛主席的妄想偏執而迫害了不達成千也有成百的忠誠情報員。羅逃過了潘漢年和其他人的命運，因為在他的情報生涯中不存在與敵人密切交流的敏感時期。因此，直到文化大革命之前，羅都得以倖免於針對忠誠度的質疑。一九六五年以後，毛澤東不再護著他，或許是因為他在毛主席和林彪試圖讓毛思想以及人民戰爭成為軍事教化的焦點之際，反而努力維持軍事專業化。

謝富治（1909-72）

謝富治，出身湖北省，曾擔任國務院副總理（1965-72）和公安部部長，於一九六九年成為中央政治局常任委員。自一九五九年受命為公安部部長，便在該職位待到一九七二年三月過世為止——是任期最長的公安部部長。在獲任這些高層職位之前，謝富治可說是經驗豐富且重要的軍事政治官員——他在政治方面的敏銳度可能有助於他在文化大革命中倖存下來。一九七二年，謝富治光榮下葬，但是由於他在晚年支持激進左派的作為，死後和康生一樣，飽受世人批評。

謝富治於一九三〇年加入紅軍、一九三一年加入中國共產黨。在長征期間以及之後，他很快地便從普通的士兵和小隊長攀升到師長等級的職務。在抗日戰爭期間，謝擔任其他師級與軍級職務，並且投入戰事。日本投降後，謝富治是僅次於陳毅將軍的指揮官，當時他們的軍隊逮捕了上萬名敵方戰囚。國共內戰時期，陳毅和謝富治的軍隊投入重大戰役，俘虜了成千上萬名的國民黨士兵，最終攻克重慶並取得勝利[229]。謝富治也和鄧小平成為關係緊密的同僚[230]。

一九四九年抗戰勝利之後，謝富治繼續擔任軍隊中的高階職位，並且成為中共雲南省委第一書記。一九五五年九月，他晉升為上將，隔年獲拔擢進入中共中央委員會[231]。

一九五九年，在謝富治成為公安部部長之際，他並沒有大幅改變前任羅瑞卿的政策。他敦促手下要「認真訓練以完善技能」，並且監督充實執法裝備的使用——但這並不代表他讓純粹的意識形態凌駕於專業能力之上[232]。

然而，謝富治在一九六六年成為江青和中央文革小組的盟友。他積極貫徹毛澤東的激進左派計畫，同時在昔日同袍鄧小平於一九六六年八月遭到肅清時，避免對鄧做出嚴重批判。身為中央專案組成員之一，謝富治握有人員檔案，並且參與過許多黨內高層人士的肅清行動，或許還包括了他的老長官陳毅。謝富治發布《公安六條》（1967.01），授權公安人員與其他人員針對數百萬名列黑名單階級和分類的人進行拷問、凌辱，其中包括一些高層人士如劉少奇等[233]。同月，謝富治攻擊受譴責官員的子女，稱他們為「反革命分子」，引發至少一名重要政治局委員李先念的憤怒。同樣發生在一月，謝富治中止在公安部反情報任務中利用特務和安全藏身處的機制，並且對他們展開調查。在謝富治仍活躍的職涯餘燼中，相較於專業規範，「群眾路線」成為反情報工作更讓人接受的做法[234]。

一九六七年七月，在文化大革命最失序的顛峰時期，謝富治飛到武漢協助鎮壓一場兵變，後人稱之為七二〇（或武漢）事件。多年之後，當時與他同行的王力表示，謝富治在紅衛兵以及心懷不滿的軍事單位發生衝突之際，做了不必要的公開露臉和煽動性的演說，「搞砸了事情」，導致更嚴重的緊張氛圍、軍事衝突和數十名人員死亡，而當時祕密訪問武漢的毛澤東本人只得緊急撤退[235]。

儘管如此，謝富治仍在一九六六年成為政治局候補委員，並且在一九六九年中國共產黨第九次全國代表大會上成為常任委員。當他於一九七二年三月因癌症離世時，雖然正處權力顛峰，但到了一九八〇年仍與康生一同被開除黨籍。針對他們的裁決和四人幫遭罷黜有關。一九八一年一月，最高人民法院譴責謝富治是與林彪和江青共謀的反革命分子[236]。

謝富治在高階官員的任期無疑闡明了一個國家的安全機構可以為一激進政治計畫所利用，犯下無數殘忍暴行，並且引發大規模的不穩定局勢。

許永躍（1942-）

出身自河南省鎮平縣的許永躍，在一九九八至二〇〇七年八月擔任第三任國安部部長，直到中國共產黨第十七次全國代表大會前夕重新改組時方遭撤換。透過官方與香港媒體的描述可知，許永躍於一九九四年被任命為河北省政法委書記之前，在情報和維安方面幾無經驗。他是在一九六〇年或一九六一年畢業於北京市人民公安學校（今公安大學），當時他也是「雙肩挑幹部」，直到被調任至中國科學院辦公廳[237]。然而，關於許永躍於一九六〇年代的活動大多未留下紀錄。一九七二年，他加入中國共產黨，隨後在一九七五年於教育部開啟了十九年私人祕書的職涯。他所服務的教育部部長在一九七五年年底遭四人幫批鬥之後，許永躍轉而為宣傳部的朱穆之服務了八年，然後去了文化部。一九八三年，許永躍開始為陳雲工作，直到陳於一九九四年離世[238]。既然許永躍的老闆已經離開，他似乎成了部長名單中的安全人選。據說那時候的總書記江澤民試圖把他的親信安插進來，也就是總參謀部（情報）副部長熊光楷，但是江面臨了其他中國領導人和（或）人民解放軍的反對[239]。許永躍在二〇〇七年八月遭到解職，據說是因為他涉入了財政部長金人慶的貪汙醜聞中，儘管官方解釋是許永躍已屆退休年齡，因此無法留任到二〇〇八年的全國人大[240]。

在許永躍於國安部任職期間，該部的影響力相較於公安部似乎有所衰退[241]。首先，許永躍直到二〇〇二年的中共十六大才確認成為中央委員，因此當時的公安部部長排行在他之前。而在許永躍加入中央委員會之際，公安部部長周永康已進入政治局。其次，熊光楷以其軍事情報身分加入對臺工作領導小組，並且成為該小組祕書長——這可能是國安部針對對臺情報工作的譴責。第三，中國在二〇〇一年進入世界貿易組織（WTO），同時也承諾對外國進一步開放。監控中國境內持續增加的外國人是國安部在一九八三年成立的主要原因之一。然而，二〇〇〇年的一場中央政法委員會會議中，中央政治局常委尉健行宣稱，中國即將進入世貿組織之舉，需要的是更完善的「公共安全」工作，而非「國家安全」工作。

許永躍在國安部內部被人稱作是「土包子」。然而，根據一名曾經在幾個場合中和許有數面之緣的退休資深外交情報官所言，許永躍的表現多半是為了安撫國安部內部潛在的官僚反對派。這名官員堅稱，許永躍或許是他交手過的高階情報官員中最聰明的人之一[242]。許隱藏自己真實能力的說法始於一九八〇年代，當時他做了一場據說是「震撼性」演說，致使全國流傳著國家需要的，是更適當的治理而非仰賴公安力量的思想[243]。

楊暉（1963-）

來自山東省青島的楊暉在二〇〇七至二〇一一年間擔任總參二部部長，而後成為南京軍區的副參謀長。二〇一五年十一月習近平宣布改組之前，楊暉官拜中將（軍區副領導層級），也是南京軍區的參謀長[244]。他目前擔任東部戰區某個不明確的領導職位[245]。

楊暉畢業於南京外國語學院，在一九八一年加入總參謀部。他後來在南斯拉夫取得文學碩士及博士學位；根據某些資料來源，他也在中國社會科學院取得法學博士學位。楊暉曾經在南斯拉夫、蘇聯、俄羅斯以及哈薩克的武官辦公室任職[246]。據傳，他也曾經在二〇〇一至二〇〇六年擔任負責中國訊號情報工作的總參三部副部長，但是至少有一篇文章提及他在這段時間是擔任總參二部副部長[247]。除了情報工作，楊暉在成為總參二部部長之前，也曾是第三十一集團軍的副司令。

周恩來（1898-1976）

周恩來以中華人民共和國任期最長的總理以及首任外交部部長而為人所知。他也被北京尊崇為中國共產黨情報之父。周恩來建立了第一批間諜與祕密行動組織，執行過某些早期行動，並長期維持政治監督。抗日戰爭（1937-45）期間，隨著毛澤東崛起成為難以挑戰的權力，周恩來也失去了情報管理方面的支配力。之後，周恩來重新奪回在該領域的影響力，直到文化大革命於一九六六年展開。周在人生最後十年為維持對外交情報的掌控而努力不懈的樣貌，可說是那段時期更多困難考驗的先行者。

在南開大學早期的革命生涯中，周恩來尚未展現出對觀察地下活動、擅長組織以及承受被捕風險的偏好[248]。然而，他可能自一九二一年起，便開始執行祕密任務，當時他在法國加入中國共產黨，歸入共產國際（蘇聯）的領導下[249]。一九二三年，當共產國際命令中國共產黨和國民政府（國民黨）合作，形成第一次統一戰線，周恩來便回到中國，成為國民黨黃埔軍校的政治部主任。一九二五年六月，周恩來進入敵方軍閥位於附近的一處軍營，目的是協商休戰，而或許這是他第一次接觸到軍事情報——體驗了在敵人戰線後方窺探的感覺[250]。

一九二七年年初，周恩來在上海支援國民政府軍北伐隊伍的到來[251]。然而，當勝利的國民政府軍在四月十二日同時攻擊中國各地的共產黨員時，周的一切努力來到無情的終點——這次失敗促成了該黨第一個真正的間諜機構成立。周恩來勉強逃脫，設法到了武漢。他在此和聶榮臻組成一個VIP保衛單位，隸屬於中國共產黨軍事委員會[252]。然而，陳雲在幾十年後回憶道，在一九二七年之前，黨「根本不知道如何組織情報。」[253]

大約此時，周恩來因染上瘧疾而倒下，接著前往香港休養生息[254]。九月，日後成為中央特科第一科的祕密單位，著手為回到上海過「地下」生活的中共領導階層尋找安身之處[255]。

十月十八日，領導階層聚首討論在湖南、湖北、廣東與江西失敗的政變，並且捎了一封訊息給周恩來，通知他應該回到上海磋商。十一月十四日，在周恩來出席之際，政治局命令他重新組織中央委員會轄下的部會：組織部、宣傳部、軍事部、特種事務部（情報與安全工作）、聯絡部以及其他，顯示出情報如今已成為核心工作。在接下來的兩週，周恩來將中央特科直接設在黨領導階級轄下，分成總務科、情報科、行動科與無線電通訊科。他們的任務是要保護中央領導，彙集情報、抑制叛變並打擊敵人、營救被俘的同僚，以及建立地下無線電台[256]。雖然由顧順章管理日常事務[257]，實際負責人則是周恩來[258]。

中國大陸的資料來源將周恩來打造成聖人的樣貌，他在接下來的幾十年間，於中共情報界扮演了三種角色：高層政治監督、資深導師與任務領袖，以及重要網絡的特設組織者。儘管周恩來在情報組織的建立這方面至關重要，這種敘事卻遮掩了其他人的角色。

自一九二八至三〇年，周恩來、陳賡、顧順章、李維漢、任弼時與鄧小平研擬重要指令、主持研討會，並且安排諜報技術、自我防禦、白區（敵人）祕密任務、執行攻擊行動等項目的實地訓練[259]。周恩來也協助顧順章建立紅隊，或稱赤衛隊，負責保護重要人物及懲處叛徒[260]。

一九二九至三一年間，顧順章、李強和陳賡負責行動之際，便由周恩來監督。舉例來說，一九二九年八月二十四日，在叛變者白鑫通風報信之下，國民政府當局逮捕了共產黨的農村組織者彭湃[261]。國民黨抓住彭湃的那次突襲，其實是瞄準了一場周恩來本應參加的祕密會議，但是周被其他事務耽擱，驚險地逃過一劫[262]。

當天晚上，周恩來召集緊急會議，命令中央特科營救出被捕者，並策畫對白鑫的暗殺行動。顧順章與陳賡被任命為負責人，而中央特科也在這次救援任務中投入所有可運用的資源[263]。根據一份臺灣的資料顯示，顧順章當時命令救援小組偽裝成一群去看電影的人[264]。日後李強回憶到，鑑於任務規模之大，有二十名紅隊成員參與了該次行動。八月二十八日，接連失誤以及壞運導致行動受挫，周恩來也取消了救援企圖[265]，已經沒時間了。彭湃和他的三名同夥兩日後在上海龍華監獄遭到處決[266]。針對白鑫的暗殺計畫仍持續進行，他於十一月最終遭槍殺身亡（見陳賡與柯麟，第三章）[267]。

一九三一年四月二十六日，周恩來收到更糟的消息：顧順章突然變節投向國民黨（見「龍潭三傑」，第五章）。周恩來、陳雲、李克農、聶榮臻和李強在那個傍晚碰面，對中國共產黨黨員發出指示：自辦公室撤離並搬離原住處[268]。中央委員會要周恩來測試顧順章家人的忠誠度。特務發現他的太太在家，並詢問她是否打算去國民政府所在的南京與顧順章會合。令人訝異地，她表示，自己必須跟隨丈夫。於是拜訪她的特務當場殺了她以及其他十個家庭成員，只留下一名小男嬰[269]。他們的屍首直到數週後才被人發現，但是他們可能是在那個週日或週一的夜晚遭到殺害（四月二十六至二十七日），正是顧順章要求國民政府保護他心愛的家人之時[270]。那名男嬰最後的命運至今仍不得而知。

周恩來旋即離開上海，其他人——陳雲、康生與潘漢年——則留在城市管理間諜和祕密行動工作。關於周恩來抵達江西之後，他在管理情報及維安工作方面的角色就沒有什麼文獻記載，不過從一些線索可看出他依舊保有影響力[271]，像是他針對富田事件所進行的調查。在親國民黨的AB團於江西攻擊紅軍之後，一系列充滿暴力的共產黨肅清行動於一九三〇年十二月至一九三一年七月之間展開，造成超過一萬人死亡——喪命的不是國民黨的人，而是紅軍中反毛澤東的人；毛逮住機會從內部揪出反對者並殺害。一九三一年十二月，周恩來代表中央委員會介入結束了肅清行動。一九三二年十月的寧都會議上，任弼時、項英和鄧發紛紛批評毛澤東的「游擊心理」與「右傾機會主義」。這名未來的主席在會議中頓失其身為總政治委員的地位，並由周恩來取而代之，儘管後者也被批評為「勸解者」[272]。

在中國，稱富田事件其相關衝突為「公安與保衛史上三次大的左傾」之首；另外兩次分別是延安搶救運動與文化大革命[273]。這三波事件皆重挫了周恩來情報管理的工作。毛澤東的政治保衛單位執行過諸多刺殺行動，並在一九三一年十一月中改組為新成立的政治保衛局。鄧發做為毛澤東的批評者之一，受命擔任政治保衛局局長，這項安排強化了中國共產黨對內部安全的掌控[274]。與此同時，周恩來的城市中央特科網絡也逐漸消失。雖然有幾名特務被留下來，中央特科仍在一九三五年遭到廢止。

毛澤東的挫敗並未阻礙這名未來的主席繼續朝軍隊和黨的領導地位前進。他的運氣在一九三五年一月著名的遵義會議上轉黑為紅，那是長征開始三個月後的事。毛澤東批評長征的數項失策，並且一一攤在周恩來和其他人眼前。雖然周恩來在隨後幾個月之間仍保住其總政治委員身分，毛已經成為更有影響力的前線軍政委。老謀深算的周恩來，於是轉而站在毛澤東陣線[275]。

一九三五年十月十日，當殘餘的紅軍抵達陝西省寶安縣之後，鄧發就從政治保衛局被免職。一些跡象顯示，周恩來暫時恢復了對情報與相關活動的掌控。一九三六年四月，周恩來、龍潭三傑之一的李克農以及國民黨的「少帥」張學良進行協商，後者的軍隊在國民黨中央政府的命令下摻入紅軍陣營。儘管總司令蔣介石反對，他們仍然以共同抗日之名，達成非正式的休戰協議。

在另一次成功的干預行動中，美國記者史諾於一九三六年七月抵達中國採訪毛澤東和其他領導人，而周恩來和李克農則是首先接見他的人之一[276]。當少帥張學良隨後於十二月綁架蔣介石，包括毛澤東、周恩來與史達林等人都十分震驚。毛澤東想要把蔣介石帶上法庭接受審判、處決，只是史達林介入：蔣介石必須活著，維持中國的團結，那麼日本就會忙著對付中國而無暇威脅蘇聯。周恩來和李克農再次親上火線，主導與國民政府的對話。此後，兩人在其政治生涯中，仍持續扮演著和敵方談判的角色[277]。

隨著西安事件爆發，周恩來與李克農協商取得延安做為共產黨的基地，這讓他們得以擁有城市生活（而非留在塵土飛揚的小農村寶安），以及一片可用的飛機起降場。

一九三七年十一月，康生與王明自莫斯科搭乘飛機返抵中國，改變了中國共產黨的領導權力平衡。王明曾是共產國際負責亞洲事務的官員，有一群在莫斯科一起念過書的追隨者，例如博古。因此，王明不願屈就在毛澤東之下，而一場領導權的挑戰就此揭開序幕[278]。

儘管如此，王明犯下一嚴重的戰術錯誤。十二月十八日，他與周恩來、博古前往武漢和國民黨中央政府協商統一戰線事宜[279]。王明建立了中央長江局，希望能取代延安做為中國共產黨的領導中心——這是從該黨以上海為「地下」總部的那段日子便形成的過時想法，徒留軍隊和黨的維安事務於延安，任由毛澤東和康生掌控。

周恩來遭逢政治上的挫敗：一九三七年十二月九日至十三日，周在政治局的會議上失去了書記處的職位，而王明、康生與陳雲則增補進入書記處[280]。根據周恩來日後的自我批判，他仍繼續支持王明，直到一九三九年五月[281]。一九三九年九月，政治局任命康生為重組的新情報單位社會部部長。一九四一年九月，康生又被任命為新成立的中央情報部部長，為八路軍辦事處提供指導，包括在重慶的周恩來[282]。

當時周恩來的新職責包括情報管理，然而設於重慶八路軍辦事處（1939.04-1946.09）屬較低階的中共中央南方局。這是十五個辦事處中最大的一個，也是工作量最大、任務範疇最廣的，因為重慶是國民政府的戰時首都。雖然似乎處在中共的政治邊疆、遠離權力中心，周恩來手下仍有超過一百名人員，包括葉劍英、董必武等人。從重慶的辦公室，周恩來掌握了為數不明的情報資產，像是葉劍英的部下張露萍（1921-45），他掌控著一組七人的間諜小隊，臥底在國民政府的情報組織裡[283]。南方局特務或許也聯繫並吸收了李敦白，這名美國籍的士兵最終加入中國共產黨，並在第二次世界大戰之後繼續留在中國[284]。

周恩來同時執行並管理統一戰線工作，吸引不滿國民黨日益嚴重腐敗的中外人士。在這些干預行動中，周恩來曾招待過一些重要的外國人士，例如厄尼斯特・海明威（Ernest Hemingway）與瑪莎・蓋爾霍恩（Martha Gellhorn），還有美國記者白修德（Theodore White），並在這些人心中留下正面形象，和貪汙、奢華的國民政府菁英形成強烈對比。日後，海明威告訴國務院官員，他認為抗日戰爭之後，共產黨會打敗國民黨[285]。

儘管達到這些成就，康生或許曾將箭靶瞄準周恩來，視之為毛澤東肅清領導階級的目標之一，只是一九四三年十二月的季米特洛夫電報阻止了他的行動。蘇聯方面在電報中特別批評康生越權，並且要求毛澤東保全周恩來[286]。

康生在一九四六年十月被迫退出後，周恩來可能重新取得了情報體系的政治監管權力，部分原因出自人們對康生的普遍憎惡[287]。讓周恩來擁有監管權合情合理：中共仍必須贏得內戰，而新成立的社會部和情報部部長李克農需要有人支援，以便在國民黨敵營內部建立特務網絡。

一九四九年，周恩來主持了七月八日至九日間舉行的一場會議，研商在內戰勝利之後，如何組織黨內的情報和維安機構。社會部已經在一個月前廢除，而直到歷時更久的中調部在五年後成立之前，李克農被賦予在這段漫長的過渡期主管所有國外情報活動的職責。在此期間，李克農成為軍事體系的情報部負責人，而周恩來則擔任外交部部長（1949-58）兼總理（1949-76），李克農對外以外交部副部長的身分向周恩來報告[288]。

在實務上，楊尚昆、鄧小平與中調部部長李克農及其後繼者孔原掌管著日常議題。羅青長坐鎮總理辦公室，為情報事務的直接聯絡窗口[289]。周恩來成為中華人民共和國面向世界的代表，並且領導中國最重要的談判任務，包括一九五四年的日內瓦會議。一九五五年，他向李克農要來潘漢年的背景（詳見兩人介紹），以回應毛澤東對潘忠誠度的質疑。李克農提出的報告皆直指潘漢年的清白，可惜沒能說服主席放過這名資深的間諜首腦。

在文化大革命的前半段期間，周恩來又一次失去了一些影響力，儘管不見得是所有影響力，康生則重回舞臺（見「一九六六至六七年：機密資料盜竊」）。與此同時，鄧小平與楊尚昆也被逐出黨的情報監管系統。當中調部本身被派系糾紛撕裂的同時，極端左派主宰了政局，而鄧與楊則遭到肅清。

當康生的健康在一九七一年亮起紅燈之際，周恩來可能某程度恢復了情報與維安的監管權力，但實際情形仍需要進一步研究（見華國鋒與李震）[290]。

與對手的協商依舊是重要的優先工作。除了周恩來，和外國領袖見面的人當中，有些同時具有情報背景。周恩來與葉劍英領導了一九七一至七二年和美國協商的工作，兩人皆有豐富的情報經驗。在協商過程中擔任周恩來助理的熊向暉是資深社會部官員，他在一九三六年潛入國民政府將軍胡宗南的陣營，從事臥底諜報工作[291]。

一九七五年十二月二十日，周恩來重病末期，在醫院喚來了他的老副手羅青長。周向他詢問了一些在臺灣的老朋友近況，並且要求中調部轉達他的期盼，要他們「不要忘了為人民福祉而服務」。關於這戲劇性的一幕，中方的敘事並未澄清其重要性是否超越了象徵性[292]。

周恩來於一九七六年一月八日離世，引發全國上下的哀悼，以及在天安門廣場的反左派示威活動。雖然自從一九三九年以來，周恩來始終對毛澤東忠心耿耿，他的離世竟成為群眾反抗激進主義的象徵，也呼應了他在一九三一年和一九三八年對毛主席政策的反對立場。

CHAPTER

3

國共內戰時期與中華人民共和國建國初期的知名間諜
Notable Spies of the Chinese Revolution and the Early PRC

國共內戰期間，臥底在對手陣營從事危險工作的間諜，在中國共產黨核可的出版品中被稱作「無數無名英雄」。部分原因在於有許多不知名人士喪生，也因為一旦刻意不保存下來，就很難透過檔案證明他們的祕密活動。在黨中央核可的文獻中，僅提及少數幾人，這或許意謂著尚待揭發的害群之馬及可恥的叛徒還有很多。無論如何，這些故事並未和國民黨及臺灣的敘事相互矛盾。

許多中共情報人員及其他特務在一九四九年後遭到處決的原因，莫過於他們在革命期間的表現太好——也就是說，為了取得有價值的情報資訊，他們和敵方特務及官員培養出密切的關係。同一時間在美方陣營，諸如包瑞德上校這位一九四四年派駐在延安的迪克西使團指揮官，也在共產黨勝利後遭到迫害。他是一九五〇年代因「失去中國」而起的紅色恐慌（Red

Scare）中備受譴責的人之一[1]。美國內部針對共產主義崛起而形成的政治鬥爭，對受害者來說無疑是一場痛苦的磨難。然而，相較於臥底的共產黨特務如潘漢年、董健吾所承受的處決、牢獄之災及其他形式的痛苦，尤其是在文化大革命期間，美方受害者的處境算是較不嚴峻的了。

關於中國共產黨針對自家情報員與其他人所發動的獵巫行動，輿論多歸咎於毛澤東，更甚於其他任何人。他接連不斷的「白色恐怖」幾乎持續了好幾十年，有助闡明這位世界上最偏執的領導者之一，心中抱持多麼深刻且幾乎無止境的猜疑。

為了檢視在中國「機密戰爭」中扮演步兵角色的人的生涯，我們進行了初步嘗試如本章；我們期許其他學者能夠有所啟發，並進一步發掘這塊尚未被充分研究的領域。

艾德勒（Solomon Adler）

見「柯弗蘭」（Virginius Frank Coe）。

蔡孝乾（1908-82）

蔡孝乾出身自臺灣臺中周邊的鄉下地方，一九二四年，時年十六歲的他獲錄取進入上海大學，於此，他跟中國共產黨的創辦人如瞿秋白、任弼時等逐漸深交。早年在臺灣接受教育時，他已習得一口流利日語（當時的臺灣為日本殖民地），蔡孝乾語言方面的天分、對臺灣的認識，以及學術上的才華無疑吸引了中國共產黨的注意。到了一九二六年，他以中共特務的身分回到臺灣，在臺灣組織左派運動以培養年輕後進。一九二八年，他協助組織臺灣共產黨。

隨著中國大陸面臨與日俱增的日本威脅，或許促使中國共產黨在一九三四年召回蔡孝乾，前往江西瑞金的紅軍基地，並接受軍事政治工作的訓練。長征於同年十月展開，而蔡則熬過了那一年向中國西北部的長途跋涉——他是唯一的臺灣人。一九三七年，抗日戰爭爆發，蔡被指派審問日本戰犯。隨著戰事繼續推進，蔡孝乾留在延安；而關於他在惡名昭彰的一九四二至四四年整風運動和搶救運動中受到何等遭遇，不見任何文獻記載，但他在一九四五年參加了中國共產黨第七次全國代表大會。

蔡孝乾的軍階在日本投降之際獲得晉升。八月，中國共產黨組成臺灣省工作委員會。一九四六年三月，華東局為了籌備最終的入侵工作，正式成立臺灣委員會，以做為在島上發展間諜與破壞網絡的運作實體。七月，蔡和其他六人以上的團隊暗中在臺灣展開布署。他們開始在臺北、基隆、高雄與一些農村和山區成立地下單位[2]。

一九四七年初，蔡的網絡已經擴展到大約有七十名特務。二月二十八日，國民黨在臺北逮捕了一名女商販，地方上對於這個臺灣新主人的憎惡於是引發了一場大規模抗爭。最高統帥蔣介石的回應竟是在三月九日加派援軍至基隆、臺北，展開了一場殘忍的掃蕩行動，大約有一萬八千人至兩萬八千人遭到殺害[3]。這起事件讓臺灣的共產黨地下網絡意外有了一次大量招募的機會：兩年過後，蔡孝乾的臺灣省工作委員會網絡已經擴張到一千三百名特務[4]。

然而，蔡的好運很快用完。八月十四日，國民黨保密局逮到他在基隆的巢穴。在接下來的七個月間，他們至少捉到另外八十人，包括蔡孝乾本人[5]。一九五〇年三月，蔡選擇變節，協助國民黨掃蕩其餘同黨[6]。中國共產黨在臺灣的情報工作可能直到一九八〇年代，兩岸經濟整合提高才得以完全恢復，後者讓兩岸之間的交流更加頻繁，也讓共產黨有機會吸引臺灣人來到中國大陸，進行拜訪或生活。

柯弗蘭（1907-80）與艾德勒（1909-94）

柯弗蘭（Virginius Frank Coe）與艾德勒（Solomon Adler）是美國前財政部官員，曾經分別在一九五八年和一九六二年旅居中國，也曾經為毛澤東著作的英文版做出貢獻。然而，他們在第二次世界大戰期間做為蘇聯國家安全委員會（簡稱「克格勃」）在美國的重要人材，據推測曾接受地下工作的訓練，這個身分令世人始終不清楚，他們在抵達北京前後曾為中國共產黨從事過什麼活動。

在第二次世界大戰期間，柯弗蘭和艾德勒任職於財政部，同為內森・席爾維馬斯特團體

（Nathan Silvermaster group）的成員，那是一個由至少十一人組成的蘇聯間諜團體。一開始，由美國共產黨的厄爾・布勞德（Earl Browder）所管理，隨後在一九四四年由克格勃直接掌控，因為他們的報告內容愈來愈關鍵[7]。

柯弗蘭與艾德勒接受哈利・戴克斯特・懷特（Harry Dexter White）的僱用而進入財政部，他本身曾和席爾維馬斯特團體合作過，或至少是莫斯科認為「可以信任」的高級官員[8]。一九三〇年代，冀朝鼎在國會圖書館工作時，同時認識了艾德勒及柯弗蘭，後者成為財政部的貨幣研究負責人。一九四一年，艾德勒以財務專員的身分被派遣至美國駐重慶大使館，一般相信他透過不明管道，仍持續自重慶向克格勃報告。懷特協助把冀朝鼎安插進國民政府的財政部，而冀也成為受令於周恩來之下具分量的特務。在約瑟夫・麥卡錫（Joseph McCarthy）年代，柯弗蘭與艾德勒受到美國聯邦調查局的調查之後的日子，冀朝鼎至少曾邀請他們之中的艾德勒前往中國[9]。

當柯弗蘭於一九五八年、艾德勒於一九六二年移居中國之後，他們協助翻譯了毛澤東著作的第四卷，與其說是因為他們的背景，不如說這更像是一份榮譽。柯弗蘭可能以中國共產黨的國際聯絡部為基地，負責閱讀並總結西方媒體及政治宣傳中的相關報告[10]。艾德勒的主要任務是在中國社會科學院世界經濟研究所擔任對外貿易部的顧問。到了一九六四年，柯弗蘭和艾德勒皆位居北京的「高塔頂端」，顯示出中國共產黨對他們的強烈信任，並賦予他們向中國首都裡其他外國人傳達共產黨政策的任務。一九七〇年八月，時值文化大革命最陰鬱的時期，他們迎接了造訪北京的美國記者史諾，即便他們有可能在一九六六至六八年間更為狂熱的時期受到一些折磨；在一九七三年的一場晚宴上，周恩來親自向柯弗蘭和艾德勒道歉，「為了他們在這些年來所受到的不公平待遇。」[11]柯弗蘭在一九七六年寫下一篇文章，讚美毛澤東為當代最偉大的馬克思主義者，三年後於北京離世。艾德勒則苟延殘喘至一九九四年，對鄧小平改革下的中國方向感到鬱鬱寡歡[12]。

他們先是為莫斯科、接著為北京服務的獨特人生依舊是未被深入探討的題材，有可能進一步闡明中國共產黨的干預行動及情報歷史。

董慧（1918-79）

董慧出身自香港，由於她和家鄉香港的連結而被招募進社會部。她後來和潘漢年結婚，在潘於一九五五年遭肅清之後，一起承受了苦難。

一九三七年，正值抗日戰爭的開始，董慧是在北平（今北京）念書的大學生。戰事迫使她離開城市，決定搬到西安。在抵達西安之後，她進入西北聯合大學就讀。

然而，一九三七年一連串瞬間爆發的事件使得當年十九歲的董慧拋下日常學習。她和位在西安的八路軍辦事處接觸，該單位是中國共產黨實際上的大使館與情報站。她在此參加中共以延安為基地所成立的黨校入學考試，也可能被評估為適合投入共產黨事業。董慧於是錄取了延安革命學校，並於十一月開學。

在中共於抗日戰事一開始、意圖擴張黨員規模期間，董慧如同當時其他數百名剛抵達的年輕人，很快地獲准入黨（1938.01）。一九三八年七月，她進入馬列學院就讀，成為江青的同學兼室友，後者在日後成為毛澤東的另一半[13]。

一九三九年年中，董慧畢業，中國共產黨評估她的背景，注意到她與香港的菁英社會有連結——部分是透過她的父親，即當時的道亨銀行董事長董仲維。董慧於是被招募進入社會部，分發至香港，在潘漢年底下做事。

然而，當江青這名前上海女演員開始追求毛澤東時，人在延安的董慧竟批評江。因此，董慧不只在潘漢年於一九五五年被捕時受到牽連，當江青在文化大革命期間針對敵人展開報復時，董慧也受盡折磨。

董健吾（1891-1970）

董健吾在史諾的《紅星照耀中國》一書中，以「王牧師」的身分而為人所知。他自一九二八年開始服務於中國共產黨情報機構，且已有聖公會牧師身分的天然掩護，除了前述化名之外，他還有其他化名。在一九三一至三六年間對共產黨員的大規模逮捕及迫害浪潮中，他是少數得以倖免於難的活躍共產黨特務，因此在抗日戰爭期間，他順勢成為中共和國民黨之間的重要聯絡人。在其他執行過的任務中，一九三六年一月，董健吾將宋慶齡的一則訊息帶給毛澤東與周恩來，表明國民政府準備好協商組成抗日統一戰線。他同時引介史諾至西安和鄧發會面，後者便帶著這名美籍左派記者一起參與中國共產黨領導人的歷史性會晤。

在共產黨於一九四九年取得勝利之後，有關董健吾和國民黨之間的關係引發諸多質疑，中國共產黨的歷史學者也未充分研究過這些問題。雖然董健吾始終保持自由身，人們猜忌他與國民政府的合作關係，以致他找不到可維生的工作。在文化大革命期間，董健吾遭受迫害，於一九七〇年離世，在他死後直到一九七八至七九年左右，才得以恢復名聲[14]。

龔昌榮（1903-35）

若是有一部電影或電視劇以龔昌榮為題製作，不會是什麼令人意外的事。龔出生於廣東鄉下的一戶李家，但是貧窮的生父把他賣給海外一名龔姓華僑，因而有了新姓氏。一九一九年五月四日的運動激化了這名年輕人，在廣東－香港省港大罷工活動中（1925.06-1926.10），龔昌榮加入中國共產黨在廣州組織的糾察隊，並接受街頭抗爭的訓練及配備。一九二六年，糾察隊重組成赤衛隊，而龔成了赤衛隊中的敢死隊成員。在一九二七年十二月的廣州起義中，龔昌榮被分發到葉劍英領導之下的游擊隊，他們曾短暫控制住整座城市。經過了慘烈的行動，鄧發讚揚龔昌榮在砲火下的勇猛以及他所創下的敵方死亡紀錄[15]。

一九三〇年七月，龔昌榮短暫調到香港市委會轄下的「打狗隊」。在三個月內，他殺害了親國民黨的粵系軍閥陳濟棠旗下的一些叛徒及特務。當時，英國人允許陳濟棠進入香港市區掃蕩共產黨。其中尤為顯著的一起事件是：反共產黨小組的香港警察小隊長謝安，在油麻地雅樂美食餐館的一場聚會上企圖蒐集情報，卻慘遭殺害，據說龔昌榮是罪魁禍首[16]。

為了維持與中國工人階級之間的緊密關係，中國共產黨領導層選擇待在中國最大的城市上海。然而，來自國民政府當局的壓力愈來愈大，他們以危險且地下的方式生活著。該黨認為，龔昌榮在上海可以更有效地執行保護工作。一九三一年四月顧順章叛變事件後，龔協助黨的領導層安排移動並提供保護措施。在接下來的幾年間，中國共產黨逐漸撤出城市，但是地下戰爭仍持續。龔昌榮主導一些暗殺國民政府安全官員的任務，包括一九三三年七月的黃永華遇刺事件，便是由龔昌榮本人疾駛自行車執行槍殺行動[17]。

雖然龔昌榮的英雄事蹟對共產黨運動而言可說是一盞明燈，國民黨仍然步步進逼城市裡的共產黨員。一九三四年十一月，龔昌榮執行了人生中最後一場重大任務：處決中共中央上海局的叛變者翕國華。在第一次嘗試中，由龔所領導的四名特務小組只弄傷了翕，但是最終在他於交通大學附屬仁濟醫院休養時成功取他的性命[18]。

一名與龔昌榮親近的同志後來被抓到，國民政府因而找到龔的住處，當時他的妻子與另外三名共產黨員遭到逮捕。國民黨給他們變節的機會，並在他們拒絕之後，對他們展開刑求。經過了將近五個月可說是慘無人道的監禁之後，龔和他的三名同志在南京被處以絞刑[19]。他們的被捕和死亡標幟了中國共產黨在上海的情報工作實質終止，直到一九三四至三五年的長征過後才緩慢復甦。

冀朝鼎（1903-63）

冀朝鼎可能是首位在海外身負間諜職責的中國共產黨黨員，儘管當時還沒有任何情報機構，可能是由周恩來指揮。一九一九年五四運動期間，冀朝鼎獲得庚子賠款的獎學金而進入清華大學就讀。如同許多跟他同輩的人，冀也被中國在日本與西方列強壓迫下的困境所激化。根據其胞弟、毛澤東的口譯冀朝鑄所留下的一份紀錄，冀朝鼎在中國共產黨創黨之初便結識周恩來，並且入黨。一九二一年七月，中國共產黨正式成立，那大約是在周恩來前往法國的九個月之後，所以他們應該是在一九一九年或一九二〇年認識的。

一九二三年或一九二四年，冀朝鼎接受指派前往美國。一九二七年國共分裂之後，他表面上是忠心的中國國民黨黨員，實際上仍是中共的祕密黨員，並在周恩來的指示下蒐集對他們不利的情報。冀朝鼎在美國生活期間，他與美國官員柯弗蘭、艾德勒結識，兩人涉嫌在維諾那攔截（Venona intercepts）計畫中做為蘇聯的間諜，設法削弱美國對國民黨的支援，然最終在一九五〇年代的紅色恐慌期間身分曝光。柯弗蘭遂於一九五八年移居中國，艾德勒則在一九六二年跟進[20]。

一九三九年，冀朝鼎回到中國，在國民黨的戰時首都重慶繼續擔任周恩來的網絡成員，於八路軍辦事處之外執行祕密任務。當初招聘艾德勒及柯弗蘭的美國財政部高級官員懷特左右了國民政府的財政部，讓他們僱用冀朝鼎擔任一高階職位[21]。冀設法通過國民黨反間諜機構中統局的調查，成為國民黨財政部部長孔祥熙的機要祕書。一九四九年一月，冀朝鼎可能促進協商北平（北京）對人民解放軍的和平投降，而他也成為新成立的中華人民共和國重要的經濟學者。一九六三年，冀朝鼎因腦溢血於北京去世。如同李克農，冀或許因此逃過文化大革命的批鬥：儘管他的妻子羅靜宜與康生有聯繫，冀在海外的長年活動或許也曾經淪為遭到懷疑的對象之一[22]。

柯麟（1901-91）

出身廣東的柯麟醫生因為發動一九二九年發生於上海的知名刺殺事件，以及他在一九三五至五一年間於澳門所進行的重要工作而為人稱頌。他是中國中央電視臺所拍攝的紀錄片五部曲中的主角，該片針對他直到一九五一年結束的二十三年情報生涯做出理想化、內容廣泛但或許仍顯不完整的記述[23]。

一九二六年一月，就在柯麟成為醫生後不久，他加入了中國共產黨。一九二七年，他被分發到國民革命軍第四軍，參與同年十二月的廣州起義，在起義失敗後逃到上海[24]。

到了一九二八年中期，柯麟直屬於中央特科情報科科長陳賡，後者讓他在五洲藥房臥底，以柯達文為假名，表面上是非共產黨的內科醫生。經過一九二九年八月二十四日，中國共產黨在農村的組織者彭湃被捕，周恩來相信黨員白鑫已經叛變並協助國民黨逮捕彭湃。雖然白鑫很快不見蹤影，中央特科相信他人在上海，所以所有人馬都在監視他的動靜。在顧順章所領導的一次救援行動失敗後，彭湃和另外三名共產黨員於八月三十日遭到處決[25]。

彭湃被捕不過兩天，白鑫不期然走進柯麟所在的五洲藥房，想要治療瘧疾。柯麟醫生立刻認出他，未想白鑫立刻溜走，以致柯來不及抓住他。顯然，白鑫和他的國民黨同夥非常謹慎，不願前往大醫院接受治療，陳賡於是在附近建立了一個聯絡點，以防白鑫再致電柯麟。兩個星期過後，白鑫的病情惡化，他果真打電話給柯麟，請求在法租界內的一家飯店接受治療。白鑫決定相信柯麟，並且允許柯打電話到他的藏匿點追蹤病情，也就是國民黨情報官范爭波的家中[26]。得知此事後，中央特科便監視范爭波的住處，並在十一月十一日趁白鑫出門搭船前往義大利之際，成功暗殺他[27]。

這次行動後，柯麟可能在匆忙之際前往華南，且一度落腳廈門。若非此時，要不就是再早一些，柯麟已是蘇聯體制中的典型非法特務，在一份具體的職業中，謹慎掩護身分，但是花上大量時間執行情報工作。不若另一名特務董健吾，柯麟顯然從未被懷疑是共產黨的間諜。雖然關於接下來四年的細節很少，我們可知柯麟參與過更多中央特科的行動，但是當國民黨破壞了城市裡的共產黨網絡，柯麟不得不逃離廈門。他一抵達香港，便又開設了華南藥房。此時，共產黨在所有中國城市裡的網絡已大大限縮，而柯麟可能是其中少數仍運作中的——他沒有死、藏匿或是被囚禁。儘管如此，他並沒有沉寂太久。一九三五年九月，潘漢年命柯麟搬到澳門，開設另一家藥房，並且與前紅軍將領葉挺聯繫，雙方在一九二七年廣州起義就認識了。葉挺當時和家人躲在澳門，而柯麟的任務便是重建兩人的友誼，並且把葉挺帶回共產主義事業中。柯麟的工作費了一些時間：葉挺終於在一九三七年十月離開澳門，那已是第二次中日戰爭爆發數個月之後，葉出掌共產黨的新四軍[28]。

柯麟隨後又待在澳門十六年，持續執行祕密任務。一九四二年，他是左派情報人員從香港撤退的關鍵聯絡人。一九五〇年，在葉劍英的要求下，原存放在澳門一間倉庫裡、屬於兩家國民黨企業的幾噸重航空設備，在柯麟的協調下被移走。最重要的是，柯麟培育並吸收了幾名澳門的商界人士投入共產黨事業，例如何賢和馬萬祺[29]。

當日本於一九四五年八月投降，國民黨包圍了澳門，就像是日本人此前的做法，並且在工廠、中藥業公會、理髮師公會和飯店員工之間安插臥底特務[30]。當國民黨例行性地對澳門共產黨員進行轟炸與槍殺時，柯麟及其他人，包括何賢等，則向葡萄牙人尋求保護。當時的葡萄牙政府儘管愈來愈力不從心，對國民黨與共產黨雙方的行動仍百般忍讓，只求他們不擾亂公共秩序[31]。

一九四三年，柯麟擔任行政官，隨後成為鏡湖醫院院長，並將醫院轉為中國共產黨的影響力中心，直到中國在一九四九年八月建立非官方的聯絡處——南光公司，並由柯麟的胞弟柯平（亦稱作柯正平）掌管[32]。

一九四九年，中國共產黨贏來勝利，柯麟這才公開其共產黨員身分，雖仍隱瞞其情報人員身分直到一九八〇年，方在一份內部刊物《陳賡於上海》（*Chen Geng in Shanghai*）中揭露。一九五一年，柯麟離開澳門，前往廣州，擔任廣州中山醫學院院長。文化大革命期間，柯醫生承受著無以明狀的困境而躲在北京，直到一九八〇年才以七十九歲的高齡回到他在廣州的職位上。他在四年後退休，並於一九九一年離世[33]。

李強（1905-96）

李強出生於江蘇常熟，原名曾培洪。今日，人們讚揚李強堅毅且極其聰穎。當李強還年輕時，他對中國共產黨情報體系的建立扮演了關鍵的角色，包括紅隊與黨的地下電台聯繫工作。在抗日戰爭（1937-45）與國共內戰（1946-49）期間，李強在共產黨尚未成熟的國防體系中任職。一九四九年以後，他獲准進入中國科學院，擔任數個高階政府職位，包括對外貿易部部長。

還在成長時期，他便受到一九一九年的五四運動啟發，而且受到反帝國主義及反封建的想法所吸引。一九二四年，他加入中國國民黨，但是在上海大學的共產主義運動人士的演說引起他的注意。一九二五年，他投身五卅運動，而後在同年加入共青團和中國共產黨，或許是在那時，他放棄了原名而改稱為李強。一九二六年年初，李強成為共青團上海浦東部委書記，該單位不久便發展成一座船舶維修中心[34]。

一九二六年二月，鄰近的江蘇區委書記羅亦農為黨內監管維安工作的人之一。他指派李強擔任中共常熟特別支部書記，讓這名年輕活躍分子負責家鄉的武裝起義。與此同時，羅亦農成為上海區執行委員會轄下的中國共產黨軍事特別委員會書記。一個月後，該特別委員會由顧順章接手[35]。這些單位是日後成立的維安機構前身，儘管其工作內容僅致力於武裝行動和重要人物的保護工作。

一九二六年的其餘多數時間裡，由於李強曾接受過一些化學方面的訓練，他也負責監督炸彈及手榴彈的製造，而這些軍火主要供應給江西的共產黨起義行動，以及支援北伐期間的地方需求。一九二七年四月十二日，反共產黨的攻擊展開，李強暗中回到上海，與顧順章的地下組織聯繫上，他被指派銷毀文件、移送人員及文書紀錄至安全處所，同時負責建立軍火彈藥庫[36]。

當共產黨總部於五月暫時遷至武漢時，李強加入短暫存在的軍委特務科，並在顧順章底下任職特務股股長。在一九八一年的一場訪談中，李強表示，他執行的是「紅隊工作」（暗殺敵人並保護重要人物）[37]。一九二七年十一月，中共組成第一個完整的情報和安全機構——中央特科。李強在上海做為祕密特務，執行過諸多任務，包括前往探視負傷並在上海某醫院治療的陳賡[38]。

一九二八年六月，中國共產黨第六次全國代表大會決議設立長程無線通訊，以連結黨的中央委員會與設在中國境內及莫斯科的前哨站。李強受命負責這項工作，並且獲任命為中央特科交通科（日後改名為通訊科）科長[39]。他和他的小隊成員也和鐵路、巴士及航運公司建立聯繫管道，以處理信件和其他地下的非無線電通訊，他們同時也設立運送人員和資金的管道。

國民黨中央政府持續對通訊設備和以中文編寫的無線電教材嚴格管控，所幸李強的英文閱讀及口說能力好到足以使用英文寫成的書籍與圖表。他結識了一群在上海的外籍業餘無線電經營者，學習他們自組設備的作法，並且透過他們找到必要零件。經過幾個月努力不懈，李強於一九二九年在上海延安西路一棟至今尚存的屋裡成功架起了中國共產黨第一個地下無線電台[40]。同年稍後，以及一九三〇年一月，李強前往香港架設第二個地下無線電台。期間，他結識了另一名途經香港的共產黨員鄧小平。李強利用這個機會教這名中國未來的最高領導人如何將訊息加密，以及如何依無線電的程序進行發送[41]。

這段敘事彰顯出當時中國共產黨城市特務所面臨的實質障礙。他們也承受了諸多危險。在那段時期，中國共產黨送出四名學生前往蘇聯學習無線電技術，並且安排張沈川祕密進入一間上海無線電學校就讀。張沈川一完成訓練，李強便於一九三〇年十月開設地下課程，在上海的福利電氣公司工廠授課。他負責教授無線電理論，而張沈川則負責訓練學員如何架設並操作設備。然而，同年十二月，外國租界警察跟蹤一條可疑活動的線索，並逮捕了五名教員和十五名學生。李強與其他逃過一劫的人分開，而後在更隱密的條件下重啟訓練課程[42]。

儘管走楣運，或許李強最戲劇性的行動是試圖拯救中國共產黨的農村組織者與政治局委員彭湃。由於白鑫的叛變，彭湃於一九二九年八月二十四日遭到逮捕。顧順章、陳賡與李強計畫了營救行動，集合二十人組成一隊，偽裝成拍攝電影的劇組。八月二十八日，多方混亂與厄運搞砸了行動，周恩來於是取消營救計畫[43]。此後再沒有機會嘗試助他們逃脫；八月三十日，彭湃和四名同夥在上海龍華監獄被處決[44]。

一九三一年四月，中央特科負責人顧順章的變節引發災難性後果，使得李強無法續留上海。如同其他許多人，他在同一月分脫逃[45]。共產國際乘機帶他去莫斯科接受進一步的無線電技術與通訊訓練，和其他國際共產黨人士一起接受英語講課[46]。李強顯然在蘇聯待了七年，直到一九三七年十二月十二日才離開。他的傳記作者指出，他離開時，已是蘇聯七位最傑出的無線電專家之一。這解釋了他日後為何獲准成為中國科學院院士，但是他在學習無線電之餘的其他活動就無人能知。在所有從中國來到蘇聯學習無線通訊的人當中，李強是最後一批離開的人[47]。

李在一九三八至四〇年間的活動並不清楚，但是在一九四一年，他成為軍工局局長，這是一個隸屬於中央軍事委員會的單位。他負責監管武器、彈藥與炸藥、棉花、金屬、煤礦、木材及其他對共產黨軍力有幫助的物資[48]，並且兼任延安自然科學院院長。

國共內戰期間，李強持續擔任類似的軍事工業角色，並擴張他在無線電方面的專長，出任中央軍委電訊總局副局長，兼任中央廣播管理處副處長。在劉少奇和朱德的要求下，他設立並營運中國共產黨的第一座短波廣播電台——新華廣播電台。一九四九年以後，李強加入郵電部，擴展中國發送短中波國際廣播的能力。他也在中華人民共和國成立之初，以對外貿易部副部長的身分與蘇聯談判貿易及通訊協定[49]。

劉鼎，又名為戴良（1902-86）

劉鼎，本名闞思俊，一九〇二年十二月十五日出生於四川南溪的一戶知識分子家庭，人稱「兵工泰斗，統戰功臣」。劉鼎是武器研究與製造領域的重要人物，曾經擔任第二機械工業部副部長。劉鼎在中共情報史上也占有重要位置，其中尤以他在西安事件中所扮演的祕密角色最為人所知[50]。

一九二四年，劉鼎赴歐勤工儉學，在德國被朱德招募進中國共產黨，後者於日後成為人民解放軍的元帥。劉鼎後來去了蘇聯，在蘇聯空軍機械學校及莫斯科東方大學就讀、授課與翻譯。他於一九二八年畢業，是最早一批在中國以外地區接受科學和科技方面訓練的中共黨員，而且專長是武器製造[51]。

劉鼎或許也同時在莫斯科接受一些情報訓練[52]，因為隔年他就在上海出任由陳賡帶領的中央特科情報科副科長[53]。一九三一年，上海法租界警察逮捕了一名中國共產黨的信使，卻無法讀懂他身上的機密文件。於是，他們透過楊登瀛的協助，找到一名專家來評估被扣押的資料。然這名親西方的富裕商人其實是陳賡與劉鼎的特務，所以他把偽裝的劉鼎介紹過去，後者在查驗過文件後，宣稱這只是沒有價值的馬克思主義讀本。法國人接受了這個評估結果，而劉鼎也乘機偷走文件[54]。一九三三年，當國民黨與上海的殖民地警察逮捕了更多的共產黨員，劉鼎遂從上海逃到福建和瑞金。他在瑞金成功建立一條三十五毫米迫擊彈裝配線，並且持續生產至一九三四年十月長征開始[55]。

中國共產黨結束長征後，劉鼎的祕密行動才華再度派上用場。一九三五年尾聲，少帥張學良及其奉天軍在國民政府軍的命令下，從中國共產黨位於寶安的基地南側占據了一個有利位置。十二月，在一趟前往上海的行程期間，張學良暗中透露了自己對蔣介石先剿共後抗日的政策不滿——少帥的父親張作霖在數年前被日本執行的一場暗殺密謀所害。透過宋慶齡，劉鼎得知張學良的力不從心。當劉鼎向寶安的共產黨總部報告這件事之後，劉鼎和李克農於一九三六年三月被派往西安評估張學良的意圖。當雙方見面時，劉鼎留給張學良正面的第一印象——「他是可以相談的飽學之士」——並吸引張學良進一步協商、建立起更進一步的關係。當最初的協議破局（見「西安事變」），張學良接受由劉鼎做為他在中國共產黨的聯絡窗口。一九三六年十二月十一日，張學良提前幾個小時告知劉鼎，他即將在隔天綁架總司令，而劉也立刻通知了寶安的總部[56]。

一九四一年五月，劉鼎成為新成立的太行工業學校校長。該校位於延安附近，是中國共產黨第一次嘗試把軍械教學與生產正規化[57]。一九四三年九月，由於搶救運動的政治風波，劉鼎卸下職位[58]。而這段期間的記述並未透露劉是否是搶救運動的受害者之一。

一九四五年中國共產黨第七次全國代表大會之後，那些在搶救運動中遭到制裁的人大多得到平反。劉鼎再次回到軍火製造的工作，致力於火砲、手榴彈以及小型武器的生產。一九五〇年，劉鼎與徐向前負責與蘇聯協商提供軍火以投入韓戰，而劉鼎亦成了重工業部副部長。一九五七年，他被拔擢為第二機械工業部副部長——負責縮小中國與其他國家在精密加工、電子、材料以及國防研究方面的差距[59]。

文化大革命期間，劉鼎與羅瑞卿同時以「大特務」之名遭到肅清。他熬過了七年的刑求和國內流放，而他在監禁期間，完成了達一千萬字的技術文件與總結，日後因此受到讚揚[60]。

或許由於他對軍隊的價值，劉鼎在一九七八年二月便獲得平反，比起多數人來得快。到了晚年，劉鼎持續為航空工業部與中國兵工學會等單位擔任顧問，直到一九八八年年中因病離世[61]。

莫雄（1891-1980）和項與年（1894-1978）

莫雄是國民政府的將軍，也是中共情報界的祕密特務，服務時間長達十九年之久。他是在一九三〇年代初期少數逃過大規模圍捕共產黨間諜行動的人之一。一九三四年十月，莫雄和他的主事者項與年對紅軍發出警告，一場即將到來的出擊，有可能壓垮中國的共產主義運動。

莫雄出生廣東省英德縣，當地盛產紅茶。為了逃離紅茶產業，他十七歲便展開軍旅生涯，加入國民黨。一份臺灣的資料來源顯示，他曾是同盟會（1905-12）成員，一個由孫逸仙所創的反清地下團體[62]。

一九二一年左右，莫雄加入國民政府軍成為軍官，並且參與過北伐（1926-27）。一九二七年十二月，他以國民黨旅長的身分，協助鎮壓中國共產黨的廣州起義。莫雄在駐守於家鄉的國民黨軍隊中晉升軍階，擔任過許多職位，包括粵軍前敵指揮官與粵軍第四軍營長等，他也在此時晉升為少將[63]。然而，莫雄有個不為人知的祕密。

一九三四年九月，蔣介石總司令在廬山召開一場高階將領的會議，他在會中宣布了第五次「剿共」計畫：部署八十萬大軍，進行最後一次出擊，圍剿並殲滅中共紅軍。這項計畫之錯綜複雜，以致一份完整的文件就重達兩公斤。對國民黨來說，不幸的是莫雄在場且暢行無阻。而他的底細則是：中央特科的李克農在一九三〇年便吸收他入黨[64]。

蔣介石規畫第五次剿共的會議一散場，莫雄就把部分文件交給他的主事者項與年。項是福建人，長年在上海執行中央特科的任務。項與年連夜與另外兩名特務總結了國民黨的計畫，並以密寫墨水手抄在四本學生字典的頁緣空白處。

項與年偽裝成一名身負大量書籍的老師，動身前往瑞金的紅軍總部。然而，國民政府軍在邊界上針對共產黨的檢查哨十分嚴密；項與年看到只有往來邊界的當地人可以獲准通行，所以他用一顆石頭敲掉四顆門牙、弄髒衣物，讓自己看起來像個被打的乞丐。在這樣的偽裝下，他接近一處檢查哨。當哨兵盤問他時，項與年說他在一名富人的家中被一群狗咬傷、追趕。這個說詞便足以讓哨兵採信，且在沒有搜身的情況下就放行，而這一步或許就此改變了當代中國的歷史進程。

十月七日，項與年抵達瑞金的紅軍總部；李克農與周恩來幾乎認不出他，儘管他在上海執行中央特科任務時就已經結識兩人。三天過後，長征啟程。項與年和紅軍一起離開，但是在新年之前就被派至香港，協助重建中國共產黨的城市情報網絡[65]。

與此同時，莫雄繼續待在國民政府軍隊，直到一九四九年撤離廣州，他才終於正式進入共產黨陣營。一九五一年，他遭指控與敵軍合作，但是這項罪名顯然被洗清了，而他也在廣東任職至文化大革命爆發[66]。有關莫雄和項與年的經歷細節仍顯不足，有待進一步研究。

聶榮臻（1899-1992）

聶榮臻的人生經歷引領他進入中國共產黨軍隊的核心，以及中華人民共和國政府的頂端。生於四川的聶榮臻曾留學比利時與法國，並在此時結識周恩來和鄧小平。在比利時期間，他曾在一間兵工廠的自動化生產線和一間電子設備廠工作過，這個經驗預示了他日後肩負起建立中國先進防禦系統的職責。一九二三年，聶榮臻加入共產黨，一九二四年，在蘇聯紅色教授學院受訓，並在一九二五至二六年間擔任黃埔軍校的政治教官，而當時的政治部主任是周恩來。聶榮臻參加過一九二七年十二月的廣州起義，也在中央特科短暫待過一陣子，而後在一九三〇至三一年間成功來到中央蘇區。他參與過長征，並且在遵義會議上支持毛澤東[67]。

在延安期間，外國的觀察家寫道，聶是晉察冀（山西、察哈爾、河北）邊區政府背後的「大腦與驅動力」，而他的領導在共產黨政治宣傳中被推崇為模範。儘管擁有這些成就，聶榮臻或許在一九四三年十月的搶救運動中被康生打成「教條主義者」，以及王明的支持者。之後不久，亦即一九四五年日本投降後，聶在一次空襲中救了毛澤東一命，而那次事件對於延安得以抵擋住國民政府的攻勢至關重要[68]。

身為中國身經百戰的軍官之一，聶榮臻在韓戰（1950-53）前夕成為中革軍委代理總參謀長。一九五〇年七月，正值北韓入侵南韓之後、而中國尚未介入（十月）之前，聶派遣了一百多名中國情報人員投入這場衝突之中，密切關注平壤的攻擊行動。一九五五年，聶榮臻成為中華人民共和國元帥之一，並且在三年後負責中國的核子武器與導彈計畫，領導國防科學技術委員會。此外，這個委員會及其後繼單位——國防科學技術工業委員會——亦成為中國獲取外國科技的重要組織。而國務院副總理一職，則是聶的職涯達到顛峰之際[69]。

聶榮臻在一九三〇至三一年間於中央特科的工作既緊湊又短暫。一九三〇年五月，他加入上海紅隊。表面上偽裝成記者「李先生」，聶突然接獲一項任務——懲處並暗殺中國共產黨臥底敵人。他指示妻子張瑞華，若是他沒有在黎明破曉前返家，就要立刻離開他們的住處。在那些難以入眠的夜裡，她提心吊膽地等待暗號敲門聲響宣告聶的歸來，而這樣的焦慮一直困擾著她直到晚年。當聶榮臻的主事者、中央特科負責人顧順章在一九三一年四月向國民黨投誠時，聶協助周恩來將幹部從藏身處疏散轉移，並且銷毀所有祕密文件[70]。在此之後，他和張瑞華逃往江西，就地恢復其軍職。

潘漢年（1906-77）

在今日，潘漢年被尊崇為中國共產黨革命期間極其成功的情報領袖和談判者，但是他的名字就等同於悲劇。一九五五年，毛澤東基於一些有爭議的專業失誤與意見分歧，將潘漢年以叛國罪逮捕，導致他日後接受審判、終身監禁，關押至死。在潘漢年被捕之後，計有八百至一千名情報幹部也受到波及。一份即將問世的潘漢年英文傳記將詳實描述他的人生及時代，並清楚揭露中國共產黨的情報史，以及神祕的黨內審議特質[71]。

潘漢年出生於一戶家道中落的人家，其先祖曾通過科舉考試。他的父親是一名教師，而潘漢年年輕時在課業方面就很突出。由於他們位於江蘇宜興的家地處偏僻，潘漢年十五歲便被送往常州接受進階教育。十八歲時，他曾經短暫在小學教書，然後在無錫參加教育課程攻讀古典中文[72]。

一九二五年，十九歲的潘漢年抵達上海。這名年輕的文人成了反對海外帝國主義的雜誌編輯和出版商，同年加入中國共產黨。潘漢年致力於文學及宣傳工作，發行了許多期刊，被人們戲稱為「小開」，意即年輕老闆。他也在隨後的幾十年間繼續以此為別名[73]。

當中國國民黨展開北伐，以團結中國並打擊地方軍閥時，潘漢年加入了國家革命軍總政治部。他被派往南昌與武漢，在一九二七年上半年發行了《革命軍日報》。經過四一二反共產事變之後，國民黨與共產黨成了不共戴天的仇敵，而共產黨也把潘漢年送回上海，繼續推動宣傳與文化工作，但此時已是地下活動。潘成為一九二九至三〇年間，左派文學運動開花結果的重要人物，並在一九三〇年協助推動左派作家聯盟，也跟魯迅漸漸熟識[74]。

一九三一年四月，中國共產黨情報界領導——中央特科負責人顧順章——向國民政府投誠。情勢迫使許多人逃離上海。潘漢年顯然被認定有能力且足以勝任領導中央特科情報蒐集任務[75]。當代記述讚許潘漢年當時迅速招募到新的情報線人，以頂替那些受到顧順章牽連的人，潘並針對多名國民黨警察、維安官員以反共產黨叛徒組織了報復性暗殺行動[76]。不過，其他人如陳雲和康生等，可能也在這些反擊行動中扮演重要角色。

潘繼續執行了一年左右的任務，只是他的情況愈來愈不安全。當他在一九三三年年初離開上海時，很可能是最好的時機點——幾個月後，國民黨逮捕了他哥哥，一直關押到一九三七年。潘漢年設法抵達紅軍總部所在地江西瑞金，就地成為中宣部部長[77]。一九三三年的福建叛變中，他扮演了與叛變領袖談判的重要角色。一九三四年十月，當中國共產黨特務莫雄取得國民黨軍隊將執行第五次圍剿的行動計畫時，潘漢年協助與廣東軍閥陳濟棠達成暫定協議，讓紅軍得以逃過一切，並且展開長征[78]。

一九三五年一月的遵義會議過後，中共中央總書記張聞天派遣潘漢年前往莫斯科，重新與共產國際建立聯繫。潘漢年在貴州、雲南邊境脫離長征隊伍，經由陸路穿越廣西和湖南。春天時，他抵達上海，與宋慶齡（孫逸仙夫人）聯繫，宋引介他認識其他支持紅軍的人。潘漢年的任務有部分是要評估在上海是否仍有任何中央特科的網絡，但是他發現他們處於混亂狀態。八月，陳雲也抵達上海，他與潘漢年乘船前往海參崴——接受命令直接向共產國際以及在海參崴的中共代表王明和康生報告[79]。

一九三六年年初，當共產國際得知軍閥張學良希望和中國共產黨合作抗日（見「西安事變」），潘漢年遂與國民黨中央政府展開初步協商，同時由李克農跟張學良達成另一項共識。五月，潘漢年前往香港與南京，並且在八月於寶安向毛澤東報告。潘也在一九三六年十二月的西安事變之後，尋求再次與國民黨協商，雙方因此拉近距離，在一九三七年第二度形成共產黨與國民黨的統一戰線，而這次對抗的是日本[80]。

一九三九年二月，中國共產黨重組情報與維安機構，並成立了社會部。潘漢年被指派為社會部的兩名副部長之一，並前往香港。他發展出一套集中在上海、香港與澳門的城市間諜網絡，在黨的核心圈子中被稱作「潘漢年系統」，直接向延安的中央社會部總部報告。如同當時的其他中共情報團體（見「情報站」與「八路軍辦事處」），嚴格的程序主宰了人員招募與特務運作，其中包括針對特務和執行計畫的中央審查機制，強調單線聯繫指導的原則，以便一旦任何特務被捕獲，傷害可以減至最低[81]。

一九三九至四三年間，潘漢年成功達成幾項任務。他的網絡負責辨識、招募與訓練特務，並且將他們安插進日本占領的城市；安排人員臥底在一個位於香港的國民黨情報研究機構[82]；與東北抗日聯軍的香港辦事處、蘇聯遠東情報局交換有關日本的情報[83]；與在香港為國民黨財政部部長孔祥熙工作的胡鄂公建立「私人聯繫」；在攻擊事件爆發的兩天前，確認了一份來自重慶的報告，內容是關於德國入侵蘇聯的計畫[84]；在珍珠港事變前數個月，便率先提出了報告，日本打算向南洋與東南亞推進，而不再向北進攻蘇聯[85]；以及派遣臥底特務定期拜訪李士群，他是傀儡政權的祕密警察組織副領導人[86]。一九四二年秋天，潘漢成為中共中央華中局情報部部長，除了要向社會部部長康生報告之外，也要向華中局書記饒漱石報告[87]。

一九四三年春天，潘漢年設法見到李士群本人，和傀儡政權領導者汪精衛有了決定性的會見[88]。或許是因為潘的主管饒漱石在那個夏天批評他是自由主義者，他於是選擇不向上級報告和汪精衛未經安排的會議。當時正值康生的搶救運動期間，暴風圈中心位在中國共產黨戰時總部延安，每個角落都有大規模的獵捕敵人行動[89]。十年之後，潘漢年未及時報告的決定造成了毀滅性的後果。

在中國共產黨第七次全國代表大會（1945.04-06），潘漢年前往延安，爾後返回香港。一九四五至四九年間的多數時候，他都在香港工作，成為中共香港分局的委員之一。隨著國民黨中央政府愈來愈腐敗，潘漢年的特務網絡也吸收了愈來愈多來自國民黨軍隊及文官體系的人，經常透過上海的祕密電台回報國民黨內部事件[90]。一九四八至四九年間，潘漢年指揮超過三百名傑出的非共產黨人士從香港慢慢滲出，前往華北與東北，其中許多人後來參與了中國人民政治協商會議（簡稱「人民政協」）的創立會議，並且在一九四九年之後服務於國家和群眾組織。當共產黨即將全面勝利之際，潘漢年的網絡也在安排國民黨飛官從南京和廣東駕駛軍機叛逃的工作上扮演了重要角色[91]。

在中華人民共和國成立的頭兩年，潘漢年擔任上海市副市長，監督安全、情報以及統一戰線的前線工作。他或許曾經擔任下一任市長，但是在公安部部長羅瑞卿批評潘的下屬揚帆——上海市公安局局長——允許前敵軍特務參與上海的反間諜行動之後，他就被調至其他較不敏感的職位上。無論如何，潘在飽受批評後，仍保住官位。一九五四年，他的地位似乎仍安穩地位居上海中共高層的第三位。

一九五五年四月潘漢年意外垮台，事情發生在兩場於北京召開的重要黨內會議之間[92]。三月二十一日，毛澤東以一場演說揭開中國共產黨全國代表會議，部分內容著重在高崗、饒漱石的「反黨陰謀」，而毛在過程中提起揚帆，稱其為饒漱石的共謀者[93]。毛澤東接著下達一份文件，特別討論揚帆在一九四九至五一年於公安工作中的「錯誤」，而當時揚是潘漢年的下屬[94]。

潘漢年不只是受到這起事件發展的影響，也被另一則消息所苦，即他的前特務胡均鶴已遭到拘捕，正在接受調查：胡見證了潘漢年在一九四三年未向上呈報的那場與日本傀儡政權領導人汪精衛的會議[95]。

一場極度痛苦的完美風暴襲向潘漢年。據他的友人夏衍所言，當該次會議於三月三十日結束時，潘懊惱說道，他有一件事必須向上海市市長陳毅澄清。巧合的是，饒漱石在隔天被正式逮捕。潘漢年顯然希望能逃過最嚴厲的指控，因而向陳毅坦承他曾於一九四三年與汪精衛在南京會面而未向上呈報。震驚的上海市市長要潘漢年寫下自白書。隔天，陳毅前往毛澤東於中南海的住所，並遞交自白書。毛澤東的反應既迅速又具毀滅性。他在文件邊緣空白處寫道：「此人從此不可信用。」並且下令逮捕潘漢年[96]。

四月三日傍晚，當潘漢年在北京酒店的房間裡時，他接到一通電話要他前往大廳。公安部部長羅瑞卿在那裡對他出示逮捕令並拘留他[97]。

雖然缺乏證據，毛澤東相信潘漢年犯下了破壞與叛國的罪行，同時身為日本、在臺灣的國民黨以及美國中情局的特務。四月十一日，原本計畫要載著周恩來前往萬隆會議的克什米爾公主號飛機被一顆國民黨的定時炸彈摧毀，這起事件可能加深了毛澤東對潘的疑心[98]。四月十二日，潘漢年被正式指控領導「潘－揚反革命集團」[99]。

當黨內官員私底下聽聞潘遭到拘捕，他們基於對主席的威望和權力而同意這個做法。唯有李克農，他在延安期間曾經與潘漢年同為康生的手下，他嚴正地嘗試說服主席相信自己過度反應了。在周恩來的指示下，李克農整理出一份包含兩部分的報告，分別在四月二十九日與七月二十九日呈交至中央委員會。顯然是為了維持可信度，李克農在報告中指出潘漢年紀錄中的問題，包括一九四四年那場與汪精衛的會議，以及潘未能在同年稍晚在北平（北京）進行的祕密會議中完成協商。然而，李克農的報告也詳盡提出潘漢年忠誠的證據：他向黨中央報告了他所招募、吸收的特務以及國民黨聯絡人資料；收到行動決策的協議；提供高度機密的情報；並且對一九四九年在上海的最終攻擊細節保持緘默，若他真是國民黨間諜，那麼邏輯上來說，他應該會把消息洩漏給國民黨[100]。

毛澤東忽視這份報告，卻拔擢了李克農，讓他負責領導重組後的中調部。連同後續在一九五五年七月至八月間展開的一場更大規模的肅反運動，大約有八百至一千名與潘漢年有關的情報人員遭到調職、解職或是入獄[101]。在勝利到手之後，這些冒著極大風險與敵人密切聯繫的忠貞共產黨員，其所執行的臥底和情報工作立刻遭到控訴，這是多麼悲劇性的諷刺[102]。包括周恩來在內，沒有一名領導階層的人規勸主席多加考慮。

一九六二年五月，在李克農離世後三個月，毛澤東核准了公安部所提出的發現，即潘漢年是黨內犯下嚴重罪行的長期臥底叛徒。一年後，潘漢年遭定罪並判刑[103]。一九六七年三月，文化大革命期間，潘漢年被送到湖南勞改場。他在一九七七年死於肝癌與醫療不足——儘管毛澤東在前一年已經離世，他仍然被囚禁在監獄裡。一九八二年，潘漢年在一九八〇年代為情報幹部平反昭雪的浪潮中獲得身後平反。由於公開承認毛澤東過往錯誤的敏感性，他的平反被延宕了許久[104]。

潘靜安，又名潘柱（1916-2000）

出生於廣州附近的番禺區，長期居住在香港，潘靜安（與潘漢年無關）在一九三六年投入革命運動，一九三八年為中國共產黨所吸收。大約一年後，他以社會部官員的身分加入廖承志領導的八路軍駐香港辦事處。一九四二年，日本占領香港，潘靜安是協助將文化菁英與民主要人撤至大陸的關鍵角色。這項任務讓周恩來注意到潘靜安，而潘也贏得了「模範共產黨員」的稱號。

自一九五八至八二年，潘靜安為中調部駐港負責人，因此在冷戰多數期間，負責在英國殖民地執行北京的間諜任務。他表面上的工作是中國銀行香港分行副總稽核，因此可以輕易地在數個社交圈之間遊走，以獲取情報職務所需資訊。

一九八二年，潘靜安以六十六歲之齡回到大陸，他住在北京，並且在黨內位居夠高的位置，而得以成為第五屆至第八屆全國政協委員。在這段期間，他也獲任命為全國政協文史資料委員會副主任。我們並不清楚一九八〇年代的潘靜安在中調部與國安部總部到底是全職或兼職，但是鑑於他的年紀，他在當時或許已經退休或是半退休狀態[105]。

宋慶齡，孫逸仙夫人（1893-1981）

宋慶齡是孫逸仙的遺孀，也是蔣介石夫人的姊姊。她雖然不是共產黨員，卻全力支持中國共產黨。一九四九年之後，宋慶齡為中華人民共和國平添了許多合法性，而且在民眾印象中和二十世紀中國政治史上，一直位居要角。不過，宋慶齡在情報、臥底工作與干涉行動方面的身分鮮為人知。

一九一五年，宋慶齡和現代中國之父孫逸仙結為連理，她也在當下獲得全國的尊重，甚至延續到孫逸仙於一九二五年三月逝世之後。她成為國民黨左派在武漢的領袖，以及追尋性別平等的代表聲音。一九二六年，她說道：「儘管中國女性歷經了兩千年的壓迫，但她們不可置身於革命之外。」[106]一九二七年四月十二日之後，國民黨對共產黨發動攻擊，敵對的國民黨軍隊接近武漢[107]。七月，宋慶齡與身邊親近的友人逃往上海，一行人包括國民黨左派、國民政府外交部部長陳友仁。蘇聯顧問米哈伊爾・鮑羅廷（Mikahil Borodin）則是經由陸路前往西伯利亞及莫斯科。

宋慶齡在上海停留期間不到一個月，她在法租界內的居所（如今是博物館）受到英國與法國的嚴密監視[108]。鮑羅廷離開武漢前，他敦促宋慶齡前往莫斯科，並且與國民黨領導者蔣介石和四月政變劃清界線。宋慶齡接受了鮑的建議，於是寫下一篇文章控訴蔣介石背叛孫逸仙的革命。該文於一九二七年八月二十二日刊登在上海的《申報》，日後亦重刊於美國《國家雜誌》（*The Nation*）。

宋慶齡的文章在上海刊出的那個早晨，她已經搭上一艘前往海參崴的蘇聯船艦，那是她和友人兼祕書、美國共產黨黨員雷娜．普羅梅（Rayna Prohme）共商的計畫。而宋之所以離開，也只是蘇聯正在進行的一項更大行動的其中一部分，計畫召回所有對莫斯科有利的共產黨員和左派分子。她們所搭的貨輪上還載有七十名學生、十幾名蘇聯軍人和其他顧問、陳友仁，以及鮑羅廷的太太[109]。一週之後，他們抵達海參崴，並轉乘火車繼續前往莫斯科[110]。

象徵著國共分裂背後經常出現的個人掙扎，便是宋慶齡的妹妹宋美齡，她在十二月一日嫁給中國共產黨的死敵——蔣介石[111]。

宋慶齡在莫斯科獲得英雄式的歡迎，當時莫斯科正慶祝十月革命十週年而有一連串儀式。宋慶齡的價值與她在中華人民共和國的未來，被蘇聯的米哈伊爾．卡里寧（Mikhail Kalinin）看在眼裡，這名在蘇聯政治局突出卻毫無權力的成員待她如友。宋慶齡隨後在莫斯科待了兩年[112]。

或許在莫斯科的生活新奇感逐漸消散，又或者，是宋慶齡和蘇聯皆同意她應該返回中國。當蔣介石邀請宋慶齡前往南京參加她已故丈夫的葬禮時，她毫不猶豫地答應了。為了表明她並未認同國民黨或是蔣介石的領導權，宋慶齡做出聲明，表示她不會參與任何國民黨的工作[113]。

事實上，宋慶齡成了對蔣介石完全不假辭色、大膽又直言的反對者。雖然蔣經常下令暗殺政治對手，但他未曾同意任何人傷害宋，若不是擔心宋的姊妹會對他有私人報復的行為，就是唯恐公眾譴責。即使蔣介石間或想方設法制止她，宋慶齡依然可以自由旅行（包括在一九三〇年，前往德國與莫斯科），以及演說、寫作並參加公開抗議活動[114]。

一九三一年，宋慶齡向蔣介石施壓，而國際輿論本身也要求釋放「牛蘭（Noulens）夫婦」。兩人分別是雅各布．魯德尼克（Jakob Rudnik）與達吉亞娜．瑪依仙珂（Tatiana Moissenko），為一對在上海遭國民黨逮捕的共產國際特務。兩人被定罪後，宋慶齡和艾格尼絲．史梅德利（Agnes Smedley）協助照顧他們的兒子，最終一家三口皆被遣返蘇聯[115]。一九三三年，宋和魯迅組成中國民權保障同盟（Chinese League for the Protection of Human Rights）以回應國民黨的暗殺行動。同年三月，以該聯盟之名，宋慶齡再度施壓，成功釋放中共地下領導者廖承志[116]。鑑於營救出入獄的中共黨員是中央特科的重要任務，這些行動或許代表了宋慶齡身為中共情報重要人才的早先事例。

儘管宋慶齡被國民政府的安全組織嚴密監視，一些故事仍突顯出她對中共情報行動不時有所貢獻。一九三五年十二月，負責在西安壓制中共勢力的張學良（見西安事變）當時人在上海；他告訴宋慶齡的一名友人，他願意和中國共產黨對話。宋將此事轉告人在上海的劉鼎，一名經驗老到的中共情報特務。結果，中國共產黨便展開與張的對話，最終導致一年後蔣介石遭到綁架事件[117]。

一九三六年一月，中央特科資深特務董健吾拜訪宋慶齡的公寓，以取得她從一個不知名線人手中得到的資料。在那場會面中，宋慶齡給董健吾一些身分證明文件，讓他得以冒充成國民黨財政部官員——她的弟弟宋子文和姊夫孔祥熙此時皆在財政部工作，這或許並非偶然。未久，在宋慶齡的協助下，得知美國記者史諾與美國醫生馬海德（George Hatem）都是支持共產黨事業的，於是兩人受邀至中共位於寶安的總部[118]。那年稍後，董健吾以王牧師的身分前往西安與史諾和馬海德碰面，並且將他們轉介給鄧發，暗中轉調至附近的中共總部[119]。

西安事變與抗日戰爭（1937-45）的爆發改變了許多中國人的命運，包括宋慶齡。鑑於上海深受日本威脅，宋於是遷往香港。一九三八年六月，宋慶齡協助建立保衛中國同盟，一個由國民黨與中國共產黨攜手在海外募款抗戰的組織。一九四一年十二月，太平洋戰爭爆發的當下威脅到香港，宋慶齡於是飛到重慶，在國民政府的戰時首都安頓下來[120]。她在重慶期間，與周恩來和其他共產黨實質上的使館人員建立「密切的聯繫」[121]。

當毛澤東於一九四九年成為中央人民政府主席，他挑選了三個人擔任他的副手，包括劉少奇、朱德與宋慶齡[122]。此舉或許不代表孫逸仙遺孀的實際權力，但確實顯示出她對這個新政府的承諾——儘管嚴酷的政治運動、處決與人道災難在日後接連發生，她依然堅守這份承諾。

到了人生晚年，宋慶齡始終沒有入黨，直到一九八一年五月十五日才總算獲准加入，而這正好是在她離世前兩個星期[123]。尼克森於一九七二年二月訪華期間，宋慶齡讚揚毛澤東為中國女性的解放者[124]。其他的不說，她這番背書正呼應了宋過去對非共產黨人士所精心營造的感召力。鑑於今日人們所知，毛澤東對身邊某些女性的性剝削，如此讚美主席為女性主義者顯得諷刺。然而，一思及宋慶齡對慈善事業的付出，她全心全意奉獻給中國共產黨，以及她相對鮮為人知的祕密特務角色，促使她在中國歷史上的存在既突出又值得進一步探究。

曾約翰（John Chao-ko Tsang）

見「曾昭科」。

王石堅，原名趙耀斌（1911-?）

一九四七年，國民政府抓獲中共資深情報人員王石堅，並且成功讓他變節。在無數對抗國民黨的情報勝利之中，這可說是一次重大挫敗。王石堅接著在臺灣成為高階情報官員，直到一九六〇年代離世。

王石堅出身山東，是中共情報界數名如同班奈狄克．阿諾德（Benedict Arnold）一般的人物之一。相對於顧順章，王石堅一直留在國民黨，並且設法成為該陣營的高階情報官員。如同阿諾德這名革命派司令官變節，王石堅在國共衝突初期就已相當傑出。一九三三年，當他被國民黨抓獲並判刑後，他加入蘇州軍事監獄裡的祕密黨組織。當他們的組織在一九三五年被發現時，他和其他同志被移送到南京接受審判。然而，周恩來在兩年後進行協商，希望釋放王石堅等人，做為加入國民黨第二次統一戰線（1937-45）以抵抗日本的條件[125]。

一九四〇年，康生把王石堅送到國民黨掌控的西安，接替羅青長接掌該區域情報網絡的負責人。王石堅直屬於延安的中央情報部，手下管理一群提供國民黨軍事情報的特務。他的網絡從北平（北京）一路延伸到瀋陽，並從西安擴及蘭州[126]。

一九四七年九月，王石堅遭到逮捕並變節（見「被捕判變投敵」），提供國民黨一百多名共產黨黨員的姓名，以及數十個黨的祕密地址，遍布華北、華東與西北地區。在這些地區不知有多少網絡遭到破壞，共五名共產黨員遭到殺害。這是國共內戰期間，中共其他進展之外的一次重大挫敗。兩年後，共產黨終於在一九四九年十月贏得最終勝利[127]。

王石堅隨國民政府一同撤退到臺灣，並且持續待在情報界，成為大陸匪情研究所所長。他在一九六〇年代於臺灣過世[128]。

王錫榮（1917-2011）

身為中國共產黨無數無名英雄之一，王錫榮在抗日戰爭的最後三年間，暗中在山東省威海市及附近鄉間遞送訊息、軍火和其他資料。她奮力求生的故事，成為一九七八年一部流行電影的原型[129]。在關於革命英雄的新聞報導中，她不時會出現，直到她以九十四歲高齡離世[130]。

如同傳統的鄉下婦人，王錫榮原本沒有正式的姓名——在她出生後，就叫「庚子」，直到一九四六年她親自挑選了三個她喜歡的字。戰爭期間，王錫榮隸屬於中共地下組織與八路軍情報單位，而非社會部。當時在山東，八路軍的影響力不亞於社會部[131]。

雖然王錫榮不認為自己是間諜，但她學習了觀察和報告、記憶並傳送緊急通知，以及偽裝以運輸物品如手槍、字條和文件。在她所偏好的手法中，其中一項是以數層防水布包裹一個物品，置於盛裝豆醬的大醬缸底部，然後揹著走。她避免在自己身上藏匿任何物品[132]。

至於在威海聯絡站的上司，王錫榮只知道他的化名。由於她的住處位在威海聯絡站所組織的二十多個聯絡點之間的情報路線上，便由她來執行這項任務。聯絡站主管負責指揮較危險的城市行動，他住在位於城市西南方約三十公里處的羊亭鎮鄉間，而王錫榮的母親也住在那個鎮上。八路軍幹部拜訪王錫榮住處時，會帶著給威海地下網絡的訊息。在她行經的路線上所設置的聯絡點大多是小商家。王錫榮最喜歡的是鞋店，因為人們會來來去去而不必然得買任何東西。水果攤也被用來設點[133]。

當時，王錫榮的新婚丈夫看著許多男人在她的住處進進出出，因而心生不滿。由於她的信差活動是祕密進行，鄰居因此相信了從社會角度來說最糟的情況。王錫榮的丈夫在戰事結束前便離開了她，而她直到十年後才改嫁他人[134]。

王錫榮晚年住在大連市區一處狹小的公寓，由她的兒孫照料。令人啼笑皆非的是，她的住所出入口正對著凌雲街，以首任國安部部長的名字來命名的街道。

項與年（1894-1978）

見莫雄。

英若誠（1929-2003）

英若誠是名演員，以一九八七年的《末代皇帝》和一九九三年的《小活佛》而聞名。在一九八六至九〇年間，他同時擔任中國的文化部副部長。在他的回憶錄《水流雲在》中，英若誠寫道，他於一九五二年被招募為祕密特務，負責向北京報告外國友人的動態及活動[135]。做為出身知識分子家庭的藝術界知名人物，和英若誠接觸的可不是一般階級的公安部官員，而是北京市市長彭真——同時也是中央政治局委員。瑞典學者沈邁克（Michael Schoenhals）指出，這種做法與「尊重特務的身分、地位與尊嚴」的政策一致。這種匯報關係持續了許多年。英若誠的家庭因而可收到非一般城市裡的中國家庭可以取得的食物，以便在家裡接待外國賓客——如同他的兒子所觀察到的，在那個年代，「有外國人來你家可說是太過明目張膽。」[136]

英若誠的兒子英達日後亦成為演員和導演。二〇〇九年，在《風聲》這部由馮小剛監製、背景設定在一九四二年的間諜電影中，英達主演汪精衛政權下一名過胖的情報官員。

曾昭科，又名曾約翰（1923-2014）

曾約翰（John Tsang）是香港警隊中位階最高的華裔官員，並以神準的槍法為人所知。一九六一年十月三日，他遭到逮捕時，被指控領導一群中共間諜。媒體稱之為「香港第一諜」，因為在那之前，沒有人曾被公開指控為間諜。

曾昭科出身廣州的一戶滿族人家。他早期的教育是在香港完成，然後前往日本就讀大學，於此接觸到馬克思主義的著作，可能是在這個時候被招募進中國共產黨。一九四七年，曾昭科回到香港，為香港警隊效力[137]。

英國與中國的資料來源少有曾昭科團隊的工作細節。然而，他的組織或許曾是重要的情報來源，包括殖民地的防禦與內部維安性質，以及一些事務諸如英國當局針對一九五五年爆炸事件的調查發現，那是由臺灣潛伏在香港的特務所執行的任務，目標是周恩來（見「克什米爾公主號爆炸案」）[138]。研究並未發現這些特務的名字或職位，但是在曾昭科遭到逮捕的同時，有十四名「外籍人士」落網，而其中四人與曾一起被遞解回中國[139]。

曾昭科取得情報的管道尤其廣泛。他在香港警隊中是一顆崛起之星，而且根據一份中國媒體的報導，他是中共駐港的高級特務。某一段時期，他甚至擔任香港總督的保鏢；一九六〇年，他成為位於香港仔（Aberdeen）的警察訓練學校副校長，在職一年後，便遭到逮捕[140]。

一九六一年十月一日，一名中共情報信使從澳門進入香港。一名下崗的香港警探留意到，他把一捆面額一百元的鈔票從一個口袋換到一個口袋，事後發現，他攜帶了微縮底片與大量現金。偵訊之下，信使透露了他和中國大陸當局的從屬關係，以及他的目的地：某個女性的住處，日後證實該名女性為曾昭科之母[141]。

警方在十月六日逮捕曾昭科，偵訊時間長達五十天以上。香港當局沒有讓他接受審判，而是在十一月三十日將這名前港警遞解出境。由於他的英日文十分流利，而且曾經在日本與英國受過學術訓練，曾昭科遂在廣州的暨南大學擔任外語系教授，在文革前後皆持續著這份工作。在他的晚年，曾為暨南大學外語系系主任，也是廣東省人大常務委員會副主任[142]。根據一份讚美其成就的中國媒體報導，曾昭科在抵達廣州之後，同時「擔任港澳情報網絡的遠距指揮官」[143]。只是關於他承擔這些職責的時間有多久，以及他工作地點多在何處，都仍是未知。

一九八〇年代，曾昭科是在廣州少數他國外交官可以自由往來的中國官方聯絡人之一。對於當時的中國情報人員來說，擁有和外國人交流的許可並不特別。然根據當時一名駐廣州的外交官所言，曾昭科彬彬有禮、高大且面帶微笑，六十幾歲的他仍保持活力，以「非常不同於我們常見的陰沉公務員」的個人特色，風靡外國社群。曾昭科對於細節的掌握相當到位，若有意見也會直率表達。一次，他被問及有關全國人大的新成員不再是毛澤東時期的工人、農民和軍人，曾昭科以他的英式英語發表意見，道：「你認為，我們想要被一群老粗統治嗎？」[144]

在二〇一四年曾昭科的葬禮上，對他的致敬包括他曾在一九四九年共產黨勝利之前便已為黨服務，以及中共領導人習近平所送的花環[145]。若曾昭科在一九四七年抵達香港之際便已是地下或情報特務，那麼或許黨曾經指示他，最好從事有管道可取得機密的職業，例如警察。

關於曾昭科的具體活動細節不多，但是人們可以想像為何英國決定將他驅逐出境而非審判他。一九六一年十月至十一月曾昭科事件爆發之際，中國正值大饑荒。一九六〇年十一月，中國開始提供香港極需的水資源，而在一九六一年七月，中國當局允許逃離大饑荒的內陸難民得以更輕易進入香港[146]。當英國人正在思考該如何處置「香港第一諜」時，這些現況或許使得中方得以同時間向英國施壓。

張露萍（1921-45）

一九二一年出生於北平（北京），本名余微娜，儘管如此，張露萍的父母仍讓她的身分是「來自」重慶，而她在成長的過程中，或許除了普通語，也學習四川話。

由於國民政府的戰時首都在重慶，張露萍的出身或許使她成為中共急欲招募的對象，於是她十六歲便接受訓練。那時，張露萍使用的是另一個名字——黎琳。一年後的一九三八年十月，人在延安就讀抗日軍政大學的張露萍加入中國共產黨。

一九三九年十一月，社會部將張露萍送到重慶，以祕密特務的身分領導國民黨軍統局電訊處祕密黨小組。確切來說，這是一個在國民黨訊息情報中心臥底的間諜七人小組。成員包括國民黨中校馮傳慶，一次必須晝夜不停地以數百個無線電攔截點進行的任務，便是由他指揮，當時或許動員了上千名操作員與分析員。然而，這個間諜小組沒能持續太久，其成員在一九四〇年年底被捕，後於一九四五年七月遭到處決。當張露萍伏法時，她不但高喊口號，還對著拘捕她的人大聲咒罵[147]。

CHAPTER 4 經濟間諜案例
Economic Espionage Cases

冷戰期間，蘇聯國家安全委員會科學與技術情報局（Directorate of Scientific and Technical Intelligence, Directorate "T"）與X線（Line X）部門成員是著名的西方出口管制與高科技產業的大敵。每一年（一九〇八年尤其成功），他們從美國及其盟友手中取得數千件的技術樣本、製成品和其他材料。這些都是透過地下交易，否則不可能獲准販售到蘇聯[1]。

相較於蘇聯傳統上取得外國技術的中央管控系統，中國的做法有些許雷同之處，但也不令人意外地有其獨特性，包括某些後毛澤東時代、鄧小平所鼓勵的創業精神。

北京操作著一個由中央指揮的系統，透過公開和地下手段追求新科技。在獲取、掌握與分配上所投注的心力，軍民融合促使中國達成當前的科學和科技發展目標——其中多數公開在目前中國「五年規畫」目標中，以及今日所知的「中國製造二〇二五」計畫裡。與此同時，北京允許其他中國組織追求自身的技術收購行動，無非是意圖促使中國追上、甚至超越西方。這種野心與過去呼應：清朝末年的自強運動，以及毛澤東領導下的大躍進。不過，「中國製造二〇二五」是在更理性且縝密的規畫下運籌帷幄的結果。

如今急起直追下，其中一個重要部分便是著重在科學期刊及其他出版品中可取得的共享資源。然而，以下概述的經濟間諜案例，直到被執法機構發現之前，都是祕密進行的——包括由中共情報機構執行的任務，以及由國營企業和海外組織所獨立執行的案件，甚至是由學生與私人企業家單方所為[2]。不過，我們認為，現有證據並未顯示出中國採取的是「千粒沙」（thousand grains of sand）的方法，在世界各地招募數以萬計的中國人參與這個項目。反之，中國的技術獲取是一種混合現象，大多暗中進行，而非半公開地呼籲所有華裔人士投身其中。其中包括執行祕密任務的職業情報人員（見下方的鍾東蕃與第六章的麥大志），以及中國國營企業自身的行動。

大北農集團／北京大北農生物技術有限公司

北京大北農生物技術有限公司（The Beijing Dabeinong Technology Group，DBN集團）與旗下子公司金色農華種業科技股份有限公司（Kings Nower Seed Company）涉及從孟山都（Monsanto）、杜邦先鋒（Pioneer）和ＬＧ種子（LG Seeds）等公司盜竊多樣自交系（inbred line）種子。至少有些人是在美國《外國情報偵察法》（Foreign Intelligence Surveillance Act, FISA）下受到起訴調查，顯示出聯邦調查局已向法院提出證據，證明大北農集團和中國政府直接相關。根據愛荷華大學（University of Iowa）一位學者授權的書面陳述，中國政府的一項投資基金持該上市公司百分之一．〇八的股權，而該公司的組織架構中，也包括中共中央委員會。二〇一二年，大北農集團獲得一筆政府補助金，用以支持其研究以玉米為主的基因工程計畫[3]。該公司網站宣稱，旗下有超過一萬八千名員工和六十七家子公司；其總部位於北京市海淀區圓明園西路二號[4]。

蔡波（二〇一三年落網，二〇一四年認罪）和蔡文通（二〇一四年落網，二〇一四年認罪）

蔡波（Cai Bo，音譯）為中國公民，任職於一間沒沒無聞的中國科技公司。他和堂兄弟蔡文通（Cai Wentong，音譯）——就讀於愛荷華州立大學（Iowa State University）研究所的中國公民——試圖從美國出口軍用感測器至中國。兩人試圖取得的感測器是用在視線範圍內穩定且精確的控制系統。蔡波以某個中國客戶的名義想取得這種感測器，於是聯繫了他在美國的堂兄弟蔡文通設法調查。後者於是和一名臥底的聯邦探員接觸，該名探員在二〇一三年十二月於新墨西哥州安排了與蔡氏堂兄弟的會面。除了交給他們一組感測器，這場會面也是為了研擬將感測器偷渡至中國的密謀，同時成了對兩人起訴的證據基礎[5]。蔡波被判處兩年有期徒刑，並在釋放後遞解出境[6]。

詹妮斯・鄺・凱皮納（二〇一二年落網，二〇一四年認罪）

詹妮斯・鄺・凱皮納（Janice Kuang Capener，音譯）是中國公民，受僱於浙江寧波一家灌溉公司，其總部位在猶他州。她從自家公司竊取貿易機密給中國競爭者。二〇〇三至二〇〇九年間，凱皮納任職於軌道灌溉產品公司（Orbit Irrigation Products LLC），並曾擔任該公司於中國的工廠營運長。她為了幫助自己所經營的陽山國際（Sunhills International LLC）與浙江弘晨灌溉設備有限公司（Zhejiang Hongchen Irrigation Equipment Company），便從軌道灌溉產品公司竊取銷售和定價資訊。藉由非法取得該公司定價結構的資訊，他們意圖破壞軌道灌溉產品公司的市場地位。一開始，另一名中國公民羅軍（Luo Jun，音譯）亦遭指控。二〇一二年，當起訴書公開之後不久，兩人就遭到公司解僱。二〇一四年，凱皮納被判處九十天刑期、兩年獄後監督，以及三千美元罰金[7]。

詹光君，「珍妮」（二〇〇四年落網，二〇〇五年認罪）

詹光君（Chan Kwanchun，音譯，又名詹珍妮〔Jenny Chan〕）已歸化為美國公民，曼騰電子公司（Manten Electronics）的會計長，二〇〇三至二〇〇四年間，在沒有出口許可證的情況下，載運了價值約四十萬美元的軍用電子設備至中國。詹是陳皓里（Chen Haoli，音譯）的妻子。這些運到中國研究機構的電子設備在諸多不同的防禦系統中皆扮演重要角色，範疇涵蓋電子戰到導彈研發。詹光君被判處兩年緩刑，其中包括六個月獄後監督。曼騰電子從非法販售行為取得的獲利也遭到沒收[8]。

張煥玲，「艾莉絲」（二〇一四年認罪）

張煥玲（Chang Huanling，音譯，又名艾莉絲・張〔Alice Chang〕）是臺灣人，企圖自臺灣出口冰毒至美國，隨後詢問聯邦調查局臥底探員可否為某個中國情報單位取得敏感的國防技術。張在這方面的同夥是沈琿晟（Shen Huisheng，音譯）。自二〇一二年開啟對話以來，張與沈想方設法取得有關E-2鷹眼（Hawkeye）預警機、F-22使用的匿蹤技術、導彈發動機技術，以及無人飛行載具等相關資訊。兩人寄給臥底探員一本編碼簿以保護他們之間的對話，並且在一香港銀行開立帳戶來處理相關交易[9]。二〇一五年，張煥玲被判刑滿獲釋（time served，即刑期等於在宣判有罪前，被告在押時間），以及兩百美元的特別稅[10]。

張遠（二〇一〇年落網，二〇一〇年被判緩刑）

張遠（Chang York-Yuan，音譯，又名張大衛〔David Zhang〕）已歸化為美國公民，也是一名商人，他企圖將受到嚴格控管的國防技術移轉給中國國營巨頭中國電子科技集團（China Electronics Technology Group Corporation, CETC）轄下的研究機構。張遠與他的妻子黃樂平（Huang Leping，音譯）是加州安大略市通用技術集成公司（General Technology Systems Integration, Inc., GTSI）的共同擁有者。二〇〇九年，GTSI與四川固體電路研究所（即中國電科第二十四研究所）簽約，負責設計並出口兩種高性能的類比數位轉換器（analog-to-digital converter）。在張遠與黃樂平的指示下，GTSI僱用了兩名工程師執行這項計畫。黃與張皆向聯邦探員謊稱，在聯邦當局詢問兩名工程師該計畫的合法性之後，計畫便已取消。由於該轉換器涉及國家安全方面的應用，需要有效的出口許可證才可出口[11]，張遠最終被判處五年緩刑[12]。

趙大偉（二〇〇八年落網，二〇〇九年認罪）

趙大偉（Chao Tahwei，音譯）是中國公民，居住在北京。他企圖將熱像儀非法輸入中國。趙及其同夥郭志永（Guo Zhiyong，音譯）在洛杉磯國際機場遭到逮捕時，從他們的行李中，搜出十部由FLIR系統公司（FLIR Systems）製造且受出口管制的熱像儀。趙同時在二〇〇七年十月郵寄了三部類似的相機給郭，並從中獲取九百美元傭金。最終的收件人是中國公安部與中國人民武裝警察部隊。趙在認罪之後被判處二十個月有期徒刑[13]。

趙智（二〇一二年起訴，二〇一二年認罪）

趙智（Chao Tze，音譯）為一九六六至二〇〇二年服務於杜邦公司（DuPont）的科學家，他以提供前公司的專利資訊，做為擔任中國國有企業攀鋼集團顧問的工作內容。自二〇〇三年起，趙智便為攀鋼集團提供顧問服務。另見劉元軒。

陳皓里（二〇〇四年落網，二〇〇五年認罪）

陳皓里（Chen Haoli，音譯，又名詹阿里〔Ali Chan〕）是詹光君的丈夫，亦被捲入曼騰電子的非法出口案件。陳皓里被判處三十個月有期徒期暨兩年獄後監督[14]。另見詹光君。

陳秀琳，「琳達」（二〇〇四年落網，二〇〇五年認罪）

陳秀琳（Chen Xiu-ling，音譯，又名陳琳達〔Linda Chen〕）已歸化為美國公民，其夫婿是徐偉波（Xu Weibo，音譯）。陳是曼騰電子的採購人員。由於合謀違反美國出口管制法，陳秀琳被判處十八個月有期徒期暨兩年獄後監督[15]。另見詹光君。

鄭喬治（一九九八年落網，一九九九年定罪）

鄭喬治（George K. Cheng，音譯）是臺灣人，並持有美國永久居留權。一九九〇年代，他非法運送軍事設備至中國。他在紐約經營一家廢金屬回收公司——Telecomp材料回收（Telecomp Materials Recycling）。一九九八年遭逮捕之前，美國當局已數度警告他恐有違反出口管制之嫌，且最早可追溯至一九九一年。他被控在未經許可的情況下，企圖輸出軍事設備，其中包括F-117匿蹤戰機導航系統、F-111戰鬥轟炸機導航系統所需的三十五種元件、海軍電子戰干擾裝置所需的電子管，以及M-16與M-41戰車所需的數百個零件[16]。一九九九年，聯邦法院判處鄭喬治兩年有期徒刑。

菲利普・張（二〇〇四年起訴，二〇〇六年認罪）

菲利普・張（Philip Cheng）與石馬汀（Martin Shih）透過設立一家名為SPCTEK的公司來規避對軍事用途的夜視設備的出口管制，聯手隱匿他們的行動。兩人試圖在中國生產石馬汀的公司夜視科技（Night Vision Technology）製造的夜視設備。一名線人向美國當局通風報信，指出張和石偽造終端用戶證明文件，聲稱臺灣為其目的地，實際上卻是把夜視儀運往中國。石馬汀在審訊前即因癌症過世，菲利普・張則被判處兩年有期徒刑及五萬美元罰金[17]。另見石馬汀。

程永清（二〇〇一年落網，二〇〇五年認罪）

程永清（Cheng Yongqing，音譯）為已歸化美國公民，也是村莊網絡（Village Networks）公司副總裁。他和林海（Lin Hai，音譯）、徐凱（Xu Kai，音譯）共謀竊取朗訊科技（Lucent Technologies）公司的專利軟體。更確切地說，程及其同夥企圖取得與朗訊科技的「路星」（PathStar）接入伺服器相關的切換軟體。三人共同設立康崔亞科技（Comtriad Technologies），並與中國的大唐電信科技產業集團（Datang Telecommunication Technology Industry Group，簡稱「大唐電信」）合作，接著從大唐電信收到五十萬至一百二十萬美元的創業資金。程、林與徐三人一開始曾在美國尋求創投資金，但是在美方向他們詢問產品詳細規格後，他們便轉而和大唐電信接觸，因為他們的產品來自竊取的朗訊軟體。二〇〇一年四月，三人透過網路，將修改自朗訊路星的軟體傳至中國，收件者據推測是大唐電信[18]。程永清與徐凱在二〇〇五年簽署認罪協議而逃過牢獄之災，康崔亞科技公司則支付了二十五萬美元的罰金[19]。

中國國際人才交流協會

見「國家外國專家局」。

中國電子科技集團

中國電子科技集團（簡稱「中國電科」）是中國主要的國防工業集團，擁有十五萬名員工的廣大網絡、十八個國家級重點實驗室以及十四個省級或部級重點實驗室，遍布十八個省分。中國電科成立於二〇〇二年，由如今已不復存在的信息產業部轄下的研究實驗室與企業組建而成[20]。三個中國電科的研究機構——而非整個集團本身——被列入美國「實體清單」（Entity List，即貿易黑名單）中，需要額外的許可證審查方可在美國或與美國企業進行特定物品商業往來，其分別為：位在石家莊的第五十四研究所、位於成都的第二十九研究所（又稱西南電子設備科技研究所），以及位於北京的第十一研究所（又稱華北電光技術研究所）。而這三個研究機構及其附屬單位的許可證審核政策皆為「推定拒絕」（Presumption of Denial）[21]。

中國廣核集團

中國廣核集團（The China General Nuclear Power Group，簡稱「中廣核」），舊稱中國廣東核電集團，是中國兩大主要核電公司之一。做為國營企業，中廣核的主管機關是國務院國有資產監督管理委員會（簡稱「國資委」）。除了核能業務外，中廣核也運營風力、水力以及太陽能電廠。二〇一六年，該公司與一名台裔美籍核能工程師何思雄（Ho Szuhsiung，音譯，又名何艾倫〔Allen Ho〕）遭美國法院起訴，事由為「在未獲得美國能源部必要之授權下，共謀於美國境外非法投入特殊核材料之生產與開發」。二〇一七年，何思雄遭美國法院判處兩年有期徒刑[22]。

中國國際人才交流基金會

見「國家外國專家局」。

鍾東蕃，「葛雷」（二〇〇八年落網，二〇〇九年定罪）

鍾東蕃（Dongfan "Greg" Chung）曾在洛克威爾國際（Rockwell International, 1973-96）與波音公司（Boeing, 1996-2006）擔任航太工程師。他被裁定洩漏有關太空梭、C-17戰略運輸機以及三角洲四號運載火箭的商業機密。針對鍾東蕃的起訴書聲稱，他可能洩露B-1轟炸機的相關資訊。他遭到逮捕時，持有機密許可的身分，意即可接觸國家機密。鍾東蕃的動機多是為了協助自己的祖國，而他最早於一九七九年，便開始和中國航空業官員取得聯繫[23]。二〇〇九年，鍾因洩漏商業機密並協助中國航空業而遭定罪，被判處十五年八個月有期徒刑。該案之所以展開調查，是由於在麥大志的案件（見第六章，麥大志）中，一名來自中國航空部的官員於一九八〇年代晚期，曾透過麥大志的妻子要求鍾東蕃交出其通聯紀錄及相關資料。從麥家住處搜出來的文件中，發現了鍾東蕃的名字[24]。

大唐電信科技產業集團

大唐電信是中國最大的電信設備生產商之一，其他大廠有如華為（Huawei）和中興通訊（ZTE）。大唐電信最著名的是TD-SCDMA和TD-LTE的開發：前者是中國3G行動電話規格之一，為中國移動（China Mobile）所採用；後者則是4G規格。大唐電信在二〇〇〇年從朗訊科技遭竊的切換軟體中獲益，但是在針對程永清、林海以及徐凱的訴訟過程中，沒有任何證據顯示大唐電信知道其所接收的，其實是竊取來的商業機密[25]。

丁正興（二〇〇八年落網，二〇〇九年宣判）

丁正興（Ding Zheng-xing，音譯）意圖購買並非法出口因軍事用途而受到出口管制的放大器（可應用在數位無線電和無線區域網路），丁正興及其同夥蘇揚（Su Yang，音譯）在塞班島遭到逮捕，當時他們正準備接收購置來的放大器。另一名同夥、來自上海邁歐電子公司（Shanghai Meuro Electronics Company）的朱彼得（Peter Zhu）則逃過一劫。丁正興在認罪後被判處四十六個月有期徒刑[26]。

麥可・朵夫曼（二〇〇六年認罪）

麥可・朵夫曼（Michael Dorfman）是耶爾・朵夫曼的兒子，任職於全國金屬產業公司（State Metal Industries）。他協助父親販售美國軍用元件至中國，而對於自己在其中所扮演的角色，他在認罪時坦承，他對國防部做出虛假陳述[27]。另見耶爾・朵夫曼。

耶爾・朵夫曼（二〇〇六年認罪）

耶爾・朵夫曼（Yale Dorfman）是全國金屬產業公司的共有人，他企圖透過自家公司與美國國防部簽署的合約，將取得的飛彈元件轉手出口。全國金屬產業公司和國防部的合約自二〇〇三年四月起生效，內容為熔毀多餘的軍事器材，包括AIM-7麻雀空對空飛彈的元件。朵夫曼將AIM-7的元件——包括雷達導引系統——混在其他廢金屬中，以一個貨櫃裝運至中國[28]。

杜珊珊（二〇一〇年起訴，二〇一二年定罪）

杜珊珊（Du Shanshan，音譯）於二〇〇〇至二〇〇五年擔任通用汽車（General Motors）工程師期間，竊取公司內部有關油電混合車的資料。通用汽車估計遭竊的數千頁資料價值約達四千萬美元，全數為杜珊珊以電子郵件寄給自己，或是備份在隨身硬碟中。她將資訊轉交給她和丈夫秦榆（Qin Yu，音譯）共同經營的千禧科技國際公司（Millennium Technology International），隨後與中國的奇瑞汽車（Chery Automobile）接洽，以販售通用汽車油電混合車方面的研究及工程設計。他們同時也和奇瑞汽車合資生產油電混合車[29]。杜珊珊因未經授權獲取商業機密和密謀而遭到起訴，並且被裁定一年有期徒刑[30]。

德斯蒙．迪內許．法蘭克（二〇〇七年落網，二〇〇八年認罪）

德斯蒙．迪內許．法蘭克（Desmond Dinesh Frank）是馬來西亞檳城的貨運承攬業者，他企圖透過他的公司亞洲天空支援（Asian Sky Support）出口受管制的科技（C-130軍事運輸機的訓練設備）。他也涉及洗錢與違反伊朗禁運等不法行為[31]。二〇〇八年，法蘭克認罪後，獲判二十三個月有期徒刑[32]。

葛躍飛（二〇〇六年落網，二〇〇九年無罪釋放）

中國公民葛躍飛（Ge Yuefei，音譯）是美國加州網路邏輯微系統公司（NetLogic Microsystems）的工程師，他竊取該公司專利的晶片技術，與美籍華人李嵐（Lee Lan，音譯）在中國一同成立公司。兩人利用從網路邏輯微系統與台積電（Taiwan Semiconductor Manufacturing Company, TSMC）竊取的晶片設計，在與中國軍方有關係的北京電子發展公司（Beijing Electronic Development Company）支持下，拓展新事業[33]。據稱，葛躍飛和李嵐亦計畫取得中國「國家高技術研究發展計畫」（八六三計畫）[34]所分配的資金。美國聯邦法院陪審團針對兩人從網路邏輯微系統竊取商業機密的指控陷入僵局；至於從台積電竊取機密的指控，則在二〇〇九年宣判無罪[35]。另見李嵐。

提莫西・戈姆利（二〇一二年認罪）

提莫西・戈姆利（Timothy Gormley）在AR Worldwide公司擔任出口管制經理，他藉由竄改發貨單及貨運資料來掩蓋該公司所製造銷售的微波放大器分類。戈姆利同時偽造許可證號碼列表，謊騙同事現有的出口許可證及其狀態。他的行徑致使超過五十部微波放大器在二〇〇六至二〇一一年間被運到中國、香港、臺灣、泰國、俄羅斯及其他地方。收貨人和終端使用者皆未具名。微波放大器可用於武器導引系統與電子戰系統，包括雷達干擾發射器。戈姆利聲稱自己是因為「太忙了」，而沒有申請並妥善管理出口管制許可證。二〇一三年，他被判處四十二個月有期徒刑[36]。

諾席爾・格瓦迪亞（二〇〇五年落網，二〇一〇年定罪）

諾席爾・格瓦迪亞（Noshir Gowadia）為印度裔美國人，一九六七至八六年間，在諾斯洛普格魯門公司（Nothrop Grumman）擔任工程師，他將低可偵測性（Low observable, LO）技術的相關資訊賣給中國。具體來說，格瓦迪亞基於他參與研製B-2匿蹤轟炸機推進功能時所發展出來的知識，協助設計並創造應用在巡弋飛彈低訊跡、紅外線抑制排氣系統（infrared-suppressing exhaust system）的測試系統。被捕時，他已經收到預期將這些資訊賣給中國政府可獲得四十萬美元報酬中的八萬美元。他告訴聯邦調查局：「我知道那是錯的，我這麼做是為了錢。」[37]二〇〇三至二〇〇五年，格瓦迪亞共前往中國六次，為其紅外線抑制排氣系統提供相關諮詢服務，並設計測試軟體以評估該巡弋飛彈之於美國設備的性能表現。這些行程皆由中國國家外國專家局（簡稱國家外專局）所安排，同時介紹格瓦迪亞給中國的武器工程師，與他一同研發飛彈[38]。二〇一〇年，陪審團判定，在針對格瓦迪亞的指控中，有關提供機密資訊予外國政府、違反出口管制及虛假報稅等罪名成立。二〇一一年一月，格瓦迪亞被判處三十二年有期徒刑[39]。

顧春暉（二〇一四年起訴）

顧春暉（Gu Chunhui，音譯）是中國信號情報單位（61398部隊）在二〇一四年五月被美國司法部起訴的五名成員之一。顧負責管理用來啟動網路任務以及測試魚叉式網路釣魚（Spear phishing）電子郵件的網域帳號，其瞄準的攻擊對象是美國和其他外國企業[40]。另見黃振宇、孫凱良、王東與文新宇。

郭志永（二〇〇八年落網，二〇〇九年定罪）

郭志永（Guo Zhiyong，音譯）是北京一家沒沒無聞的電子公司的工程師暨總經理。他企圖為公司客戶取得熱像儀。郭志永及其同夥趙大偉（Chao Tahwei，音譯）在洛杉磯國際機場被捕時，行李裡藏有十部由FLIR系統公司生產且受出口管制的熱像儀。這些熱像儀是提供給郭志永的公司客戶，即中國公安部與武警部隊[41]。郭志永遭判決有罪，處以五年有期徒刑[42]。

哈羅德・韓森、齊雅明（二〇〇九年落網，二〇〇九年認罪）

齊雅明（Yaming Nina Qi Hanson）為已歸化美國公民，她將無人飛行載具自動駕駛儀（UAV Autopilot）運送給中國一家航太公司。雖然韓森太太住在美國，也就是丈夫哈羅德・韓森（Harold Dewitt Hanson）受僱的海外機構所在地，但她在中國擁有兩處房產，並且與中國的家人和昔日同窗保持密切聯繫[43]。二〇〇八年，韓森夫婦共同將無人飛行載具自動駕駛儀從加拿大的MicroPilot公司輸入至美國。做為進口程序的一部分，韓森夫婦與MicroPilot簽訂協議，承諾唯有取得美國政府核准的出口許可證，才會出口這些裝置。二〇〇八年七月，韓森先生呈報這批貨物遺失，然MicroPilot於同年八月收到中國一家企業的技術支援請求，推測是西安翔宇航空科技股份有限公司，即中國航空工業集團公司的子公司之一。MicroPilot於是在同年十月提醒加拿大及美國當局注意可能違反出口管制的行徑，因為韓森先生告知MicroPilot，那批裝置是要用在民間模型機俱樂部，其說法前後矛盾[44]。這些裝置並沒有遺失；韓森太太在沒有出口許可證的情況下，親自將這些無人飛行載具自動駕駛儀送到中國。她告訴聯邦執法部門，她的幾個老同學以七萬五千美元的代價購買MicroPilot零件；然而，西安翔宇航空科技股份有限公司董事長方煜（Yu Fang）為該筆交易支付了至少九萬美元[45]。二〇〇九年十一月，韓森太太承認做出虛假陳述，法院宣判她刑滿獲釋；韓森先生同樣承認做出虛假陳述，法院則於二〇一〇年二月判處他兩年有期徒刑[46]。

何朝輝（二〇一一年起訴，二〇一三年認罪）

何朝輝（Philip Chaohui He，音譯）為中國公民，前加州交通部工程師，他企圖出口抗輻射微晶片。他在加州長灘的港口被逮時，被查到在嬰兒配方奶粉的塑膠容器裡，藏有兩百片衛星通訊系統所需的太空級抗輻射微晶片。他透過自己的公司謝拉電子儀器（Sierra Electronic Instruments）安排採購這些晶片，總價約五十四萬九千六百五十四美元，由一名不具名的中國同夥電匯了大約四十九萬美元給他。他提供給製造商Aeroflex的是偽造的終端使用者證明，上頭聲明這些晶片會留在美國境內使用。他和Aeroflex聯繫時所使用的，也是假名「菲利普・霍普」（Philip Hope）。前一批一百一十二片晶片確實運到了中國，然流向不明[47]。何朝輝遭判處三年有期徒刑，以及三年獄後監督[48]。

何則雄，「艾倫」（二〇一六年落網，二〇一七年判決）

何則雄（Ho Szu-hsiung，音譯，又名何艾倫〔Allen Ho〕）為已歸化美國公民、核技術工程師，他遭指控協助中國一國營核能公司開發並生產特殊的核材料。一九七三年，何博士來到美國，就讀於加州大學伯克萊分校，一九八〇年取得伊利諾大學核子工程博士學位。起訴書指出，何則雄於一九九七至二〇一六年間為中國廣核集團（China General Nuclear Power Company〔CGNPC〕，簡稱「中廣核」）提供非法協助，其所招募的六名美國科學家也涉入其中[49]。何則雄付錢給這些科學家，其中還包括田納西河谷管理局（Tennessee Valley Authority）的一名高階主管，藉此為中廣核提供協助，並且向這些科學家表達暗中進行的必要性。身為中廣核的高階顧問，以及自營的顧問公司能源科技國際公司（Energy Technology International）主事者，他告訴這些至今未具名的科學家，他的任務是為中廣核的計畫蒐集美國的核動力專門技術。更明確地說，他協助這家中國企業的小型模組化反應器計畫（主要應用在潛艇上）、先進燃料組件計畫，以及固定核心偵測系統，此外亦協助驗證核反應爐相關的電腦編碼[50]。二〇一七年，何則雄因違反《原子能法》（Atomic Energy Act）遭判處二十四個月有期徒刑。

侯勝東（二〇一二年發出逮捕令）

侯勝東（Hou Shengdong，音譯）是攀鋼集團鈦業有限公司（Pangang Group Titanium Industry Company Ltd.）氯化工藝二氧化鈦專案部副主任。侯勝東特別要求劉元軒（Walter Liew）及其公司——美國性能技術公司（USA Performance Technology Inc.）——提供杜邦（DuPont）為二氧化鈦處理廠所製造、受專利權保護的設計圖，以做為和攀鋼集團合作的條件之一。美國當局在二〇一二年對侯勝東發出逮捕令，然侯多數時間都待在中國[51]。另見劉元軒。

徐有財，「尤金」（二〇〇一年落網，二〇〇二年判決）

徐有財（You-Tsai "Eugene" Hsu，音譯）為已歸化美國公民，企圖購進美國政府使用的精密加密設備，將其出口至中國。他聯繫Mykotronx，即確保電話和傳真機傳輸加密設備的製造商，並詢問單位售價。由於該公司的裝置KIV-7HS已被列入美國軍品管制清單（U.S. Munitions List）之中，需取得國家安全局的批准才能出口[52]，這家在馬里蘭州哥倫比亞設有辦事處的公司於是聯繫聯邦執法部門，後者則安排了一名臥底探員做為徐的中間人。當臥底探員通知徐有財，加密設備受到出口管制時，徐有財提議重新包裝，偽裝成無須出口許可的商品。徐的同夥楊祖偉（David Tzu-Wei Yang，音譯）在加州經營一家貨運承攬公司，而徐便安排楊接收這批貨，再經由一名新加坡人轉手銷往中國[53]。在這場密謀中，徐被判處兩項四十一個月的有期徒刑[54]。

霍華德．薛（二〇〇三年落網，二〇〇五年認罪）

霍華德．薛（Howard Hsy）擁有美臺雙重國籍，曾在波音公司擔任工程師一職。他透過臺灣一名中間人，出口夜視設備至中國。臺灣法務部調查局在二〇〇三年逮捕了薛，由於他涉入一樁與葉余程（Yeh Yu-chen，音譯）和陳施良（Chen Shih-liang，音譯）有關的間諜案，直到被引渡至美國之前皆拘禁於家中[55]。由於薛非法出口適用於夜視照明的塑膠光學濾鏡、固定翼和旋轉翼飛行員專用夜視鏡頭盔，以及可應用在航空電子裝置上的液晶顯示器，而在二〇〇三年引起美國當局的注意[56]。薛和唐納・沙爾（Donald Shull）利用偽造文件購入這些夜視設備，運送到其中一人所有、位於華盛頓奧本（Auburn）的公司，以便經由臺灣轉往中國。兩人可能認為，在臺灣的聯絡人就是終端使用者[57]。二〇〇六年三月，薛被判處兩年緩刑併科罰金一萬五千美元[58]。

胡強（二〇一二年落網，二〇一三年認罪）

胡強（Hu Qiang，音譯）是中國公民，居住在上海，密謀從美國出口兩用壓力感測器至中國。胡強有時以胡強森（Johnson Hu）為名，是萬機儀器（MKS Instruments）上海子公司的業務經理，總公司設於麻州安多弗（Andover），專事生產壓力感測器。這些儀器因可應用在鈾離心濃縮上而限制出口。胡強及其同夥據稱為總價值達六百五十萬美元的數千台感測器取得出口許可證，利用萬機儀器現有客戶偽造的終端使用證明，他們將這些感測器輸出給中國未獲授權的使用者。他們也利用幌子公司（front company）隱瞞最終目的地及用途。二〇一四年，胡強獲判三十四個月有期徒刑[59]。

黃吉利（二〇一二年落網，二〇一三年認罪）

黃吉利（Huang Jili，音譯）是寧波東方工藝品有限公司（Ningbo Oriental Crafts Ltd.）的首席執行長。他和同事齊曉光（Qi Xiaoguang，音譯）共謀竊取多孔玻璃隔熱材料。兩人企圖以十萬美元的代價從匹茲堡康寧公司（Pittsburg Corning）一名員工手中購得該公司FoamGlas的製程及配方。法院裁定，這起事件導致匹茲堡康寧公司損失估計超過七百萬美元，包括與FoamGlas相關的研發及專利權保護。黃與齊試圖買通相關人員，闖入匹茲堡康寧公司工程部門竊取資訊，對方則選擇和聯邦當局合作。達成協議後，在三人第二次見面交易文件及酬勞時，聯邦調查局便乘機逮捕了黃、齊二人。黃吉利被判處十八個月有期徒刑，不得假釋，外加二十五萬美元罰金[60]。另見齊曉光。

黃克學（二〇一一年認罪）

黃克學（Huang Kexue，音譯）為已歸化美國公民，曾在印第安納州的陶氏化學（Dow Chemical）實驗室從事科學研究，他竊取公司機密並企圖在中國開設公司[61]。在二〇〇八年被解僱之前，黃已逐次將陶氏化學的智慧財產權分享給中國的研究員，並獲得了研究贊助，得以在湖南師範大學繼續他的研究。黃克學打算開發和生產殺蟲劑，與中國境內的陶氏化學競爭。遭陶氏化學解僱後，黃轉任於嘉吉公司（Cargill），緊接著竊取用在食品製造、酵素相關的各種詳細資料。檢方估計，智財權的損失約落在七百萬至兩千萬美元之間[62]。黃克學最終認罪，被判處八十七個月有期徒刑與三年獄後監督[63]。

黃樂平，「妮可」（二〇一〇年落網，二〇一〇年緩刑）

黃樂平（Huang Leping，音譯，又名黃妮可〔Nicole Huang〕）是中國商人。她企圖將受管制的國防技術移轉給中國國營企業中國電科轄下的研究機構。黃樂平和丈夫張遠（Chang York-Yuan，音譯）共同經營位於加州安大略市的通用技術集成公司。二〇〇九年，通用技術集成公司與四川固體電路研究所（即中國電科第二十四研究所）簽約，負責設計並出口兩種高性能的類比數位轉換器。在張氏夫婦的指示下，通用技術集成公司僱用了兩名工程師執行這項計畫。黃、張兩人皆向聯邦探員謊稱，在聯邦當局詢問兩名工程師該計畫的合法性之後，該計畫便已中止，且由於轉換器涉及國安應用，需要有效的出口許可證才得以輸出[64]。根據美國商務部的資料，黃樂平還建議兩名工程師和其他通用技術集成公司員工，要如何謹慎小心溝通這項專案，例如利用私人信箱而非工作電子郵件地址，以及使用暗號與客戶聯繫[65]。另見張遠。

黃振宇（二〇一四年起訴）

二〇一四年五月，美國法務部起訴了五名中國信號情報單位（61398部隊）成員，黃振宇（Huang Zhenyu）便是其中之一。他登記並管理其他61398部隊官員用來駭進美國企業的網域帳號。這個單位也指派他造立一個資料庫，以記錄鋼鐵業相關情報資料，包括他們從美國企業所取得的情報[66]。另見顧春暉、孫凱亮、王東與文新宇。

江青長，「法蘭克」（二〇〇三年落網，二〇〇五年定罪）

江青長（Qingchang Jiang，音譯，又名法蘭克・江〔Frank Jiang〕）是ＥＨＩ集團（EHI Group USA Inc.）／阿拉吉電子（Araj Electronics）的總裁，他意圖將微波功率放大器銷售至第五十四研究所[67]。根據該研究所官網，這個單位隸屬於中國電子科技集團，主要從事與導彈、訊號情報以及電信相關技術[68]。二〇〇二年春天，江青長購入九台微波功率放大器，並且把其中四台運至河北遠東哈里斯公司（Far-East Harris Company, FHC），該公司地址和第五十四研究所相同。二〇〇五年，針對違反出口管制的指控，江青長獲判無罪——美國政府無法證明他有意規避出口規範——但江青長仍因做出虛假陳述而被定罪[69]。

金漢娟（二〇〇五年落網，二〇一二年定罪）

金漢娟（Jin Hanjuan，音譯）為已歸化美國公民，在摩托羅拉（Motorola）擔任軟體工程師，她企圖竊取公司的智慧財產權，在中國展開自己的事業。二〇〇七年二月，金漢娟在芝加哥歐海爾國際機場（O'Hare International Airport）遭到逮捕，從她身上搜到一張前往中國的單程機票、三萬一千美元現鈔，以及數百份摩托羅拉數位檔案。金漢娟在摩托羅拉工作了九年。在她計畫離開美國前，已為北京陽光凱訊科技公司（Sun Kaisens）聘僱，該公司為中國人民解放軍開發某些產品[70]。二〇〇六至二〇〇七年，金漢娟向摩托羅拉申請延長病假，但是她其實大多待在中國，開始投入陽光凱訊的解放軍計畫[71]。此外，金漢娟還掌握了一組解放軍文件，其中詳述了未來的電信計畫需求[72]。她被判處四年有期徒刑，上訴後仍維持原判[73]。

德揚・卡拉巴塞維奇（二〇一一年落網，二〇一一年定罪）

德揚・卡拉巴塞維奇（Dejan Karabasevic）是美國超導公司（American Superconductor Corporation, AMSC）工程師，他協助該公司的中國客戶華銳風電（Sinovel）竊取自家的風力渦輪操作軟體。二〇一一年春天，兩名華銳風電的員工蘇麗營（Su Liying，音譯）與趙海春（Zhao Haichun，音譯）吸收卡拉巴塞維奇，以六年一百七十萬美元的合約，外加承諾他想要的「所有人際往來」，來交換美國超導公司的專利軟體[74]。美國超導公司的員工在處理華銳風電故障的風力渦輪時，發現他們使用的是過期且盜版的軟體，這才使得這樁盜竊案件曝光[75]。二〇一一年，卡拉巴塞維奇被判處一年有期徒刑，緩刑兩年。

郭志東（二〇〇九年落網，二〇一〇年定罪）

來自澳門的郭志東（Kuok Chi-Tong，音譯）是個商人，他企圖取得北大西洋公約組織與美軍所使用的全球定位系統（GPS）設備，以及軍事通訊相關器材。根據《連線》（*Wired*）雜誌報導，郭志東告訴檢調人員，他是「受中華人民共和國官員指示行動。」[76]自二〇〇六年起，郭志東便開始在美國國防產業內聯繫相關人士，而來自一間英國企業的內部情報引起美國執法當局注意到郭志東[77]。他意圖取得的項目從具備反電子欺騙（Anti-Spoofing）功能的GPS設備，到用來確保軍機衛星通訊的軟體，乃至依照美國國安局簽署的合約而開發的加密技術等。他尤其想取得可以和美國國防部祕密網絡——例如保密網際網路協定路由器網絡（Secret Internet Protocol Router Network, SIPRNet）——聯繫的加密設備[78]。二〇〇九年，郭志東過境前往巴拿馬與臥底特務會面時，在亞特蘭大機場被捕。他於二〇一〇年經陪審團定罪，但是四項針對他的罪名中，有兩項在二〇一二年遭第九巡迴上訴法院駁回，上訴法院認可郭志東是遭脅迫之下，才違反出口禁令[79]。二〇〇〇年公司成立後，郭志東認識了中國文官鄭恭潘（Zheng Kung-Pen，音譯），並協助對方從海外取得一般情況下無法在中國買到的物品。郭志東的律師陳述時表示，「一開始友好的關係在一場商務晚宴後變得嚴肅起來，鄭不斷地向郭勸酒，並迫使郭簽署一份文件，承諾尋找並購買某些無法在中國取得的物品。」郭志東後來曾嘗試退出，但鄭恭潘暗示將會對他的家人不利，並不時寄送郭和家人被監視的照片給他。二〇〇二年，鄭恭潘表明，其他人跟郭志東一樣被要求做同樣的事，如果他不繼續合作，他的家人就會被送進「黑牢」——一種私刑場所。二〇〇五年，郭志東得知自己可能已違反美國出口法規，請求鄭恭潘讓他收手；二〇〇七年，他因為罹患腫瘤而再次央求鄭。然而，鄭恭潘一再拒絕，持續對郭志東施壓以非法手段取得海外技術[80]。

劉鑫承，「維克多」（二〇〇九年起訴，二〇一二年認罪）

劉鑫承（Lau Hing-Shing，音譯，又名維克多・劉〔Victor Lau〕）為香港人，意圖自美國載運受到出口管制的熱像儀設備至香港。具體來說，劉鑫承試圖購買十二部紅外線熱像儀出口至中國及香港。被捕之前，他已匯款近四萬美元的部分貨款至美國。這些熱像儀具有多種潛在的軍事用途，如無人機酬載、武器瞄準器以及安全和監視產品。二〇〇九年，劉鑫承在前往多倫多接收這些熱像儀時，於多倫多國際機場被捕，隨後引渡至美國。他被判處十個月有期徒刑暨兩年獄後監督[81]。

李玉許（二〇〇八年落網，二〇一〇年認罪）

李玉許（Charles Yu-Hsu Lee，音譯）來自臺灣，為已歸化美國公民，他在二〇〇二至二〇〇七年間，非法運送十部熱像儀至上海。李玉許購買了價值九千五百美元的儀器，並交由叔叔李清盛（Sam Ching-Sheng Lee，音譯）運送至中國。他在購買這些熱像儀的當下，賣方便已告知，這些儀器在未經許可的情況下禁止出口。二〇一〇年，李玉許被判處六天監禁與三千美元罰金[82]。

李嵐（二〇〇六年落網，二〇〇九年無罪釋放）

李嵐（Lee Lan〔Li Lan〕，音譯）為美國公民，在網路邏輯微系統公司擔任工程師，他和葛躍飛（Ge Yuefei，音譯）聯手竊取專利保護的晶片技術，並在中國成立自己的公司。兩人從網路邏輯微系統和台積電竊取兩項晶片設計，而後成立公司，無疑是受到與中國軍方有關的北京電子發展公司的支持[83]。據稱，李嵐和葛躍飛也打算爭取「八六三計畫」所分配的資金[84]。聯邦法院陪審團對於兩人從網路邏輯微系統竊取商業機密的指控陷入僵局，而未能做出判決；至於從台積電竊取機密的指控，則在二〇〇九年宣判無罪[85]。另見葛躍飛。

李彼得（一九九七年落網，一九九七年認罪）

李彼得（Peter Lee，音譯）是已歸化的臺美雙重國籍公民，他於一九八五與一九九七年前往中國旅行期間，先後向中國科學家洩露有關核子武器設計和潛艇偵察的機密資訊。一九八〇年代與九〇年代，李博士先是在洛斯阿拉莫斯國家實驗室（Los Alamos National Laboratory）

工作，其後為一家國防承包商TRW服務。一九八二年，他首次引起美國聯邦調查局的注意，而洛杉磯辦公室則在一九九一年針對他展開第二起案件調查[86]。一九八五年，李在北京的飯店房間與一名中國科學家會面，並針對一份與核武設計相關的圖表提供解答。隔天，李彼得被帶到一場會議上，他至少花了兩個小時演說，同時回答類似圖表和他自己的設計工作相關的問題。一九九七年，李博士接受中國頂尖的國防實驗室之一「北京應用物理與計算數學研究所」（Institute of Applied Physics and Computational Mathematics）的贊助出訪中國。他向中國科學家做了兩場報告，內容是關於他為美國海軍所做的潛艇偵察研究機密資訊。由於他為TRW工作的身分以及最高機密的權限，他被要求提交旅行報告，回國時也必須填寫問卷。一九九七年八月，當聯邦調查局後續偵訊李彼得時，他坦承自己在一九八五年曾向中國科學家提供機密資訊，並且在他的旅行表格上偽造中方聯絡人、他在中國的活動以及行程贊助者資料。李彼得認罪後，聯邦法院判處他在過渡教習所一年、緩刑三年、三千小時社區服務，以及兩萬美元罰金[87]。

李清盛（二〇〇八年落網，二〇一〇年認罪）

李清盛（Sam Ching-Sheng Lee，音譯）為已歸化美國公民，他在二〇〇二至二〇〇七年間非法運送十部熱像儀至上海。李是百萬企業協作集團公司（Multimillion Business Associate Corporation）的共同經營者兼營運長，他在姪子李玉許（Charles）的協助下，透過該公司將熱像儀運往海外。當他的姪子購入價值九千五百美元的熱像儀時，李清盛在上海找到客戶，並且安排運送。據稱，至少一名中國客戶有計畫地將自家熱像儀和夜視設備輸入市場，顯示該客戶企圖以反向工程解析李姓叔姪二人所提供的儀器。二〇一一年，李清盛被判處十二個月有期徒刑，併科罰金一萬美元[88]。

李禮，「莉亞」（二〇一〇落網，二〇一一年認罪）

李禮（Li Li "Lea"，音譯）是北京創星航天科技發展有限公司（Beijing Starcreates Space Science and Technology Development Company Limited）的副總裁，她試圖出口被列管於美國軍品管制清單上的電腦晶片。由於美國在一九九〇年對中國實施武器禁運，這類國防物品不得出口至中國。二〇一〇年，李禮和她的老闆憲宏偉（Xian Hongwei，音譯）在匈牙利被捕，並於二〇一一年春天引渡回美國。兩人試圖取得抗輻射可編程唯讀記憶體（Programmable read-only memory microchip, PROM）微晶片，這是用來儲存計算機系統的初始啟動程序，其設計可承受外太空的環境條件。李禮與憲宏偉企圖下訂數千片PROM微晶片的行徑，顯示出他們打算達到量產規模，而且計畫分拆訂單，再小批運送至數個國家，以掩飾其密謀。其終端使用者是國營的中國航天科技集團（China Aerospace Science and Technology Corporation），該公司除其他工業產品外，同時發展並製造多種和飛彈相關的技術、發射載具以及太空梭等。李禮被判處二十四個月有期徒刑，並且在等待引渡期間，於匈牙利的監獄待了七個月[89]。

李清（二〇〇七年起訴，二〇〇八年認罪）

李清（Li Qing，音譯）是中國公民並擁有美國永久居留權，他試圖為「中國一特殊單位與一間科學研究機構」取得壓阻式加速規（piezoresistive accelerometer）[90]。在中國一名不明共謀者的協助下，李清企圖從美國恩德福克公司（Endevco）購買三十個7270A-200K壓阻式加速規。這些裝置可測量大規模的衝擊，例如核彈與化學物質爆炸，而且亦有許多軍事用途，包括炸彈與飛彈的精準導引系統[91]。當李清與恩德福克公司聯繫購買加速規事宜時，該公司代表直接反對。由於懷疑李清可能想要出口這些儀器，恩德福克公司於是聯繫了聯邦執法機構，展開一場誘敵行動。李清的共謀者承諾，若是第一批三十個速規發揮效用，臥底探員就會收到更多且更大筆的訂單[92]。李清於二〇〇八年認罪，被判處一年零一天有期徒刑，三年獄後監督和七千五百美元罰金[93]。

李紹明（二〇一二年遭扣留）

李紹明是北京大北農科技集團旗下金色農華種業科技有限公司的董事長[94]。二〇一二年，李紹明及其同事兼共犯葉劍遭攔下搜查，美國當局當場查獲數十包藏在微波爆米花中的玉米種子。兩人皆未遭到逮捕，以便後續針對盜竊玉米種子和莫海龍的調查。

李騰方，「泰瑞」（二〇〇四年落網，二〇〇六年認罪）

李騰方（Tengfang Li，音譯，又名李泰瑞〔Terry Li〕）是來自臺灣的美國公民，也是環球科技公司（Universal Technologies, Inc.）總裁。他銷售電子元件給中國的軍火製造商[95]。法院判處李騰方一年緩刑，並命令環球科技公司停止營運[96]。

李苑（二〇一二年認罪）

李苑（Li Yuan，音譯）是中國公民，在法商藥廠賽諾菲（Sanofi-Aventis）的美國總部擔任研發化學藥劑師，她竊取化合物的數據資料，並轉賣給一家中國企業。李苑竊取賽諾菲的商業機密，以便在廈門ＫＡＫ科學與技術公司（Xiamen KAK Science and Technology Company）美國分公司艾比製藥技術（Abby Pharmatech）網站上販售，其中包括尚未取得專利的研究數據。她共持有艾比製藥一半的股份。李苑被判處十八個月有期徒刑，並且須支付十三萬一千美元的賠償金[97]。

梁健，「傑森」（二〇一〇年起訴，二〇一一年認罪）

梁健（Jason Jian Liang，音譯）為已歸化美國公民，桑威芙國際公司（Sanwave International Corporation）所有人。他出口了超過六十部熱像儀至中國與香港。其中至少有七部儀器是非法出口，因為微光夜視設備被視為國防物品，禁止出口至中國。梁健非法出口的儀器是由L-3通訊紅外線產品公司（L-3 Communications Infrared Products）所生產。二〇一一年，他被判處四十六個月有期徒刑和三年獄後監督[98]。

梁秀文，「珍妮佛」（二〇〇三年落網，二〇〇三年認罪）

梁秀文（Liang Xiuwen，音譯，又名珍妮佛・梁〔Jennifer Liang〕）是美通國際（Maytone International）的共同所有人，在其夫婿莊金華（Zhuang Jinghua，音譯）的協助下，兩人共謀出口美國軍機與飛彈所使用的元件。具體來說，梁秀文和莊金華企圖出口F-14雄貓式戰鬥機（Tomcat）零件以及鷹式（HAWK）地對空飛彈零件、拖式（TOW）反坦克飛彈與AIM-9響尾蛇（Sidewinder）空對空飛彈。據信，至少有一名中國買家在瀋陽[99]。兩人於二〇〇三年落網，當時美方正針對在網路上銷售國防物品給外國買家的美國企業進行長期臥底調查。二〇〇五年，梁秀文被判處三十個月有期徒刑，併科罰金六千美元[100]。

克莉斯提娜・劉（二〇一一年起訴）

克莉斯提娜・劉（Christina Liew，音譯，又名喬紅〔Qiao Hong〕）與她的丈夫劉元軒共同擁有美國效能科技公司（USA Performance Technology Inc.）。她積極參與丈夫試圖銷售杜邦商業機密的活動，涉及為中國國營企業攀鋼集團提供二氧化鈦氯化的加工程序[101]。另見劉元軒。

劉元軒，「華特」（二〇一一年起訴，二〇一四年定罪）

劉元軒（Walter Liew）是美國效能科技公司的共同所有人兼總裁，他竊取杜邦的商業機密，賣給中國國營企業攀鋼集團及其子公司。劉和他的共犯——妻子克莉斯提娜・劉、羅伯特・梅格勒（Robert Maegerle）、侯勝東（Hou Shengdong，音譯）與趙智（Chao Tze，音譯）——成功將杜邦二氧化鈦氯化技術（一種廣泛使用的白色塗料）的專利資訊轉移至攀鋼集團。劉元軒在一九九〇年代早期於北京和一些政府官員會面時，發現北京對於二氧化鈦的高度興趣。隨後，他開始召集前杜拜員工，取得與二氧化鈦相關的商業機密，並售予中國企業。二〇一四年，聯邦法院認定劉違反《經濟間諜法》（Economic Espionage Act）、逃稅、破產詐欺以及妨害司法等罪行，判處他十五年有期徒刑、沒收兩千七百八十萬美元收益，併科五十一萬一千六百六十七點八二美元罰金[102]。

林海（二〇〇一年落網，二〇〇四年流亡海外）

林海（Lin Hai，音譯）是中國公民，擁有美國永久居留權。他和徐凱（Xu Kai，音譯）、程永清（Cheng Yongqing，音譯）共謀從任職的朗訊科技竊取專利軟體。確切來說，程永清及其同夥企圖取得和朗訊科技的「路星」接入伺服器相關的切換軟體。三人成立康崔亞科技，並與大唐電信科技產業集團合作，從大唐電信收到五十萬至一百二十萬美元的創業資金。程、林與徐三人一開始在美國尋求創投資金，但是在美方向他們詢問產品詳細規格後，他們便轉而和大唐電信接觸，因為他們的產品來自竊取的朗訊軟體。二〇〇一年四月，三人利用網路，將修改自朗訊路星的軟體傳至中國，收件者據推測是大唐電信[103]。二〇〇四年，林海為了逃避起訴罪名或刑期，於交保後逃離美國，但也因此失去簽署認罪協議的機會[104]。

林勇（二〇一三年起訴）

林勇是中國公民，在北大農集團旗下的子公司金色農華種業擔任科研中心總經理。美國聯邦調查局記錄了他和共犯葉劍的一段對話，其中兩人的發言皆顯示出，雙方都清楚偷竊種子是非法行為，而他們企圖夾帶種子通過美國海關[105]。另見莫海龍。

劉席興，「史蒂夫」（二〇一二年定罪）

劉席興（Liu Sixing，音譯，又名史蒂夫・劉〔Steve Liu〕）是中國公民，在紐澤西L-3通訊公司（L-3 Communications）太空與導航部門工作。劉席興從公司竊取了數千份檔案，內容詳述應用在飛彈、火箭、目標定位器以及無人飛行載具的導航系統效能和設計。他打算在中國尋找工作機會，也曾前往中國多所大學、中科院與政府組織的會議上發表簡報。L-3曾讓劉參加有關美國出口管制法的訓練課程，並表明公司大多數的產品都必須遵守這些法規。二〇一〇年十一月，聯邦探員於劉席興自中國返美後搜查了他的個人電腦，並發現被盜的檔案。在後續一場偵訊中，劉對聯邦當局謊稱其工作內容所涉及的國防性質。聯邦法院陪審團判定劉席興違反武器輸出管制與經濟間諜法規，加上他對聯邦探員說謊，劉最終被判處七十個月有期徒刑與三年獄後監督[106]。

劉文秋（二〇〇六年落網，二〇一一年定罪）

劉文秋（Liu Wenchyu，音譯，又名劉大衛〔David Liou〕）是從陶氏化學退休的研發科學家，企圖將公司的商業機密賣到中國。他在陶氏化學工作二十五年之後，於一九九二年退休，其後自行成立化學公司，製造並販售和陶氏化學相似的產品。舉例來說，劉文秋致力於開發和製造合成橡膠，包括陶氏化學廣泛使用的Tyrin品牌氯化聚乙烯（chlorinated polyethylene, CPE），他也試圖在自家公司建立生產Tyrin氯化聚乙烯和其他陶氏專利合成物的產能。為此，他支付一名陶氏化學員工五萬美元，以換取該公司的生產手冊及其他關於氯化聚乙烯的製造資訊。陶氏的氯化聚乙烯合成物應用在汽車與工業軟管、乙烯基壁板和電纜護套[107]。劉文秋至少吸收了另外三名在職與前陶氏化學員工來協助他取得專利的氯化聚乙烯資訊，包括在中國建立一個氯化聚乙烯製造廠的相關資訊。由於在法庭上做偽證及密謀竊取商業機密等，劉文秋被判處五年有期徒刑、兩年獄後監督、沒收六十萬美元，併科罰金兩萬五千美元[108]。

于龍（二〇一四年落網，二〇一七年判刑）

于龍（Yu Long，音譯）是中國公民且擁有美國永久居留權。他身為國防承包商聯合技術研究中心（United Technologies Research Center, UTRC）資深工程師，意圖竊取該公司用在美國軍機上的先進鈦專利文件。于龍自二〇〇八至二〇一四年五月在這家公司工作，由於聯邦政府針對他的活動展開調查而被公司解僱。離開聯合技術後，于龍便前往中國。二〇一四年八月，在他準備飛往中國之際，聯邦調查局在甘迺迪國際機場搜查他的行李。他們發現一家中國新公司的註冊文件以及一份近乎完成的中國國營航太研究中心工作的申請資料[109]。于龍在申請書上強調，自己曾經手F-22和F-35戰機所使用的F119和F135發動機。聯合技術是普萊特和惠特尼（Pratt and Whitney，簡稱「普惠」）的母公司，而後者正是F-119和F-135的引擎製造商。

隨後，當于龍於十一月企圖再次前往中國時，在他的行李中找到了與聯合技術鈦製程相關的專利文件。這些文件上印有警告標誌，代表受專利保護且不得攜出[110]。于龍認罪後，被判處兩年半有期徒刑。

盧富潭（二〇一〇年落網，二〇一一年認罪）

盧富潭（Lu Fu-Tain，音譯）是富祥科技（Fushine Technology）的所有人，公司設在加州庫比蒂諾（Cupertine），他在沒有正式出口許可的情況下，將微波放大器賣給一家中國廠商。二〇〇四年，當盧富潭將一台微波放大器賣給深圳市雋冠電子有限公司（Everjet Science and Technology Corporation）時，富祥科技仍與米提克元件公司（Miteq Components）維持著銷售代理關係，後者主要生產微波和衛星通訊元件以及子系統。後來，盧富潭同意繳回另外三十六台原本要銷往中國的微波放大器。該公司電子郵件顯示，盧及其員工刻意混淆這些產品的收件人以及出口許可證的必要性。二〇一二年，盧富潭被判處十五個月有期徒刑、三年獄後監督，併科罰金五千美元[111]。

羅伯特．梅格勒（二〇一二年落網，二〇一四年定罪）

羅伯特．梅格勒（Robert Maegerle）於一九五六至九一年間在杜邦擔任工程師，涉入劉元軒密謀銷售杜邦二氧化鈦氯化技術的商業機密給中國國營企業攀鋼集團一案[112]。梅格勒擁有二氧化鈦相關技術以及建立生產線的詳細知識，他不僅將這些知識提供給攀鋼集團，也洩露了杜邦位於臺灣的二氧化鈦廠特定資訊[113]。另見劉元軒。

滿文霞，「溫希」（二〇一五年落網，二〇一六年定罪）

滿文霞（Wenxia “Wency” Man，音譯）為已歸化美國公民，身分是加州ＡＦＭ微電子公司（AFM Microelectronics Corporation）副總裁，她企圖取得並出口戰鬥機引擎及其他國防物品。ＡＦＭ微電子公司在深圳設有辦公室，且據報導與西飛航空元件公司（Xifei Aviation Components Company）有關係，後者為中國人民解放軍總參謀部、總軍裝備部與解放軍空軍提供資助[114]。滿文霞和被她形容為解放軍「技術間諜」的張新盛（Zhang Xinsheng，音譯）共謀，為中國的國防生產獲取外國技術。根據美國法務部資料，滿文霞和張新盛企圖取得並出口以下國防物品及相關的技術資料：用於F-35聯合攻擊戰鬥機的普惠F135-PW-100發動機；用於F-22猛禽戰鬥機的普惠F119-PW-100渦扇發動機；用於F-16戰鬥機的奇異F110-GE-132發動機；以及通用原子MQ-9「死神」（原代號為掠奪者B）無人飛行載具[115]。兩人打算利用南韓、以色列或香港做為管道，以隱瞞中國為終端使用者的事實[116]。二〇一六年，滿文霞被判處五十個月有期徒刑[117]。另見張新盛。

孟洪（二〇〇九年起訴，二〇一〇年認罪）

孟洪（Meng Hong，音譯）是中國公民且擁有美國永久居留權，過去曾在杜邦擔任研發科學家，他意圖竊取該公司的專利資料，並和北京大學共同合作幾項商業化計畫。更確切地說，孟洪所竊取的有機發光二極體（organic light emitting diode, OLED）相關研究檔案，是他自二〇〇二年起在杜邦工作期間便可多方取得的資料。他在二〇〇九年提出辭呈時，亦透過正式管道要求部分檔案。他告知杜邦，自己打算進入杜邦中國就職，需要這些OLED檔案做為背景資料。杜邦拒絕了他的要求。在搜索公司配發給孟洪的筆電時，杜邦發現他以隨身硬碟複製了大約六百個檔案。該公司還發現孟洪未依規定告知杜邦，他已經接受北京大學工學院的職位[118]。孟洪於二〇一〇年認罪後，聯邦法院判處他十四個月有期徒刑。

孟曉東，「雪爾敦」（二〇〇六年起訴，二〇〇七年認罪）

孟曉東（Xiaodong "Sheldon" Meng，音譯）在昆騰3D公司（Quantum 3D）擔任軟體工程師，他竊取了高敏銳度移動模擬軟體，售予中國軍方以及馬來西亞和泰國軍方。他已歸化加拿大公民，直到二〇〇三年春天之前都在昆騰3D公司工作。其中最重要的程式「Mantis」可模擬具體的移動，例如飛行，因此可做為軍事訓練用途。昆騰3D公司的高階主管形容，該程式為公司的「珠寶皇冠」。孟曉東所偷走的程式和其他資料，讓戰鬥機飛行員得以進行精準夜間訓練[119]。在未獲授權的情況下，孟曉東把試用版本軟體安裝在解放軍海軍研發中心。孟曉東是第一個因為對外國政府提供協助，而在《經濟間諜法》的規範下受到起訴的人[120]。

莫海龍，「羅伯特」（二〇一四年落網，二〇一六年認罪）

莫海龍（Hailong "Robert" Mo）是擁有美國永久居留權的中國公民，他和五名同夥從愛荷華一處農場挖掘玉米種子寄回中國。莫海龍、王雷與其他四人為了竊取種子，拜訪了由杜邦先鋒、孟山都和LG種子所擁有、橫跨伊利諾州及愛荷華州的試驗場。這六人之中，有五人為北京大北農科技集團（或其子公司）工作，莫海龍則是該集團的國際業務主管。二〇一一年五月，莫、王二人在愛荷華蒐集種子時，被杜邦先鋒一名保全人員逮個正著，因而引起執法單位的注意[121]。莫海龍隨後在佛羅里達州博卡拉頓（Boca Raton）的住處被捕[122]。二〇一六年，莫坦承密謀竊取農業貿易機密，侵害到孟山都與杜邦的智慧財產權[123]。他被判處三年有期徒刑和三年獄後監督，並且遭沒收部分個人財產。另見李紹明、王雷和葉劍。

莫雲（二〇一四年落網，並撤銷起訴）

莫雲是莫海龍的妹妹，丈夫為北京大北農科技集團執行長邵根伙。她在二〇一四年七月被捕，與她的兄長一同監禁在愛荷華州迪蒙恩（Des Moines）的家中[124]。二〇〇七至二〇〇八年，莫雲在大北農領導一研究部門，而她在那段時期的通訊紀錄導致她被捲入這場密謀風波中，但是法院在判定她的通訊紀錄不足採信後，對她的指控最終撤銷[125]。

慕可舜，「比爾」（二〇〇五年落網，二〇〇六年認罪）

慕可舜（Ko-Suen "Bill" Moo）是臺籍韓裔商人，他和法國人莫里斯・瑟吉・弗洛斯（Maurice Serge Voros）企圖走私多種軍事設備至中國，主要是航太設備。他們嘗試取得UH-60黑鷹直升機引擎、AGM-129巡弋飛彈、AIM-120空對空飛彈，以及F-16戰機所使用的F110-GE-129後燃型渦輪扇發動機。

朴權煥，「霍華」（二〇〇四年落網）

朴權煥（Kwonhwan "Howard" Park，音譯）是南韓人，他企圖銷售軍事裝備至中國。確切來說，朴權煥和全宋儒（Sung-Ryul "Roger" Chun，音譯）試圖向康乃狄克州一家未具名公司購買兩部直升機引擎和頭盔式夜視設備。當朴權煥準備飛往中國時，調查人員從他的行李中搜出夜視設備。他也試圖偽造終端使用者證明，表明買家為馬來西亞軍方，但是銷售引擎的公司發現，他們之間不存在交易紀錄，便向聯邦當局提出警示[126]。

約瑟夫・畢奇（二〇〇八年起訴，二〇〇九年判刑）

約瑟夫・畢奇（Joseph Piquet）是AlphaTronX公司所有人兼總裁，他非法購入並運銷軍用電子元件至香港及中國。AlphaTronX公司位於佛羅里達州，主要生產電子元件，一開始也被列入起訴書中，直到法院撤銷對該公司的指控。畢奇密謀從諾斯洛普格魯曼公司（Northrop Grumman Corporation，簡稱「諾格」）購買應用在預警雷達及飛彈目標尋獲系統的電子設備，包括功率放大器，並出口至身分不明的中國買家手中。中國的美思特電子科技公司（Ontime Electronics Technology）主管湯普森・譚（Thompson Tam）是畢奇的其中一名客戶或中間人，亦遭到起訴。畢奇的起訴事由包括七項違反出口管制的行為，最終被判處五年有期徒刑及兩年獄後監督[127]。另見湯普森・譚。

齊曉光（二〇一二年落網，二〇一三年認罪）

齊曉光（Qi Xiaoguang，音譯）是寧波東方工藝品有限公司的員工，和他的老闆黃吉利（Huang Jili，音譯）共謀竊取多孔玻璃隔熱材料。兩人企圖以十萬美元向匹茲堡康寧公司的一名員工購買該公司產品FoamGlas的製程及配方。法院裁定，匹茲堡康寧公司的潛在損失超過七百萬美元，包括與FoamGlas相關的研發及專利權保護。齊、黃二人試圖收買相關人員，闖入匹茲堡康寧公司工程部門竊取資訊，對方則選擇和聯邦當局合作。達成協議後，在三人第二次見面交易文件及報酬時，聯邦調查局探員便乘機逮捕齊曉光和黃吉利。齊曉光被裁定刑滿獲釋，併科罰金兩萬美元[128]。另見黃吉利。

秦榆（二〇一〇年起訴，二〇一二年定罪）

秦榆（Qin Yu，音譯）和他的太太杜珊珊（Du Shanshan，音譯）是千禧科技國際公司的共有人。他們企圖將通用汽車的專利賣給中國的奇瑞汽車。二〇〇三至二〇〇六年間，杜珊珊竊取通用汽車油電混合車的相關文件，價值約達四千萬美元。秦榆接著與奇瑞汽車接觸，以販售該油電混合車的研究與工程設計。接著，他們邀奇瑞汽車共同合資打造油電混合車產品[129]。秦榆和他的太太一樣，因未經授權獲取商業機密和密謀而遭到起訴。法院同時判定他犯下電信詐欺與妨礙司法等罪行，最終處以三年有期徒刑[130]。另見杜珊珊。

約翰．里斯．羅斯（二〇〇八年遭指控，二〇〇八年定罪）

約翰．里斯．羅斯（John Reece Roth）博士是田納西大學名譽教授，涉嫌非法出口與無人航空載具相關的技術及數據。除了販售無人飛行載具相關的電漿技術數據，羅斯甚至攜帶美國軍方數據前往中國，並用電子郵件把其他相關文件發送給某個在中國的人。他也將類似數據輸出至伊朗。二〇〇九年，聯邦法院判處羅斯四年有期徒刑、兩年獄後監督，以及一千七百美元罰金[131]。

中芯國際集成電路製造有限公司

總部位於上海的中芯國際集成電路製造有限公司（Semiconductor Manufacturing International Corporation，簡稱「中芯國際」）是全球領先的半導體廠商之一，並在香港與紐約證券交易所掛牌上市。二〇〇〇年代，台積電曾兩次在美狀告中芯國際竊取商業機密。二〇〇四年，台積電在加州州立法院控告中芯國際竊取商業機密。該訴訟案聲稱，「截至二〇〇三年一月，中芯國際已聘僱超過一百名台積電員工，整體而言，幾乎握有所有台積電的專利技術及商業機密。」[132]該案於二〇〇五年一月達成和解，中芯國際將在六年內支付一・七五億美元，並且雙方就相關專利簽署一份直至二〇一〇年年底的交叉授權協議[133]。二〇〇九年，台積電再度與中芯國際對簿公堂，控告中芯國際侵權與拖欠上一筆和解金。在加州法院裁定中芯國際犯下竊取商業機密罪、尚未做出損害賠償的判決之前，中芯國際便與台積電達成和解協議。該協議承諾，中芯國際將支付兩億美元賠償金，以及相當於九千萬美元的股票和認股權證[134]。

單炎明（二〇〇二年落網，二〇〇四年定罪）

單炎明（Shan Yanming，音譯）是中國石油（PetroChina）分部之一大慶油田（Daqing Oil Field）

的員工，曾試圖從3DGeo開發公司（3DGeo Development Inc.）竊取軟體。這家位於加州山景城（Mountain View）的公司為石油與天然氣產業編寫地震成像軟體。二〇〇二年十月，聯邦調查局在洛杉磯國際機場逮捕準備出境的單炎明[135]。單炎明在他的筆電裡安裝了一支破解密碼的程式，而他正是利用這支程式存取他未獲授權的3DGeo網絡。該公司一直密切注意單炎明，因為就在兩年前，另一名中國石油員工也曾試圖存取該公司網絡以竊取軟體[136]。二〇〇四年，單炎明被判定非法存取3DGeo的電腦網絡以及非法複製該公司專利原始碼[137]，最終被判處兩年有期徒刑[138]。

沈琿晟，「查理」（二〇一四年認罪）

沈琿晟（Shen Huisheng，音譯）是臺灣人，企圖從臺灣出口冰毒至美國，而後聲稱自己代表中國的某情報機構，向聯邦調查局臥底探員探詢獲取敏感國防技術的可能性。在這起事件中，沈琿晟的同夥是張煥玲（Chang Huanling，音譯）。自二〇一二年開啟對話以來，沈、張二人想方設法取得有關E-2鷹眼預警機、F-22使用的匿蹤技術、導彈發動機技術，以及無人飛行載具等相關資訊。兩人寄了一本編碼簿給臥底探員，藉此保護他們之間的溝通訊息，並且在香港開立一銀行帳戶以處理相關交易。二〇一五年，沈琿晟被判處四十九個月有期徒刑及兩百美元特別稅[139]。另見張煥玲。

石馬汀（二〇〇四年起訴，在審判前過世）

石馬汀（Martin Shih）是位於加州庫比蒂諾夜視科技公司的所有人。該公司生產應用在軍事等級夜視設備上的熱像儀和紅外線元件。二〇〇一和二〇〇二年，石馬汀跟菲利普・張試圖透過由張所成立的SPCTEK公司，將這些設備非法出口至中國[140]。張也打算讓公司開始在中國生產夜視設備。一名線人向美國當局通風報信，指出張、石二人利用偽造的終端用戶文件，聲稱臺灣為其目的地，實際上卻是把夜視儀運往中國。兩人在二〇〇四年遭到起訴，但石馬汀在審判開始前即因癌症過世，而菲利普・張則是被判處兩年有期徒刑及五萬元罰金[141]。另見菲利普・張。

舒泉聲（二〇〇八年落網，二〇〇八年認罪）

舒泉聲（Shu Quansheng）為已歸化美國公民，任愛瑪科國際（AMAC International, Inc.）總裁兼財務主管，該公司為中國軍方和中國運載火箭技術研究院（China Academy of Launch Vehicle Technology，簡稱「火箭院」或「航天一院」）提供國防相關協助。確切來說，舒協助一項應用在重型有效負載運載火箭低溫燃料系統的設計與開發，並提供受管制的美國軍方技術資料，內容涉及液氫槽和多種低溫泵、閥門、過濾器以及儀器。他同時賄賂三名中國官員，讓他們在簽訂的合約中抽成。舒泉聲還為其他公司提供顧問服務，並代表這些公司與中國的機構如火箭院交涉合約。他為中國官員和科學家代表團安排前往歐洲參訪太空發射中心[142]。他的公司愛瑪科總部位於維吉尼亞州紐波特紐斯（Newport News），在北京亦設有辦公室，公司的研究經費至少有部分來自美國能源部與航太總署（NASA）轄下的小型企業創新研究計畫（Small Business Innovation Research Program）補助。舒博士被判處五十一個月有期徒刑，並且遭聯邦政府沒收至少三十八萬六千七百四十美元[143]。

唐納・沙爾（二〇〇五年落網，二〇〇五年認罪）

康納・沙爾（Donald Shull）是美國公民，協助霍華德・薛（Howard Hsy）透過臺灣的一名中間人出口夜視設備至中國[144]。具體來說，他們非法出口適用於夜視儀照明的塑膠光學濾鏡、固定翼和旋轉翼飛行員專用夜視鏡頭盔，以及可應用在航空電子裝置上的液晶顯示器[145]。沙爾和薛利用偽造文件購入這些夜視設備，運送到其中一人所有、位於華盛頓奧本的公司，以便經由臺灣轉往中國。這兩人或許相信，臺灣的聯絡人就是終端用戶[146]。二〇〇六年二月，沙爾被判處兩年緩刑，併科罰金一萬美元[147]。

蔣松（二〇一一年起訴，逃往中國）

蔣松（Jiang Song，音譯）是中國公民，與袁萬利（Yuan Wanli，音譯）是同夥，他協助袁假冒一家美國公司，取得受管制的可程式化邏輯控制器（programmable logic controller, PLC）裝置。蔣松使用的化名是蔣傑森（Jason Jiang），根據起訴書內容，蔣松偶爾在英語會議及討論中佯裝自己是袁萬利[148]。另見袁萬利。

國家外國專家局

國家外國專家局（State Administration of Foreign Experts Affairs，簡稱「國家外專局」）的任務——根據一項過去曾列在其官網上的說法——是「促進『先進科技的引進，並且讓中國在國際上更有競爭力』，藉由管理從海外招聘的技術人才，同時將（中國的）技術人才送至海外接受培訓。」[149]國家外專局招聘的外國專家包括任何被北京列為具戰略利益的探索領域。近年來，國家外專局及其轄下的獵才組織試圖吸引的外國專業研究領域如下：社會穩定風險評估；國內監視與情報導向的治安系統[150]；公共行政；農業及畜牧管理[151]；以及軟體和積體電路[152]。該局執行了不同層面的地方級和國家級計畫以吸引外國人才，例如與省級、市級政府合作，建立招募計畫以支持地方發起的活動；每年舉辦中國國際人才交流大會（Conference on International Exchange of Professions），這是一場國際級與國家級的人才交流展覽會[153]。二〇一一年，國家外專局推出所謂的「千人計畫」（1,000 Talent Program），以便引進五百名至一千名關鍵產業的外國專家。這些專家必須至少連續在中國工作三年，每年不少於九個月，而北京會提供他們每人一百萬人民幣的一次性補助，並根據工作需要，提供三百萬至五百萬人民幣科研經費補助[154]。雖然國家外專局的工作大多是公開的，該局也曾經涉入非法取得技術的案件，例如努希爾·高瓦迪亞（Noshir Gowadia）案。有些涉獵較深的觀察家相信，國家外專局也為其他單位提供獵人頭服務，暗地接觸外國專家[155]。在該局的省級與地方層級辦事處之外，國家外專局也監督中國國際人才交流協會和中國國際人才交流基金會的相關工作。這兩個組織的領導層大多與國家外專局重疊，顯示出當北京在國家外專局的直接角色成為阻礙時，這兩個組織無疑便是非政府性質的遮羞布。

蘇麗鶯（二〇一三年起訴）

蘇麗鶯（Su Liying，音譯）是華銳風電的研發部門副主任，因為在招募美國超導公司工程師德揚·卡拉巴塞維奇的過程中所扮演的角色而遭到起訴，該名工程師受僱為華銳風電竊取自家的商業機密[156]。為了讓華銳風電省下大約八億美元預先支付給美國超導公司的產品運送及服務費用，蘇麗鶯和趙海春（Zhao Haichun，音譯）吸收卡拉巴塞維奇為他們盜取美國超導公司風力渦輪操作的原始碼。另見德揚·卡拉巴塞維奇。

孫凱亮（二〇一四年起訴）

孫凱亮是中國信號情報單位（61398部隊）的五名成員之一，他在二〇一四年五月遭到美國法務部起訴。具體來說，據稱孫凱亮為中國國營企業駭進西屋電氣（Westinghouse）、美國鋼鐵（U.S. Steel）與美國鋁業（Alcoa）的網路。在西屋電氣一案中，孫偷走與AP1000核電廠相關的專利技術和設計規格，以及該公司負責和中國企業交手及談判的高層主管私下且非公開的電子郵件。在美國鋼鐵一案中，孫凱亮和王東利用魚叉式網路釣魚攻擊，成功存取美國鋼鐵員工與一家中國企業打官司的相關電子郵件。而在美國鋁業一案，孫凱亮則偷走該公司在二〇〇八年與一家中國國營企業往來的數千封電子郵件[157]。另見顧春暉、黃振宇、王東和文辛宇。

湯普森·譚（二〇〇八年起訴）

湯普森·譚（Thompson Tam）是中國企業美思特電子科技公司的主管，他被控涉入約瑟夫·畢奇企圖出口受管制電子零件至香港與中國一案。畢奇與譚要找的零件，包括應用在預警雷達與飛彈目標尋獲系統的功率放大器，以及兼具商業及軍事用途的低噪音放大器。直到二〇一六年，譚依舊逍遙法外[158]。另見約瑟夫·畢奇。

祖其偉，「威廉」（二〇〇九年起訴，二〇〇九年認罪）

祖其偉（Tsu Chi-Wai "William"，音譯）住在北京，為設立在加州哈崗（Hacienda Heights）的智威貿易公司（Cheerway Trading）副總裁，他涉嫌非法運送四百片晶片至中國。這些晶片具有多種用途，包括軍事通訊與感測器等。檢方指控，祖其偉利用智威貿易公司做為掩護，將晶片（或許還包括其他國防相關物件）運送至他在北京的Dimagit科技有限公司（Dimagit Science and Technology Company）。Dimagit科技是中國的國防企業，其客戶包括了七〇四所（即航天長征火箭技術有限公司）——這是國營的中國航天科技集團的子公司。祖其偉在二〇〇九年一月遭到逮捕，於同年三月認罪，被判處四十個月有期徒刑[159]。

環球科技公司

根據法院歸檔紀錄，位於紐澤西州芒特勞雷爾（Mount Laurel）的環球科技是李騰方（Terry Tengfang Li，音譯）成立的公司，「目的是為中華人民共和國及其軍事工廠獲取國家安全系統所掌控之技術」[160]。李騰方於二〇〇六年坦承犯下違反出口禁令後，聯邦法院命令該公司停止營運[161]。

王東（二〇一四年起訴）

王東是二〇一四年五月遭到美國法務部起訴的中國信號情報單位（61398部隊）五名成員之一。王東與孫凱亮利用網路釣魚攻擊存取美國鋼鐵員工的電子郵件，且這些郵件涉及和一家中國企業的訴訟[162]。另見顧春暉、黃振宇、孫凱亮與文新宇。

王宏偉（二〇一二年遭扣留，二〇一三年起訴）

密謀從杜邦先鋒、孟山都與LG種子竊取玉米種子的共謀者當中，王宏偉（Wang Hong-wei，音譯）據說便是其中一人，而主謀者是莫海龍。根據起訴書內容，美國聯邦調查局相信，王宏偉擁有中國與加拿大雙重國籍，但是並沒有把他和北京大北農科技集團或其子公司金色農華種業科技連結在一起。王宏偉在二〇一二年遭扣留，而李紹明和葉劍也在同一天於美加邊境的佛蒙特州（Vermont）被逮捕，美國當局在王的車子及行李中查獲四十四袋種子[163]。另見莫海龍。

王雷

王雷為莫海龍偷竊杜邦先鋒、孟山都與LG種子的共謀者之一[164]。王雷是中國公民，擔任北京大北農科技集團旗下金色農華種業科技的副董事長[165]。另見莫海龍。

波達通信設備有限公司（二〇〇八年遭指控，二〇〇八年認罪）

波達通信（WaveLab, Inc.）位於維吉尼亞州里斯頓（Reston），該公司於二〇〇六年購入數百台積體電路功率放大器，並且出口至中國一個不知名單位。波達通信向製造商TriQuint半導體公司（TriQuint Semiconductor）保證，這些功率放大器只在國內銷售。諸如波達通信所購入的這類功率放大器在軍事通訊與電子戰方面有多種應用。當波達通信面對聯邦當局的調查時，該公司執行長鄭國寶（Walter Zheng）協商認罪，公司因此受到懲罰，但是他自己卻能免除刑事罰責[166]。二〇〇八年，波達通信被處以一年暫時性監管、罰款一萬五千美元、沒收八萬五千美元，以及喪失出口特許（export privileges）五年[167]。

魏玉鳳，「安妮」（二〇一〇年定罪）

魏玉鳳（Annie Wei）過去擔任馳創電子有限公司（Chitron Electronics Company Limited）設在麻州沃爾瑟姆（Waltham）的分公司（馳創美國，Chitron-U.S.）財務顧問，並且引導該公司在未取得出口許可的情況下，透過香港辦公室購入美國出口管制的科技產品，而後銷往中國。魏玉鳳是馳創電子創辦人吳振洲的前妻。馳創美國公司的操作手法是先購入受到管制的電子元件，送到沃爾瑟姆。吳明確指示他的員工和魏，不得向美國公司提及這些元件將被運到海外。馳創美國公司接著在未取得出口許可的情況下，將元件運至香港，再由貨物承攬業者將貨物轉往深圳辦公室。馳創銷售電子元件給各種不同領域的軍事相關客戶，包括工廠、研究機構以及中國電子科技集團的子單位。這些客戶從事的技術則包含了電子戰、軍事雷達、射控系統、軍事導引與控制設備、飛彈系統與衛星通訊等。除了違反出口管制規定外，魏玉鳳也被判定犯下移民詐欺罪，因為她在申請美國永久居留權時，故意提供假訊息。魏玉鳳遭判處二十三個月有期徒刑和兩年獄後監督，於服刑後驅逐出境[168]。另見吳振洲。

文新宇（二〇一四年起訴）

文新宇是美國法務部於二〇一四年五月起訴的中國信號情報單位（61398部隊）五名成員之一。具體來說，據稱文新宇駭進德國太陽能世界集團（SolarWorld AG）美國分公司、美國鋼鐵工人聯合會（Allied Industrial and Service Workers International Union, USW）以及阿利根尼科技公司（Allegheny Technologies Inc., ATI）的網絡。在太陽能世界集團一案中，文新宇和一名身分不明的同僚竊取了該公司資訊，包括現金流、生產指標、生產線以及訴訟中的保密通訊內容等。在美國鋼鐵工人聯合會的案件中，文新宇竊取該工會資深會員的電子郵件，其中包含在至少兩個產業裡，針對中國貿易作為所引發的貿易爭端中，美國鋼鐵工人聯合會應對策略的非公開資訊。最後，在阿利根尼科技一案中，當該公司捲入一場與中國某國營企業的貿易糾紛之後，文新宇幾乎偷走所有阿利根尼科技員工的網路憑證[169]。另見顧春暉、黃振宇、孫凱亮與王東。

吳振洲，「亞歷克斯」（二〇〇九年控告，二〇一〇年定罪）

吳振洲（Alex Wu）創立並掌有馳創電子有限公司，其總部位於深圳，另在香港與麻州沃爾瑟姆設有分公司，他在未獲得出口許可的情況下，將受到美國出口管制的技術售予中國的國防企業。吳振洲的前妻魏玉鳳則提供協助，魏亦負責馳創美國公司的營運工作。馳創美國公司會先購買受管制的電子元件，送到沃爾瑟姆。吳明確指示其員工和魏，不得向美國公司提及這些元件會被運到海外。馳創美國公司接著在未取得出口許可的情況下，將元件運到香港，再由貨物承攬業者把貨物轉往深圳辦公室。馳創銷售電子元件給不同領域的軍事相關客戶，包括工廠、研究機構以及中國電科的附屬單位。這些客戶從事的技術包含了電子戰、軍事雷達、射控系統、軍事導引與控制設備、飛彈系統與衛星通訊等。聯邦法院判處吳振洲七年有期徒刑，併科罰金一萬五千美元，並於執行完畢後驅逐出境；全案經上訴仍維持原判[170]。另見魏玉鳳。

憲宏偉（二〇一〇年落網，二〇一一年認罪）

憲宏偉（Xian Hongwei，音譯，又名詹哈利（Harry Zan））是北京創星航天科技發展有限公司總裁，他企圖出口美國軍品管制清單上所列的電腦晶片。根據美國在一九九〇年對中國祭出武器禁運，在此規範下，這類國防物品不得輸出至中國。二〇一〇年，憲宏偉及其同夥李禮

（Li Li "Lea"，音譯）在匈牙利被捕，並於二〇一一年春天引渡回美國。兩人試圖取得的抗輻射可編程唯讀記憶體（PROM）微晶片，是用來儲存計算機系統的初始啟動程序，且其設計可承受外太空的環境條件。憲宏偉與李禮企圖下訂數千片PROM微晶片，意謂著他們打算達到量產的規模，而且計畫將訂單分拆送至數個國家，藉此掩飾他們的密謀。他們的終端使用者是中國航天科技集團，該中國國營企業發展並製造多種和飛彈相關的技術、運載火箭以及太空梭等，另外也有其他工業產品。憲宏偉被判處二十四個月有期徒刑，並在匈牙利監獄待了七個月等待引渡[171]。另見李禮。

徐冰（二〇〇七年落網，二〇〇九年認罪）

徐冰（Xu Bing，音譯）是中國公民，為南京一家名為光大科技有限公司（Everbright Science and Technology Ltd.）的經理，他試圖取得夜視設備並出口至中國。徐冰試圖取得的F-1600夜視技術包括影像增強器，是列於美國軍品管制清單上的物品，必須持有出口許可。在一次與臥底執法人員會面的場合上，徐冰要求對方移除夜視設備上的序列號碼及其他可辨識資訊[172]。光大科技在這次非法行動前，曾經申請出口許可，但是遭到美國政府否決。徐冰於二〇〇九年被判處二十二個月有期徒刑、兩年獄後監督[173]。

徐凱（二〇〇一年落網，二〇〇五年認罪）

徐凱（Xu Kai，音譯）是中國公民且擁有美國永久居留權。他與林海（Lin Hai，音譯）、程永清（Cheng Yongqing，音譯）從任職的朗訊科技竊取專利軟體。具體而言，程永清及其同夥試圖取得與朗訊科技「路星」接入伺服器相關的切換軟體。三人與大唐電信科技產業集團合作，成立康崔亞科技公司，並且從大唐電信取得五十萬至一百二十萬美元的創業資金。程永清、林海與徐凱一開始曾嘗試在美國尋求創投資金，但是在美方向他們詢問產品詳細規格後，他們便轉而和大唐電信接觸，因為他們的產品是竊取自朗訊的軟體。二〇〇一年四月，三人將修改過後的朗訊路星軟體透過網路傳送至中國，收件者據推測應為大唐電信[174]。二〇〇五年，程永清與徐凱簽署認罪協議，因而逃過牢獄之災，但是康崔亞科技支付了二十五萬美元的罰金[175]。另見程永清與林海。

徐偉波，「凱文」（二〇〇四年落網，二〇〇五年認罪）

徐偉波（Xu Weibo "Kevin"，音譯）為已歸化美國公民，曼騰電子的總裁。這家位於紐澤西的公司在二〇〇三至二〇〇四年間運送了價值大約四十萬美元的出口管制設備給中國終端使用者。徐偉波也是陳秀琳（Chen Xiu-ling，音譯）的先生。他們運送至中國研究機構的電子元件，在諸多不同的國防系統上都扮演著重要角色，從電子戰到導彈研發，所在都有。除了偽造終端使用者證明，並且利用香港做為轉運點，徐偉波同時成立了至少一家空殼公司GMC，以佯裝成某些出口至中國的產品終端使用者。GMC可能是曼騰電子副總裁陳皓里及其妻子詹光君所共謀創立的，因為這家空殼公司的登記地址，正好是他們的住處[176]。徐偉波被判處四十四個月有期徒刑、兩年獄後監督，曼騰電子透過非法銷售賺取的收益也遭到沒收[177]。另見陳秀琳。

嚴文貴（二〇一四年落網）

嚴文貴（Yan Wengui，音譯）為已歸化美國公民，也是美國農業部阿肯色州的遺傳學家，他被指控為中國農業科學院和作物研究所（Crop Research Institute）偷竊種苗。二〇一二年，嚴文貴與張維強招待了一隊來自中國研究機構的代表團至文特里亞生技公司（Ventria Bioscience）與美國農業部相關機構進行考察，而此前，兩人曾前往中國洽談合作事宜。調查人員於代表團即將離開美國之際，在他們的行李與嚴、張二人的住處發現了專利稻種[178]。張維強及其共犯動機仍未釐清。另見張維強。

楊賓（二〇一二年落網，二〇一三年認罪）

楊賓（Yang Bin，音譯）為中國籍商人，和長沙哈塞工業公司（Changsha Harsay Industry Company）有所往來，他試圖非法出口加速規至中國。楊賓試圖取得的Endevco 7270-200K加速規除了可用在其他產品外，亦可用於「智能」軍需品、碉堡剋星炸彈、軍用飛機、測量核子與化學爆炸等。二〇一〇年，他在一場網路商業論壇上發文表示，他正在試圖取得由哈尼威爾（Honeywell）製造的加速規。一名臥底的美國移民及海關執法局探員正面回應他，而後他們便安排在保加利亞會面，該名探員於此交給他兩組加速規。保加利亞當局在華府要求下逮捕楊賓，並且在二〇一二年五月引渡回美國。二〇一三年，楊賓被判處二十七個月有期徒刑和三年獄後監督[179]。

楊春來（二〇一一年落網，二〇一二年認罪）

楊春來（Yang Chunlai，音譯）為已歸化美國公民，任職於芝加哥商品交易所集團（Chicago Mercantile Exchange Group，簡稱「芝商所」）資深軟體工程師，他非法下載公司原始碼來開創自己在中國的事業。楊春來連同另外兩名身分不明的生意夥伴計畫利用芝商所的全球貿易平台和相關軟體來建立一個以中國為據點的商品交易所。他們也打算銷售自芝商所產品衍生出的軟體，以加速張家港化工電子交易市場成交。他坦承兩項商業機密竊盜指控，涉及超過一萬份失竊檔案，芝商所估計總值達五千萬美元[180]。楊春來逃過牢獄之災，獲得四年緩刑[181]。

楊鋒（二〇〇七年落網，二〇〇七年認罪）

楊鋒（Yang Feng，音譯，又以楊豐〔Yang Fung〕而為人所知）是卓越工程電子公司（Excellence Engineering Electronics, Inc.）總裁，他出口受管制的電子元件至中國。具體來說，楊鋒在未經商業部授權的情況下，出口微波積體電路給身分不明的中國終端使用者[182]。

楊廉（二〇一〇年落網，二〇一一年認罪）

楊廉（Yang Lian，音譯）曾在微軟擔任軟體工程師。他試圖為一名身分不明的中國同夥購入在美國軍品管制清單上被列為國防物品的電腦晶片，並且試圖出口三百片抗輻射可編程半導體，主要用在衛星或其他太空產品上。根據美國聯邦調查局，楊廉還考慮成立一家公司以掩飾終端使用者在中國的事實，並且計畫竄改訂單以混淆視聽，誤以為這些元件可合法出口。在楊廉聯繫購入這些半導體的人裡，其中一人與聯邦調查局合作，並協助策畫該局的突襲行動。這批半導體的總額達七十萬美元，而楊已電匯六萬美元至聯邦調查局的一個帳戶，並且準備再交付兩萬美元。楊廉的動機推測是與財務有關，而他形容自己在中國的對口為「老同學」[183]。他在二〇一一年被判處十八個月有期徒刑[184]。

蘇揚（二〇〇八年落網）

蘇揚（Su Yang，音譯）企圖購買和非法出口具軍事用途且受出口管制的放大器。在這起案件中的放大器，主要用在數位無線電和無線區域網路。蘇揚與他的同事丁正興（Ding Zheng-xing，音譯）在塞班島被捕時，正準備接收購置來的放大器。第三人是上海邁歐電子公司的朱彼得（Peter Zhu），他並未遭到逮捕。直到二〇一六年十月，關於這起案件的處置為何，並未有任何公開消息[185]。

楊祖偉，「大衛」（二〇〇一年落網，二〇〇二年判刑）

楊祖偉（David Tzu-Wei Yang，音譯）是擁有美國永久居留權的臺灣人，他所經營的貨物承攬公司，涉及一起走私加密設備至中國的案件。楊祖偉與徐有財（You-Tsai "Eugene" Hsu，音譯）計畫購買Mykotronx公司所製造的KIV-7HS加密設備，再經由新加坡的中間人轉往中國。徐有財負責聯繫Mykotronx公司並安排相關事宜[186]。楊祖偉因參與其中，而被判處兩項三十個月有期徒刑[187]。另見徐有財。

葉飛（二〇〇一年落網，二〇〇六年認罪）

葉飛（Ye Fei，音譯）為已歸化美國公民，在全美達（Transmeta Corporation）擔任工程師。他和鐘明（Zhong Ming，音譯）試圖挾帶美國昇陽電腦（Sun Microsystems）、日本電氣（NEC Electronics Corporation）與全美達以及其他專利資訊離開美國，卻在舊金山國際機場一起被捕。葉飛曾經在昇陽電腦工作過[188]，當他被捕時，手上正握有專利文件。自一九九六年通過《經濟間諜法》以來，兩人是第一批在此法案下成功遭到起訴者。鐘明與葉飛打算在中國成立公司，生產積體電路，而他們也嘗試向杭州市政府申請「八六三計畫」的資助及支援[189]。根據檢察官的說法，這兩名工程師似乎為貪婪所驅使，而非為了協助中國政府才犯下此案[190]。另見鐘明。

葉劍（二〇一二年遭扣留）

葉劍（Ye Jian）是北京大北農科技集團旗下金色農華種業國際事務部經理[191]。葉劍與他的同事兼共犯李紹明遭到美國當局扣留及搜查，進而查獲數十包玉米種子藏在微波爆米花中。為了持續深入調查玉米種子竊案和莫海龍，兩人當下均未被捕。

余襄東，「麥克」（二〇〇九年落網）

來自北京的余襄東（Yu Xiangdong "Mike"，音譯）於一九九七至二〇〇七年在福特汽車公司（Ford Motor Company）擔任產品工程師。二〇〇九年，他企圖挾帶四千份敏感文件（包括設計圖）至中國。美國當局在芝加哥歐海爾國際機場逮捕余襄東時，他身上攜有一個儲存這些檔案的外接硬碟。二〇〇五年，他開始與位於深圳的富士康PCE公司（Foxconn PCE Industry Inc.）聯繫，討論未來的工作機會，或許正是在這些會議上逐一洩露福特的設計。

袁萬利（二〇一一年起訴，逃往中國）

袁萬利（Yuan Wanli，音譯）是中國商人，他假冒成一家無名美國企業的員工，試圖取得受管制的可程式化邏輯控制器裝置。他為中國遠望集團（China Wingwish Group）工作，而後者便是在蔣松（Jiang Song，音譯）的協助下，採購了兩用電子元件銷往中國。袁萬利謊稱自己是某虛構美國企業員工尼可拉斯．布許（Nicholas Bush）。為了這場瞞天布局，袁萬利還為這家虛構企業架設假的網站和電子郵件地址，並刻意誤導，將該企業的地址登記在一家貨物承攬公司之下[192]。袁與蔣企圖購買由萊特斯半導體公司（Lattice Semiconductor Corporation）所生產的可程式化邏輯控制器裝置。這些裝置是設計來在極端溫度下運作，而且其特性足以用作軍事用途，例如可應用在飛彈或雷達系統中。美國政府掌握了四十一．四萬美元匯入美國數家銀行的金流，是他們為購買可程式化邏輯控制器裝置的部分頭期款[193]。另見蔣松。

張寶（二〇一二年落網，二〇一三年認罪）

張寶（Zhang Bo，音譯）是為紐約聯邦儲備銀行（Federal Reserve Bank of New York）編寫電腦

程式的承包商，他竊取了美國財政部斥資九百八十萬美元開發的軟體編碼。他將編碼拷貝到外接硬碟上，並告訴同事說他弄丟了硬碟。在一名同事向主管抱怨他的硬碟不見了之後，調查人員便著手調查張寶。雖然張寶表示，竊取編碼是以防丟了飯碗，僅為私人使用，但其偷竊動機始終不明。他所竊取的軟體編碼與「政府會計與報告程式」(Government-wide Accounting and Reporting Program)有關，該程式主要為了追蹤美國政府支出，並向各政府機構提供其運營餘額。張寶以竊取政府財產的罪名遭到起訴，而非盜竊貿易機密，前者的懲罰更是重上加重。法庭判處張寶六個月獄後監督[194]。

張明，「麥可」(二〇〇九年一月起訴，二〇〇九年認罪)

張明(Michael Ming Zhang，音譯)是J・J・電子(J.J. Electronics)的所有人兼總裁，公司設於加州蘭喬庫卡蒙格(Rancho Cucamonga)。他出口了受管制的兩用電子元件至中國，並進口仿冒的電腦晶片。在他所出口的兩用元件中，包括由Vetronix公司(Vetronix Research Corporation)生產並應用在美國坦克車上的電子系統。張明透過J・J・電子深圳辦公室以及方圓電器有限公司(Fangyuan Electric Limited，在中國和香港營運的轉運公司)將這些零件運至海外[195]。張明也非法買賣大約四千三百片思科(Cisco)晶片仿製品，二十五筆獨立訂單，價值估計達三百三十萬美元。二〇一〇年，法院判處張明十八個月有期徒刑與三年獄後監督，並強制他向那些遭仿冒的公司支付賠償[196]。

張銘算（二〇一二年落網，二〇一三年認罪）

張銘算（Zhang Mingsuan，音譯）是中國公民，企圖取得軍用級碳纖維。雖然他聲稱，自己取得的是運動器材用的材料，他卻曾向一名臥底的美國商業部調查員表示，他需要的碳纖維和中國戰鬥機即將進行的飛行測試有關[197]。在當時，這種碳纖維Toray-type M60JB-300-50B每磅約要價一千美元，而檢方指控張已準備好四百萬美元並尋求穩定的貨源。某份報告主張，張銘算的一切作為，背後所代表的是中國北方工業公司（China North Industries Corporation）。他隨後承認自己違反《國際緊急經濟權力法》（International Emergency Economic Powers Act），遭判處近五年有期徒刑[199]。

張維強（二〇一四年落網）

張維強是美國永久居民，在位於堪薩斯州曼哈頓的文特里亞生技公司擔任稻米育種員，他被控為中國農業科學院與作物研究所偷竊種苗。二〇一一年，張維強與嚴文貴一同招待了來自中國研究機構的代表團參訪文特里亞生技公司與美國農業部相關機構，而此前，他們曾經前往中國討論合作事宜。調查人員於代表團即將離開美國之際，在他們的行李和嚴、張二人家中發現專利稻種[200]。張維強及其共犯動機不明。另見嚴文貴。

張新盛（二〇一五年起訴）

張新盛（Zhang Xinsheng，音譯）是中國公民，因為涉及滿文霞（Wenxia “Wency” Man，音譯）企圖取得美國戰鬥機引擎的事件而遭到起訴。滿文霞形容張新盛的角色是「技術間諜」，他代表解放軍取得或複製外國國防技術，並應用在國內生產[201]。根據美國法務部資料，滿、張二人企圖取得並出口下列國防物品及相關技術資料：用於F-35聯合攻擊戰鬥機的普惠F135-PW-100發動機；用於F-22猛禽戰鬥機的普惠F119-PW-100渦扇發動機；用於F-16戰鬥機的奇異F110-GE-132發動機；以及通用原子MQ-9「死神」無人飛行載具[202]。兩人打算以南韓、以色列或香港為管道，以隱瞞中國為終端使用者的事實[203]。另見滿文霞。

張照威，「凱文」（二〇一二年落網）

張照威（Zhaowei “Kevin” Zhang，音譯）為已歸化加拿大公民，密謀在未持有許可證的情況下出口國防設備。更明確地說，張照威企圖取得無人飛行載具與飛彈導引系統所使用的陀螺儀。他想找到可以將該設備運到他位於卡加利（Calgary）住所的美國中間商，重新包裝後，再銷往中國。不論是終端使用者或是張照威的買家，其姓名皆未出現在法庭文件中[204]。

趙海春（二〇一三年起訴）

趙海春（Zhao Haichun，音譯）是華銳風電的技術經理，他僱用美國超導公司工程師德揚・卡拉巴塞維奇協助竊取商業機密給華銳風電，因而遭到起訴[205]。趙海春和蘇麗營（Su Liying，音譯）僱用卡拉巴塞維奇竊取美國超導公司風力渦輪操作的原始碼，以便讓華銳風電可自行生產並改進風力渦輪，而不必再如過去得支付八億美元，請美國超導公司提供產品及服務。

另見德揚・卡拉巴塞維奇。

趙華俊（二〇一三年落網）

趙華俊（Zhao Huajun，音譯）是威斯康辛醫學院（Medical College of Wisconsin）的研究員，他偷竊了一種或可治療癌症的合成藥物樣本，並企圖轉交給浙江大學。樣品瓶不見的當下，監視器正好錄下他進出實驗室的畫面[206]。

浙江弘晨灌溉設備有限公司（二〇一二年起訴，二〇一四年認罪）

浙江弘晨灌溉設備有限公司（Zhejiang Hongchen Irrigation Equipment Company）在詹妮斯・鄺・凱皮納（Janice Kuang Capener，音譯）的協助下，盜取總部位於猶他州的軌道灌溉產品公司的商業機密。凱皮納曾在軌道灌溉的中國廠工作，她從公司偷走銷售和定價資訊，並將資訊提供給浙江弘晨，為雙方合作暗中破壞軌道灌溉市場地位的手法之一。浙江弘晨坦承犯下竊取商業機密及相關罪行。該公司被判處三年緩刑，併科十萬美元罰金，並且必須支付三十萬美元的賠償金給軌道灌溉產品公司[207]。

鐘明（二〇〇一年落網，二〇〇六年認罪）

鐘明（Zhong Ming，音譯）是中國公民，擁有美國永久居留權。他在全美達擔任工程師，與葉飛（Ye Fei，音譯）一同在舊金山國際機場被捕。當時兩人企圖挾帶的資料中，包括美國昇陽電腦、日本電氣、全美達以及其他專利資訊。自一九九六年通過《經濟間諜法》以來，兩人是首批在此法案下成功遭起訴者。做為認罪協議的一部分，鐘明協助檢方調查李嵐（Lee Lan，音譯）與葛躍飛（Ge Yuefei，音譯）[208]。鍾和葉打算在中國成立積體電路製造公司，而他們也向杭州市政府爭取「八六三計畫」的資助及支援[209]。另見葉飛。

朱彼得（二〇〇七年起訴）

朱彼得（Peter Zhu，音譯）任職於上海邁歐電子公司，在丁正興（Ding Zheng-xing，音譯）與蘇揚（Su Yang，音譯）密謀非法出口具軍事用途放大器一案中，他是第三名被告。他的起訴書在二〇〇七年公開，只是後續再也找不到進一步有關朱彼得身分的資訊[210]。另見丁正興與蘇揚。

朱照新（二〇〇四年認罪）

朱照新（Zhu Zhaoxin，音譯）是中國公民，企圖購買限制出口的衛星與雷達技術，並出口至中國。當他嘗試取得這些設備時，他和聯邦執法單位取得聯繫，對方不但掌握這筆交易，還引誘朱進入一處受美國司法管轄的地方。朱照新被判處兩年有期徒刑暨三年獄後監督[211]。

莊金華（二〇〇三年落網，二〇〇三年認罪）

莊金華（Zhuang Jinghua，音譯）是美通國際的共同所有人，與妻子梁秀文（Liang Xiuwen，音譯）共謀出口美國軍機與飛彈所使用的元件。莊金華過去曾擔任哈里斯通訊公司（Harris Corporation）的國際業務經理，該公司甚至名列財富五百強（Fortune 500），專門銷售通訊設備。具體而言，莊金華與梁秀文企圖出口F-14雄貓式戰鬥機零件與鷹式地對空飛彈零件、拖式反坦克飛彈與AIM-9響尾蛇空對空飛彈。據信，至少有一名中國買家在瀋陽。兩人於二〇〇三年落網，當時美方正針對在網路上銷售國防物品給外國買家的美國企業進行長期臥底調查。二〇〇五年，莊金華被判處三十個月有期徒刑，併科罰金六千美元[212]。另見梁秀文。

CHAPTER 5 革命時期與中華人民共和國建國初期的間諜活動

Espionage during the Revolution and the Early People's Republic

一九七六年，毛澤東過世後，對於近代歷史和現今事件，共產黨允許更加公開的討論。由此，發展出「傷痕文學」，批判性地描繪出文化大革命對平民的影響。當局允許歷史學者更詳盡書寫，範疇超越原先只專注於毛澤東的角色，他們也發表了記錄其他關鍵人物的傳記、日記和「年譜」等，諸如周恩來、葉劍英、羅瑞卿和楊尚昆[1]。這些著作涵括了對中共知名情報人物的描寫，以及多數任務執行階段的片段描述。雖然他們選擇性地處理事件，然這些敘事仍為我們開啟一扇窗，以了解間諜工作、訊號攔截和其他情報訓練如何協助中國共產黨贏得一九四九年的勝利。儘管如此，除了少數例外，這些著作對於一九四九年之後的間諜活動，多半是隱而不宣的。

中國共產黨的資料來源，尤其是一些普遍流傳的敘事，多強調英雄及惡人，誰應該被讚頌，而誰又應該負責。革命時期確實令人心驚：中國的兩大黨——國民黨與共產黨——以及入侵的日本經常如同傳統戰場的士兵，在情報與維安工作上的行事風格極其殘暴。這些作者傾向於忽視自身所屬政黨理應被譴責的行為，反而過度強調其他邪惡之徒的各種事跡。對共產黨黨員而言，在「讓過去為現在服務」的精神下，農民向來是勇敢的，共產黨士兵和情報人物也是一樣；反觀地主、國民黨間諜以及其他人，則是貪汙又殘暴。帝國主義者狡猾且卑劣，而中國的問題是外國人與叛徒的錯，而且，除了那些較不忠誠或是意識形態「偏差」的人必須負責之外，也不是效忠國家的領導人的錯。

這種過度強調英雄事蹟以及犯罪行為、定義敵人和同夥的做法，依然可在今日的敘事中見到。除了少數例外時刻，這無疑是避免玷汙中國共產黨歷史的部分「腳本」。那些遭到破壞的例外時刻，則歸咎於某些選定的惡人——最近期者包括薄熙來、周永康以及其他許多在習近平的反貪腐運動中遭到逮捕的人。這場反貪腐運動的發起目的不只是為了打擊貪腐，也是為了成就習的政治霸權。

在中國，情報和維安領導人的傳記及行動敘事，無不經過精心編輯。這些著作向來敏感，因為內容可能洩漏情報來源和行事做法，當然還有黨的戰略、計畫以及優先事項。本章同時採用這些敘事以及未經黨審核通過的作品。我們試圖凌駕中國共產黨的腳本，一覽無遺從早期直到近代的那些行動、缺失以及驚人之舉。

伯納德．布爾西科（Bernard Boursicot, 1944-）

見時佩璞。

機密資料盜竊（1966-67）

直至一九六六年八月以前，中國正經歷文化大革命最殘暴的階段。在北京，展開掠奪的紅衛兵開始搜查黑資料，以揪出他們所認定的反毛澤東者。一旦好鬥的紅衛兵取得這些資料，他們大多逐字公布在自己發行的報紙與小冊子上[2]。

在毛澤東本人與毛主席夫人江青所領導的中央文化大革命小組鼓勵下，局勢日漸混亂。這個急速惡化的局勢中，即使是中共內部的外交情報組織中調部的安全區域也飽受威脅。八月初，中調部部長孔原致電時任周恩來總理機要祕書童小鵬，請求協助擊退包圍該部建物的紅衛兵造反派成員。他們要求進入該建物搜查黑資料[3]。

周恩來收到警訊，卻遲遲未有直接回應——顯示出他之於中央文革小組的地位相當艱困。八月十六日至三十一日期間，周恩來反而派遣中央辦公廳機要局局長李質忠前往說服造反派停止行動。他們雖短暫扣留了李，但是李成功拖延了試圖闖進中調部的紅衛兵。局勢暫時緩和，周恩來便讓童小鵬起草中央文件，下令保護機密資料，以防遭竊[4]。

江青隨即指控周恩來為「溫和派」，甚至成立「消防小隊」來避免紅衛兵搜出黑資料。

她接著指控孔原的妻子許明是間諜，為不恥的北京市委書記彭真工作。（許明本人自從革命時期便從事情報工作，長期做為周恩來的下屬。根據童小鵬的說法，許明早於十年前，在中央宣傳部電影局為江青工作時，兩人便有嫌隙。）最終，周恩來所發起保護機密資料的中央文件，遭毛澤東否決[5]。

這個動盪的首都展望新的一年的同時，情勢卻是進一步惡化。孔原與他的副手鄒大鵬於一九六六年尾聲遭到逮捕並拷問，接下來的數個月，在激進紅衛兵所召開的鬥爭會上被批鬥，不斷地受到語言辱罵與肢體虐待。最終，兩人被送到偏遠地區進行勞改。許明則因為被毛澤東懷疑對黨不忠而陷入憂鬱，並在一九六六年十二月三十一日自殺身亡。而孔原本人可能也在當時嘗試自殺未遂。許明留下了一張字條，上面寫著她本人及其家人皆為忠心黨員，未曾犯下被指控的那些惡行[6]。北京的紅衛兵造反派逐漸壯大，已到了足以協商對國防科委與國防公辦所進行「檢查的機會」[7]。

一九六七年年初，中調部內部的兩個紅衛兵派別開始相互批鬥。三月十八日，毛澤東同意周恩來的建議，由軍方接管中調部以確保資料安全，並且讓工作場域的運作回歸正常[8]。

在混亂擴散的過程中，中調部不是唯一被接管的機構。同一個月，郵電部、鐵道部、中共中央組織部以及眾所周知的大慶油田亦皆為軍方接管。整個西藏自治區則是在五月由軍方接管[9]。

遠東銀行（1923-34，總部位於哈爾濱）

遠東銀行的原名（Dalbank）源自俄文的「遠東」（Dalniy Vostok）一詞。該銀行總部設於哈爾濱，負責處理滿洲地區的貿易及投資實務，但是在中國其他地方也代表共產國際和格魯烏（蘇聯軍事情報機構）執行金融交易，以支持蘇維埃在中國的地下網絡。格魯烏的任務是追蹤日本與中國國民黨的軍事發展[10]。

遠東銀行與其他蘇聯企業亦有往來，包括一家由格魯烏掌控、總部設在哈爾濱的貿易與船運公司蘇聯商船隊（Sovtorgflot），以及東清鐵路（Chinese Eastern Railway）。後者被蘇聯用作情報蒐集工作的掩護，尤其是針對強盜及白俄餘黨的跨境移動。

一九二七年二月二十八日，北洋軍閥張作霖的軍隊在蘇聯船艦「帕米亞列寧號」（Pamiat Lenina）下錨於南京外海時，在船上取得可證明蘇聯組織違反中俄協議進行宣傳活動的文件。四月六日至七日，由張作霖勢力所掌控的北京警察突襲遠東銀行、其他蘇聯企業以及蘇聯駐華大使館。他們取得的文件顯示，蘇聯不只對於協助對抗國民政府軍的革命有興趣，也意圖籌備一場共產黨起義。

張作霖將這些文件的中文翻譯發表在一本懷疑蘇聯於中國活動的著作中，而這本著作或許影響蔣介石轉而對抗中國共產黨，並發起四一二事件，也標誌了國共第一次統一戰線的破局[11]。十二月，共產黨廣州起義（或稱廣州暴動）後，中華民國中央政府與蘇聯之間便斷絕關係，而遠東銀行的代表也被迫逃離國民黨掌握的區域[12]。

如今，已無證據顯示中國共產黨曾經從遠東銀行接受過任何直接的協助，但是他們之間的地下金融交易或許曾被毛澤東的胞弟毛澤民記錄下來。毛澤民當時領導了設立於一九三二年的中國共產黨第一個國家銀行。一份記錄毛澤民事蹟的官方文件聲稱，該銀行協助突破了敵人封鎖，為地下運動的運作提供支援。然這些聲明仍需更多的研究探討[13]。

唐尼－費克托案

約翰・唐尼（John Downey）與理查・費克托（Richard Fecteau）是中情局的準軍事情報官員，中國官方稱之為武裝特務。一九五二年十一月二十九日晚，兩人執行一項營救任務之際，飛機於吉林省長白山區被擊落後遭到逮捕。該名待營救的華裔情報員是中情局安插在特遣隊Staroma裡的成員，計畫和當地游擊隊會合、蒐集情報，並且尋找機會致力於破壞行動及心理戰。中情局分析師日後判定，整個Staroma小組全部遭到中共逮捕，並且與中共達成協議，所以他們請求將該名情報員送出中國其實是一個陷阱。理查・費克托與約翰・唐尼分別被中方拘禁至一九七一年和一九七三年。影片《忠貞不二》（*Extraordinary Fidelity*）便描繪了他們的任務以及被俘虜期間所受的磨難[14]。

香港：概述

自中國共產黨運動於一九二一年興起之前，香港便已是中國與海外情報行動的必爭之地。一如澳門（見下一條目），華裔人口在香港占多數，儘管外國人比例也不低。然而，相較於澳門，香港的人口較多，生氣蓬勃的國際貿易讓香港經濟活動較活躍，加上占地面積較廣，外來事物更顯多變且豐富。這個現象不只在整個中國革命期間如此，時至今日也依舊成立。這或許使得相關的中共間諜活動如前線組織、情報站、安全藏身處、走私及傳遞情報、高科技轉移及特務招募等，更容易在香港暗地執行。從昔日至今，香港始終是外國情報組織「監視」中國的基地。然而，如今成為中國的特別行政區，在習近平嘗試改變香港的本質下，香港對間諜工作的實際用處，或許不復當年。

早期的中共行動

中國共產黨於上海成立一年後，該黨便支持一九二二年在香港發起的海員大罷工行動，但是當時中共在華南還未有足夠的能量造成影響。一九二五至二六年，在廣州－香港省港大罷工與杯葛運動期間，中國共產黨及中國社會主義青年團（Chinese Socialist Youth League）分別以十倍速擴張至超過七千人的規模，而共產主義分子的活躍程度，已足以影響至少兩個重要的工會。這場罷工與杯葛運動所造成的經濟破壞，以及一九二七年四月的國共分裂，導致英國對香港的工會組織普遍壓制，特別是針對中國共產黨，尤其在同年十二月慘重的廣州起義之後更是強力鎮壓。在接下來的十年間，香港當局與國民黨合力壓制共產黨活動。在那些於一九二九年被英國人逮捕的人當中，包括了日後成為中華人民共和國總理的李鵬的父親，他被港府遣送至廣東的國民黨當局手中，並迅速處決[15]。

為了促進與上海領導階層的溝通，中共在九龍設立一個地下無線電台，並於一九三〇年一月開始運作。該電台是由日後的中國貿易部部長李強所設。當時他在保護重要人士的行動方面已是經驗豐富的老手，授命為剛起步的情報機構中央特科（見第一章）第四科（無線電通訊科）的科長。操作員使用的通訊密碼由周恩來設計，暱稱為「豪密」，源自於周的地下化名「伍豪」[16]。

關於早期中共在香港情報活動的其他事件，散見於鄧發（第二章）與龔昌榮（第三章）。

抗日戰爭期間，香港與中共情報

中共情報工作在珠江三角洲地區（包括一九三八至四五年間在香港、毗鄰地區及澳門）有兩次顯著的成果：一九四二年，突擊隊與軍事情報在組織合併之下，形成東江縱隊（East River Column），以及由人在香港八路軍辦事處的潘漢年（第三章）直接掌控的城市特務網絡，當時的辦公室主任則是廖承志。關於潘漢年的情報職責，當康生（第二章）領導的社會部於一九三九年二月成立之後，潘便是直接向延安報告。

一九三七年十月，周恩來指派廖承志赴香港成立辦事處。毛授予這個網絡三項優先工作：對外宣傳中國共產黨的抗日立場及其軍力，激發海外中國人和支持中國共產黨的外國人為此捐獻金錢及物資，並且彙整國際事務的最新發展[17]。該團隊成員包括張唯一，他是年紀稍長且較有經驗的幹部，在一年後被潘漢年選為社會部在香港情報網絡的主事者[18]。在周恩來與英國人協商成立該辦事處之後，廖承志於一九三八年一月抵達香港。英方希望該單位維持地下運作，以免引來日本和國民黨的注意，然而中共卻希望盡可能地公開行動。雙方最終妥協出一種半開放的安排（見網路辭彙表中的「半公開活動」）。中共的前哨站儘管位在香港繁忙的中環皇后大道十八號[19]，但隱藏在公眾目光之外。這個單位後來以商號「粵華」為名，直到今日仍在，且成為著名的連鎖百貨公司品牌，專門販售來自中國內陸的商品。

一九三八至三九年間，廖承志在香港與鄰近的廣東地區催生出「回鄉服務團」，目標是盡可能號召愈多役男投入抗日活動。一九四一年太平洋戰爭爆發之前的數月間，這些服務團整合成「香港與九龍獨立旅」，包含主要支隊、海事單位、物流單位、速遞員以及情報組織。和其他戰鬥單位相較之下，後兩者有較高比例的女性。情報工作者屬非武裝的特務，在新界與九龍一帶駐紮，其中有些人只是單純的觀察員，僅上繳敵人活動的報告即可，而其他人則伺機在日軍及傀儡政府軍裡工作。一九四二年二月，「東江人民抗日游擊隊」便自這些組織中成立[20]。

太平洋戰爭爆發未久，延安指示東江縱隊建立一條地下撤退路線，在統一戰線政策下，為黨的中國友人轉移陣地。他們協助左翼人士，包括如作家茅盾和部分國民黨官員、多數在日本占領下未離開的英政府官員、一些從日本戰俘營逃出來的囚犯，以及被擊中落在該地區的聯軍飛行員。他們發展出針對日軍部隊及船艦移動的情報工作，並且發動為數不多的游擊攻擊以破壞日本的運輸系統、孤立部隊[21]。如同日本軍力在中國其他地方拉長戰線，無法再兼顧占領區的每一寸土地，這個區域的日軍也只能保住香港島和九龍半島的城市地帶。九龍部分地區，以及由英國殖民政府所轄的幾乎整個新界地帶，仍屬中共或國民政府軍不時逗留或控制之處，尤其是在夜裡[22]。到了一九四四年，一如中共在華北的舉措，東江縱隊建立起一個由情報站及附屬情報點組成的網絡，負責蒐集資訊傳給中共，同時也傳給英國人，以產出數據指標供聯軍進行轟炸突襲。這個行動是英軍服務團（British Army Assistance Group, BAAG）與中共合作之下的產物，在周恩來於重慶和英國駐華大使討論之下促成。儘管這項合作案是在延安獲得批准（且在國民黨官員之間造成恐慌），促成的動力有部分是來自香港的曾生與其手下幹部的熱忱，另一方面則是來自英軍服務團，兩方追尋求同樣的目標，例如困住日軍，使其無法任意調度[23]。英軍服務團官員觀察到，東江縱隊隊員相較於附近的國民黨軍隊，雖然人數較少，卻更為老練，而且更善於滲透日軍部隊以蒐集有用的情資，有助聯軍最後的勝利[24]。

一九四一年十二月，延安命令廖承志撤離，他在北方約一百五十公里處成立一遠端總部，或許是打算待在該地區，同時又維持機動性以免遭到逮捕[25]。然而，三名國民黨特務仍在一九四二年五月三十日逮捕了廖承志[26]。直到此前，延安的命令應是被嚴格遵守：當東江縱隊隊員在一九三九年面對來勢洶洶的國民黨軍隊，只能選擇撤退時，延安則命令他們返回香港，而儘管局勢危險，他們依舊從命。然而，廖承志被捕一事迫使東江縱隊頓失來自黨中央的代表，只能由曾生將軍在接下來的戰事期間領導他們。曾生是相對地域導向的中共領導階層，相較於廖承志，他和延安的關係較不緊密[27]。如今在他自身的領導下，曾生將戰鬥效能奉為圭臬，完全不受到一九四二至四四年間的延安整風運動與搶救運動影響；我們一一檢視過所有東江縱隊的相關文獻，內容皆未提及政治鬥爭集會，或是有任何人被召回延安面對批判。

金無怠（1922-86）

出身北京的金無怠在美國以「賴瑞」（Larry）之名而為人所知。一九四〇年，他進入燕京大學就讀，期間學習英文。二次大戰時，他前往南方福建省，在英國與美國的軍事代表團裡覓得一職。日本投降之後，金無怠回到北京，於一九四七年完成學業，並於隔年進入美國駐上海總領事館任職。隨著共產黨在一九四九年贏得勝利，金無怠和領事館員工遷至香港，往後的職涯始終維持著美國政府雇員的身分。約莫在他一九四七年畢業之際，或是此前，金無怠被中國共產黨吸收，最有可能是當時在城市和大學校園裡擁有諸多資源的社會部吸收他入黨。

金無怠是美國歷史上最具破壞力的間諜之一。雖然他僅是中情局旁支「外國廣播資訊處」（Foreign Broadcast Information Service, FBIS）的雇員，金無怠偶爾會接到為中情局評估文件的要求，而他也會見到來自中情局中國計畫的官員。韓戰期間，金無怠協助偵訊被捕的中國士兵，並且在他提交給北京的報告中透露這些人的身分。他也透露了新上任的尼克森政府（1969-74）有意接觸中國。

當金無怠和外國廣播資訊處駐守在沖繩嘉手納空軍基地（Kadena Air Force Base）時，他在一九五九年與第一任妻子仇氏（Doris Chiu）離異，而後於一九六二年和周謹予再婚，當時他剛被外國廣播資訊處調任至加州的聖塔羅莎（Santa Rosa）。陶德·霍夫曼（Tod Hoffman）提及一場聯邦調查局的偵訊內容，金無怠當時透露道，以中國支付給他的「幾百萬」間諜酬勞來看，仇氏在離婚後會抱怨自己拿到的贍養費太少[28]。

另一方面，周謹予聲稱，她對金無怠的間諜行動毫不知情，並表示：「我所知道的任何消息，都是在他被捕之後才從新聞、雜誌、電視和法庭中得知。」在周謹予的回憶錄中，她控訴一些謠言指稱是她告發自己的丈夫。儘管金無怠於一九八五年十一月被捕，周謹予寫到，他們依然全心全意地支持著彼此。金無怠力勸她從佛法中尋找慰藉，並要她與鄧小平聯繫。一九七九年中國領導階層訪美期間，金無怠曾經擔任過鄧小平的翻譯。金期望能自中國獲得協助，而周謹予也寫信給人大代表，可惜盡皆徒勞：中方否認與他有任何關係。金無怠陷入絕望，承認自己所受的間諜指控，卻在被正式判刑之前，於一九八六年二月自殺身亡[29]。

金無怠身敗名裂，不是咎於自己的行為或是任何人的錯誤，而是源於一名潛伏在新成立的國安部裡的中情局間諜俞強聲。俞強聲未向美方對口透露金無怠的全名，但是他把中情局內部一名中國特務的旅行細節提供給對方。一九八三年金無怠退休後，聯邦調查局得以把這些旅行細節和他連結起來，並且在接下來的數月間，正式立案，對他展開調查[30]。

克什米爾公主號飛機爆炸案

中國大陸的資料來源有個規則，那就是避免談論一九四九年以後的間諜案，但是這起案件是其中的例外。即便如此，源於中國的資料仍存在著不一致性。

一九五五年四月十一日，印度航空「克什米爾公主號」班機從香港飛往雅加達。在起飛五小時之後，墜毀於印度洋海域。有三名機組員倖存，其他十一人則不幸喪生，包括了來自中國、越南以及歐洲的官員和記者。一名國民黨特務趁著該班機停留在當時的英國殖民地香港啟德機場飛機跑道上時，暗中埋置一顆定時炸彈，導致了這起墜機事件[31]。

這起爆炸密謀的最初目標是中華人民共和國總理周恩來。他和高階隨行人員原本預計要搭乘該班機前往印尼，參加萬隆會議。然而，周恩來及其同僚在四天前更改了行程，由一群低階官員和記者取而代之，出現在乘客名單上[32]。

這起案件的某些面向，在英方與中方敘事之下顯得清晰：

- 這是一起由國民黨籌畫的密謀，意圖炸毀周恩來的座機。
- 超過四十名駐在香港的國民黨情報局人員涉入這起案件。
- 他們吸收了一名啟德機場的地勤人員周駒（又名周梓銘），承諾會在臺灣為他安排避難處，以及六十萬港幣的酬勞，
- 所有涉案的特務及犯人要不是逃跑，要不就是被英方遣返至臺灣，導致香港的國民政府間諜圈被大幅摧毀[33]。

儘管如此，有一項敏感的分歧依舊存在於各項文獻之間。在中共內部最一致的臆測源於曾（1994），雖然李（2015）以及一則新華社的報導（2004）對其說法提出強烈質疑[34]。相較於其他敘事，曾更為明確地描述了國民黨埋置炸彈的動機、周恩來與中國情報人員所獲知的訊息內容和時機、為何班機未取消或改期，以及英國、香港政府與美國情報人員在其中所扮演的角色等。

一九五五年年初，朝鮮停戰協定簽署不到兩年，英方是站在與中國對立的聯合國陣營。

不過，周恩來促成倫敦與北京互設代辦處，藉此成功為中英關係加溫。這邁向正式外交關係的一步，無疑是對中華民國在臺灣的國民黨政權領導人蔣介石提出警告。蔣唯恐英國承認北京的舉動，將導致中華人民共和國取代臺灣進入聯合國（這件事直到十幾年後政治局勢改變才成真）。當蔣考慮到周恩來的外交手腕，以及預計於一九五五年四月在萬隆召開的不結盟國家會議恐對蔣政權造成威脅，臺灣政府很可能便決定要破壞英國與中國大陸之間的關係。因此，即使周恩來在四月七日變更行程，避開印度航空三〇〇號航班，國民黨仍准許執行該起爆炸案，因為或許能藉此迫使萬隆會議中止，並破壞中英關係[35]。

英國檔案指出，該起爆炸案發生之後，香港當局在中國、臺灣與美國之間斡旋，以安然度過這次劫難，然而他們卻只找到間接證據顯示美國涉入此案。在拘押了四十五名涉案嫌犯之後，英國總結出最好的結果是將他們全數定罪，但是最糟的結果是在法院審理後敗訴。遣返則是中間選項，而且具備了英國可以完全掌握的優勢。然而，一名重要人物竟逃過司法制裁。五月十八日，周駒被國民黨情報局人員偷偷帶上一架由中情局執飛的民航運輸機——追根究柢，若非是過度輕忽，便是美國直接涉入該起密謀的可能性升高[36]。

曾主張，中國共產黨是最後的贏家，一方面將至少四十四名國民黨間諜趕出香港、贏得一場宣傳戰，另一方面也測試了英國被迫與美國和臺灣對立的立場可以到何等程度[37]。話雖如此，為了取得這些成果，周恩來這個在中共名人堂中幾乎被視為聖人的人物，是否利用中共情報界與外交部而犧牲了那些無辜的新華社及外國記者？

這些想法或許看似荒誕，卻在中國境內引發軒然大波，只是中國企圖反駁的結果顯得力不從心，而且還存在著兩個關鍵的矛盾。二〇〇四年外交部釋出的文件，以及二〇一五年一名在羅青長（第二章）手下工作過的前中共情報官員李鴻（音譯）堅稱，中共情報人員在四月九日發表了一份報告，其中指出國民黨意圖在兩天後於香港起飛的印度航空三〇〇號航班上放置定時炸彈。這份報告導致中國外交部在四月十日一早便向英國駐北京代表發出外交照會，英國檔案記錄了該次照會，其中表示，該項警告並無特定對象，也不是特別緊急：其內容所指，為對該班機乘客構成威脅，而非定時炸彈。除此之外，新華社與李鴻的記事皆未提及一個更核心的問題：如果周恩來在四月九日當天或之前就得知對該班機構成威脅的，其實是一顆定時炸彈，那麼，為何他沒有取消或推遲起飛時間，或是讓乘客改以其他交通方式離開？

雖然，周恩來意欲犧牲忠誠的中國公民和外國記者的臆測難免引人遐想，也同時惹惱其他人，不過另一種可能性更是顯而易見。當這些疑問在北京引發騷動時，中國共產黨正身陷危機中，一如由李克農所領導的情報機構。毛澤東對黨內高階同志的信任，受到一九五四年高崗－饒漱石事件所影響而狠狠地動搖了，由此，毛主席懷疑高階共產黨黨員和國民黨之間正在籌畫一場涉及廣泛的叛黨陰謀。一九五五年三月，毛澤東還是對於「國內反革命餘黨」的「猖獗勢力」感到擔憂[38]。此外，一九五五年四月二日，毛澤東高度懷疑潘漢年是國民黨特務，便決定逮捕他。在革命時期的中國情報界，潘漢年與李克農都是當代備受尊敬的人物，於一九五五年被逮捕的當下，他正擔任上海市副市長一職。四月三日，他遭到逮捕以後，大批中共情報人員也慘遭肅清。五天過後，毛澤東同意李克農所提出的情報圈重組建議，並成立中調部[39]。

在這些情勢下，重新安排印度航空三〇〇號航班的時間表或航道一事，可能被同一時間的一連串事件所掩蓋，或者是需要當時正處於高度戒備的毛澤東做出決策。雖然以李鴻的職位來說，他應該會意識到這些情況，但是他並沒有在報告中提及這些事件。若是將來對於目前尚未公開的檔案做進一步研究，或許最終能發現是否有任何混亂、惰性或是恐懼促成了印度航空三〇〇號航班的悲劇。

中華人民共和國早期的情報圈

關於中共情報圈自一九四九年以降在香港的行動，尤其是在一九五五年數個機構職責重疊的過渡期間，相關資料並不充分。然而，一九五八至八二年間，以中國銀行官員身分為掩護，實為中調部駐港負責人的潘靜安（第三章），卻可見一些資訊。文化大革命期間，周恩來顯然按捺住將潘靜安召回北京的壓力，而這名中調部駐港負責人也一直待在崗位上。不過，如今並不清楚他所領導的單位是否有受到一九六七年的騷動影響。

在這些年間，中調部與公安部於香港的工作可能也有區別。除了潘靜安所領導的中調部駐站，公安部另外也招募了大批旅館服務員、飯店清潔工、計程車司機、郵差和其他人來蒐集外國訪客的資料[40]。

一九七〇、八〇年代，香港是中情局內部的中調部特務金無怠和他在北京的對口偶爾會面的地方，顯示出這個英屬殖民地做為地下行動據點有其實際功能。一九九七年，香港移交之前的準備階段，為了維持香港「自由世界的地位」，英國官員努力加強香港的出口管制，以防止來自美國受管制技術的貨運出口。只可惜在這段期間，愈來愈多在中國受管制的企業來到香港，以及蓬勃發展的跨境貿易，再再使得從香港偷渡機密的兩用技術至中國軍方變得更為容易。

九龍寨城

一八四二年，在《南京條約》下，香港割讓給大英帝國後，中國監控英國活動的心力或許以九龍寨城為基地。這個地方與香港毗鄰，但仍歸中方所有，北京遂維持此處為政府的一處據點。然而，英國人意欲擴張香港版圖。一八九八年，他們開始與北京特使李鴻章談判，要求中方租借後來為人所知的新界，讓殖民政府擁有較佳的防禦條件以及更適合耕種的土地。九龍寨城位於新界範圍內，而在九十九年新界租約（1898-1997）的談判過程中，北京堅持保有此處的主權[41]。

這樣的地方似乎是間諜活動的理想基地，而這個區域也確實成為「行政上不同於殖民地其他地方的特別區」[42]。然而，一八九九年之後的大清以及後來的國民政府對九龍寨城所投注的心力，似乎僅局限於名義上而非實際上的維持主權。一九四九年，中華人民共和國成立之後，共產黨官員始終反對英國企圖驅逐該地居民、拆除老舊建物及其他諸多作為，並且聲稱這是對中國主權的侵犯。這種主張呼應了前朝中國政府的實用主義立場：以未試圖建立官方單位的方式挑戰英方極限，但仍舊抗拒英殖民政權進入九龍寨城。與此同時，英國警力定期在這塊飛地內巡邏，以阻止任何暴力罪行發生。相反地，無照執業的內科醫生、牙醫、賭博、嫖妓和毒品濫用等情事卻在其他香港境內區域更為常見[43]。

在某一刻，中共情報圈或許在九龍寨城內取得一處立足點。小說家弗德瑞克・福賽思（Frederick Forsyth）在回憶錄中寫道，一九八〇年代，一名為英國祕密情報局（Secret Intelligence Service，又稱軍情六處）工作的友人曾帶他到九龍寨城裡的一家餐廳用餐，他聲稱該店由中共情報人員經營，同時也是中英兩國情報官員會面的場所，當然也是行動基地[44]。未有其他浮上檯面的資料來源證實這項說法；一名曾經在香港待過的西方前情報官員對此評論道，中共很可能只是在商業區租借辦公空間，中共情報單位駐香港的負責人或許就坐在如今已拆除的舊中國銀行大樓裡。事實上，中調部駐港負責人潘靜安的偽裝身分便是中國銀行的內部稽核長[45]。如果九龍寨城曾為中國情報人員所用，可能也只是做為地下會議和隱藏資產的場所，而非做為任何形式的行動總部。

一九八七年，在中國政府的同意下，英國完整掌控九龍寨城，並在一九九三年全部拆除。該位址如今是一座公園，唯一保存下來的，是清朝衙門的遺跡[46]。

澳門

早在澳門成為「亞洲拉斯維加斯」之前，對政治運動者來說，就是一個由葡萄牙所管轄的避風港。一八七〇年代，推翻滿清的祕密社團正是以此為據點。現代中國之父孫中山在一八九〇年代的不同時間點，皆曾居住在這塊飛地，並於一九〇五年，在澳門成立了「同盟會」[47]。

隨著中國末代王朝在一九一一至一二年間走向滅亡，布爾什維克於一九一八年在蘇聯贏得勝利，澳門也逐漸成為另一種活動——間諜的天堂。葡萄牙曾於一九二七、一九二九年以及一九三〇年代，圍捕中國共產黨的巢穴。一九三五年三月二十七日至三十一日，胡志明短暫旅居澳門時，印度支那共產黨（越南共產黨的前身）在廣東酒店（Hotel Cantão）舉行了一場早期的代表大會。一九三七年，一名蘇聯內務人民委員部的「非法」特務冒充法國人，結果在一家餐廳執行任務時被發現[48]。這些還只是公諸於世的案例。

日本人正準備侵略中國之際，也在澳門進行投資，並以商業活動為掩護，派駐了一些情報人員[49]。一九三五年五月，新聞報導流傳著，東京向里斯本開價一億美元想買下澳門，顯然是要做為軍事基地[50]。根據一份葡萄牙的報告，當東京的軍力橫掃中國內陸，於一九三八年年中直抵華南時，澳門已經成為「日本間諜活動的中心，也是中國反間諜活動的中心」，而該報告敦促葡萄牙維持中立以維護里斯本對澳門的掌控[51]。日本士兵在澳門的旅館、餐廳以及賭博場所白吃白喝。憲兵隊（日本軍方的祕密警察）在當地依舊強烈存在，而日軍同時控制著進出澳門的活動。儘管如此，日本大多尊重澳門的中立性（如同德國尊重葡萄牙的中立性）：英國領事館依舊在，葡萄牙政府也完全不受影響，而澳門亦吸引了數十萬的難民[52]。

雖然大環境對中國共產黨始終充滿敵意，他們在城市裡的特務和農村地區的游擊隊仍找到機會擴張行動。在日占中國時期領導所有共產黨間諜行動的潘漢年，於一九三五年指示資深祕密特務柯麟醫生從香港遷居澳門，並在澳門開設診所。柯麟醫生的任務是：跟葉挺將軍（當時逃難至澳門）保持友好，並嘗試再次吸收他加入共產黨陣營。柯麟達成任務，也繼續在這塊葡萄牙飛地上執行地下任務達十六年之久。長期而言，柯麟最重要的成果是培養並吸收澳門的商界人物，如何賢與馬萬祺[53]。

日本軍隊於一九三八年登陸之際，中國共產黨東江縱隊便在這個區域展開活動。他們經營了三個地下無線電台，分別位於：香港新界、大嶼山以及澳門市區。澳門電台設在龍嵩正街（Rua Central）上的慈幼中學（Salesian School，又稱作 Escola Salesiana，也就是今日的 Instituto Salesiano），運作並未受到阻撓。日本人曾經試圖找出澳門電台的確切位址，卻徒然無功，於是該電台持續運作至戰爭結束[54]。

隨著日本在一九四五年八月投降，中國國民黨包圍澳門，一如日本此前的做法。國民黨同時在藥草商公會、理髮師、飯店雇員和工廠工人中安插特務[55]。在國民黨對澳門定期的轟炸和槍殺共產黨人士的過程中，何賢向葡萄牙尋求保護。里斯本代表對國民黨與共產黨在這塊土地上的祕密行動皆抱持容忍態度，只要他們不要影響到公共秩序。

成立於一九四九年八月的南光貿易公司，直到一九八七年——為新華社所取代，香港也是如此[56]——都是北京於澳門的非官方辦事處。何賢和馬萬祺成立教育和商會以對抗流亡至臺灣的國民黨員在澳門持續壯大。由於里斯本的薩拉查（Salazar）政府持反共立場，葡萄牙因此容忍國民黨在此地愈來愈活躍的行動。何賢成為北京與澳門葡萄牙總督之間的主要中間人，也經營一些在澳門獲利極高的黃金走私生意——不僅讓他致富，也為一九四九年立國之後的中華人民共和國帶進每個月兩千七百萬美元左右的收益[57]。葡萄牙官員大多無視這些轉出口貿易，到了韓戰期間，甚至包括了石油、輪胎以及藥品等，也送往在韓國的中國人民志願軍手中。

澳門的權力平衡在一九六六年出現了劇烈變化。在國民黨一連串轟炸及暗殺企圖後，包括五月八日對何賢座車丟擲手榴彈，以及同月間在中國大陸爆發的文化大革命，北京駐澳門的特務便準備撤離[58]。葡萄牙未妥善處理氹仔島上一間無照共產黨學校，結果在十二月三日激起抗議行動，日後被稱作「一二・三事件」。葡萄牙當局被迫關閉或驅逐臺灣在當地公開及地下組織[59]。中方代表雖然將日復一日的行政運作留待葡萄牙政府負責，但是他們如今有權力對重要事務做出最終定奪，北京的組織因而得以在澳門自由行動。一九八九年，當一名葡萄警官被問及美國兩用技術從澳門再輸出至中國的可能性時，他說道：「這是他們的國家。我們必須尊重他們的意願。」[60]

在近代，中華人民共和國所指定的領導班子允許那些在內地會被視為宗教異端分子而遭受打壓的人在澳門活動，但是他們的反情報工作更是活躍——加強打擊有組織的犯罪活動，並且仔細檢視可疑案件，例如至少一間美國賭場被認定受到中情局利用，藉此鎖定並吸收貪汙的中國官員[61]。這至少是一個跡象，顯示出澳門做為國際陰謀策畫天堂的角色仍是未完待續。

數位電台

數位電台（Number Station）意指透過高頻（短波）傳輸未釋義的號碼組。雖然源自二十世紀初期，這些廣播直至今日仍可在世界各地收聽到。至少有些數位電台可能挾帶情報機構所發出的加密訊息，並傳送至海外的地下特務。冷戰期間，數位電台的傳輸多半來自蘇聯、華沙公約同盟國、古巴、中國、北韓[62]、英國、澳大利亞以及某些美國機構。這類廣播節目持續至今日，包括一些帶有中華人民共和國信息的中文訊號。

中國數位電台廣播傳輸的訊息似乎是出自明文（plaintext）的中文字，轉換成可公開取得的四位數標準編碼（STC）[63]。標準編碼組可以透過一次性密碼本（OTP）進一步加密，實際上確保了在程序上可能產生的錯誤。特務是訊息的接受端，若是擁有相同的一次性密碼本，便可藉由收聽一般的短波電台，從容地解密訊息。

四位數的加密編碼組通常是由一名女性以清晰的中文念出來，而且這些編碼組似乎經過嚴密編寫。廣播節目會以電台識別暗號開場，諸如「我是珠海」，接著是提醒聽者準備好紙筆的指令（現在有報）。每一組四位數編碼組會複誦兩次，產出大約每五秒鐘一個中文字的傳輸速率。

這做法或許看似離奇而緩慢，尤其是與電腦和手機的訊息傳輸相較的話。然而，對易受攻擊的「非法」特務來說，則安全得多，尤其他們並不享有外交豁免權，且偏好在暗處行動。一次性密碼本易於隱藏，也很容易銷毀，而一座短波電台在當地便可取得。此外，不若情報祕密傳遞點、郵件、手機或電腦，無線電收音機不會留下任何使用者身分或位置的線索。沒有網際網路通訊協定位址、沒有訊息記錄程式（cookies），也不會有附近基地台記錄某人解開密碼或是其他手機設備號碼的情況。複製一份加密訊息的地下特務可能是在任何地方，並且無法透過定向或其他科技手法被定位。

The Conet Project、恩尼格瑪二〇〇〇（Enigma 2000）與其他計畫已經在YouTube和網際網路檔案館（Internet Archive）及其他數位電台公開紀錄，並且保有活動中的廣播節目名單。雖然數位電台比較像是冷戰遺留下來的產物，但由於其效力和安全性凌駕於其他替代方案，今日仍持續運作。

在大眾文化中，電視劇《冷戰諜夢》（*The Americans*）便刻畫出數位電台傳播的樣貌[64]。

時佩璞（1938-2009）

一九六四年年底，公安部善加利用了京劇名角時佩璞與法國外交官伯納德．布爾西科之間禁忌的性關係。公安部或許只是乘機勒索布爾西科，而非有意為之。也許並非巧合的是，同年九月三日，周恩來聽取了公安部部長謝富治關於當前行動的簡報。在簡報後的評語中，周恩來建議謝富治，道：「展開調查時，我們務必堅決反對使用美人計。」[65]

一九六四年，年僅二十的布爾西科第一次出國，便分發到法國駐北京大使館擔任行政職。據稱，他當時在理智與社交上都無法和其他法國官員共處，也才剛意識到自己是雙性戀。布爾西科愛上一名本地人時佩璞。時佩璞或許是受北京公安局指派（見第三章，英若誠），獲准與外國人交流並教授語言課程。時佩璞說服布爾西科相信自己真的是一名女性，為了個人及家庭因素才維持男性裝扮。他透過巧妙地操縱以及欺騙，持續進行著這項詭計，且最終將布爾西科介紹給一名掌握全局的公安部官員，該名官員向布爾西科要求一些文件及其他資訊。整體而言，布爾西科在這次以及往後被派赴其他海外任務期間，總計交出大約一百五十份機密文件。

之後，布爾西科被派往蒙古、北京和東南亞時，中國官員仍持續操控著他。兩人在一九八三年被捕，直到此時，布爾西科才知道自己的愛人是男兒身。四年之後，法國政府為了緩解和北京的緊張關係而赦免兩人。時佩璞在此後數年繼續表演京劇，而後於二〇〇九年過世。布爾西科的晚年則在中國與法國度過[66]。

龍潭三傑

龍潭三傑的名號，一開始指的是中國共產黨在一九二九年十二月至一九三一年四月期間運作的情報網絡。雖然三名成員之中僅一人倖存，這個網絡仍被描述成一次絕對成功的情報行動。

這個間諜網是中共第一批埋伏在國民黨保安部門的「情報小組」[67]。一九二七年四月十二日國共分裂之後，錢壯飛和胡底這兩名活躍的中共黨員於年末移居上海，隨後展開行動。經過靠打零工過活的冬天之後，錢壯飛在一九二八年中期加入國民黨開辦的無線電培訓班，那是新成立的國民黨調查科暗中支援的一門課。而調查科則被指控大肆抓捕中共黨員[68]。

錢壯飛力圖在人們眼中塑造自己的好學生形象，遵循孫中山思想、國民黨正統信仰的三民主義。一九二八年秋天，他獲得國民黨無線電管理局局長徐恩曾的注意。得利於來自浙江省湖州市的鄉音，徐便招募他進局裡工作[69]。對徐恩曾來說，不幸的是，他對錢壯飛過度信任，進而於一九二九年四月任命他為機要祕書。雖然徐恩曾在此前並無情報經驗，一九二九年十二月他仍取代陳立夫成為調查科科長。錢壯飛隨他進入這個機密組織，以徐增恩的話來說，錢成為「最能幹的員工之一……負責我們的最高機密文件。」[70]

同一個月，李克農在與錢壯飛聯繫上之後，順利參加了上海無線電管理局的招聘考試，並且被任用為新聞編輯。此外，錢壯飛把胡底介紹給上海的一名聯絡人，於是胡底也開始在上海無線電管理局工作。這三人都進入國民政府之後，便形成了一個由李克農掌控的網絡，向中央特科情報科科長陳賡報告。錢壯飛愈發贏得徐恩曾的信任，隨後負責管理位於南京的調查科總部通訊社。這時，李克農在上海，而胡底在天津，兩人也都進了調查科，以無線電管理掩護其臥底工作[71]。

雖然三傑的努力沒能讓中國共產黨完全免於敵人的傷害，他們在國民黨調查科的滲透以及陳賡領導下的中央特科工作，無不大幅降低了中共被逮捕的人數。然而，一九三一年四月，陳賡的上司、中央特科負責人顧順章變節，導致龍潭三傑的網絡曝光，並且危及了數百名共產黨員及其在全國的藏匿處。

即使在顧於一九三一年變節以前，來自國民黨的壓力便已逐步升高。一月三日，兩名中央委員會成員羅綺園和楊匏安被捕，他們遭到一名年輕女性黨員的丈夫背叛，因為該名女性黨員為了臥底而被迫與羅綺園同居，並假扮成羅的妻子[72]。

徐恩曾稱顧順章是「密勤工作天才」和「共產黨地下活動的活百科全書」，但是對國民黨來說，極其不幸的是，他們利用這個情勢的時機太晚[73]。當顧順章於四月二十五日在武漢被捕時，他就決定合作以避免遭刑求，甚至喪命，但是他堅持要跟蔣介石單獨見面，才肯透露重要訊息。當時蔣介石人在幾百哩遠的南京。至於如何把顧順章帶到南京，經過一陣猶豫不定後，國民黨總算在四月二十七日以軍機將他載抵南京。與此同時，人在南京的錢壯飛於四月二十五日發現第一封電報。他攔截該電報並解密，隨後派人至上海向李克農發出警告，並且通報中共中央委員會[74]。結果，資深共產黨員比南京的國民黨總司令更早得知顧順章變節一事。要不是有這一次幸運的突破以及錢壯飛的高度戒備，中共中央委員會可能已慘遭摧毀，諸如周恩來這些領導人會被除掉，致使這個黨落入朱德、毛澤東以及江西的紅軍手裡。

龍潭三傑的網絡因這起事件瓦解，李克農、錢壯飛與胡底逃到毛澤東的總部，其他許多共產黨員也逃過一劫[75]。李克農此後繼續發展出卓越的情報生涯，而錢壯飛、胡底皆在長征期間死亡：錢壯飛死於一場飛機爆炸事件，胡底則是落入一次「錯誤的」肅清——在毛澤東統領下的中國共產黨，這並不是什麼少見的情形[76]。從這個意義上看來，在中國共產黨革命期間，龍潭三傑的命運無疑是中共情報人員所承受高風險的縮影。

西藏

對北京的中共領導人而言，出於地緣政治因素，掌控西藏至關重要。西藏是亞洲數條大河的源頭，並且與中國核心區西南方重要的農業區四川省毗鄰。由於受外國影響——印度、英國以及美國——的一段近代歷史，也因為橫貫整個歷史，每每中國政權疲軟之際，西藏便力圖爭取獨立，由此，北京領導人便著重在確保西藏不受到外來勢力的影響。

中國對於外國滲透西藏的擔憂並不是毫無道理。當美國和臺灣的特務在一九四九年之後，於華北、華東和華南的滲透盡皆失敗時，美國在一九五七年便決定加大力道，支持西藏當地的反抗勢力。當時，對中共幹部而言，被派往西藏無疑是攸關生命的事，就如同一九五八年四月，一名解放軍官員在拉薩遇害，而他生前的職責包括了「針對西藏菁英與宗教圈展開調查、研究及行動等工作。」[77]

一九五九年三月，當達賴喇嘛及其攝政騎馬從拉薩逃往印度時，一支經中情局訓練、在當地活動將近兩年的西藏無線電團隊遇上達賴喇嘛一行人，並陪同他們一起出逃。艾森豪總統（Dwight D. Eisenhower）領導的白宮團隊嚴密追蹤中情局幹員阿塔（Athar）和洛哲（Lhotse）的報告，其中描述了達賴喇嘛大批人馬離去的場景。印度為他們提供庇護，讓他們在達蘭薩拉安頓下來，如今該地已成為朝聖者的中心。這些事件在中共領導階層心中留下不可磨滅的信念，即印度和美國只要有機會，便會利用藏人來分裂中國，而部分藏人一旦有機會，也會把握尋求獨立的出口[78]。

美國在西藏的間諜與準軍事行動於一九六八年劃下句點，並隨著一九七二年中美恢復邦交而一併葬送，只是北京依舊認為，西藏仍有來自外國特務的威脅[79]。因此，中共投注了可觀的資源來查明西方勢力是否正在滲透西藏，並且密切監視流亡藏人，尤其是達賴喇嘛。

黃鶴樓事件

記錄在中國重要人物保護行動編年史的這起事件，顯示出毛澤東促成的個人崇拜可以真真切切地危害到他自身和其他人的安全，並導致保護毛主席方針的重大轉變，儘管這不是最後一次。

一九五三年二月，在公安部部長羅瑞卿、湖北省委書記李先念、黨中央辦公室的楊尚昆以及中央警衛局局長汪東興的陪同下，毛澤東造訪了武漢。汪東興日後成為公安部副部長，負責保護中共領導階層的計畫[80]。

農曆正月初五，毛澤東表示想要造訪武漢漢陽。當時的武漢市委副書記王任重力勸主席不要去，還說該區的「社會秩序不穩定」。但是毛澤東堅持，他強迫王任重與李先念承認他們不久前才去過漢陽——所以，為什麼主席應該避開？在渡過長江前往漢陽之後，毛澤東決定參加在黃鶴樓舉辦的一場市集。抵達之際，毛澤東停下腳步，向小販買了炒豆乾。兩個小女孩認出毛主席，忍不住大叫起來，吸引了人們聚集。隨著愈來愈多人靠攏，羅瑞卿和楊尚昆建議毛主席換掉外套、戴上帽子和太陽眼鏡。他照做，但是太遲了：愈來愈多人靠攏過來，渴望見到毛澤東，身高五呎十一吋、體格粗壯以及熟悉的面容使得毛澤東在任何群體都顯得格外顯眼[81]。

隨著人群聚集，情況漸漸混亂，眾人高喊著：「毛主席萬歲！中國共產黨萬歲！」並且試圖觸摸他。從不缺勇氣的毛澤東索性脫掉帽子、太陽眼鏡，開始向群眾揮手。負責維安保護毛澤東的李銀橋及其手下拚命將毛澤東和其他重要人物推進他們的座車。他們朝向一公里遠的長江前進，搭上渡輪。隨著他們上船，周遭的人彷彿都得知毛澤東在這裡。空氣中瀰漫著「毛主席萬歲」的讚頌，使得安全回到岸上的可能性全無。羅瑞卿、楊尚昆與李先念討論著下一步。他們擔憂「反革命分子」可能會意識到毛澤東在這裡，然後試圖傷害他，這絕對不是不合理地推論。

當渡輪抵達長江西岸，一輛車已經在岸邊待命，李先念與另外三名低階幹部大聲宣告毛澤東已經離開武漢，試圖藉此轉移群眾的注意力，只是沒有人相信。一名堅持要見到毛澤東的工人衝動地脫掉上衣以表明自己沒有攜帶武器，乞求見毛主席一眼。此時，毛澤東人還在渡輪上，船舶繼續沿著河岸航行，尋找一處沒有危險人群的碼頭。羅瑞卿選了一處看起來安全的地點，召集車輛過來。然而，等到他們一登陸，更多的人群冒了出來。儘管如此，毛澤東的維安人員仍設法把他們推進車裡，成功擺脫人群。

當一行人回到毛主席的臨時居所時，依舊是上緊發條，彷彿他們適才身處一場戰役中，「眼睛還瞪的大大的。」[82]感到羞愧的羅瑞卿不覺陷入自我審查，先是對著毛澤東，後來又在整個政治局面前道歉。毛澤東對這起事件的態度輕描淡寫，聲稱這不是羅瑞卿的錯：「真是出不了的頤和園，下不了的黃鶴樓呀。」[83]

面對愈來愈高漲的個人崇拜，這次教訓讓他們體認到必須更謹慎計畫毛澤東的公開活動。羅瑞卿和汪東興合力強化毛主席的維安工作。到了一九五六年，毛澤東的貼身保鑣及其他隨扈達兩百人以上。搭飛機時，中國境內所有空中交通都禁飛，而他的食物也要先進行毒物測試。儘管如此，毛澤東在那年抱怨起這種高漲的維安力道。他覺得底下的人正過度複製蘇聯的做法；他相信群眾深愛他，並且希望他不受傷害；而且他重視自己的隱私，認定羅瑞卿和汪東興會向黨內其他領導人報告他們所知的一切。一九五七年，毛澤東外出時的隨扈降到原先人數的十分之一不到[84]。

文化大革命期間，毛澤東的維安力道再次升高，儘管在一九六七年，毛澤東在首席安全官汪東興的影響下，曾下令「造反派」紅衛兵停止對黨內領導班子進行政治攻擊[85]。

CHAPTER 6 中國崛起期間的間諜活動 Espionage during China's Rise

一九八九年以降，間諜案件的資訊遠比過去豐富。這波行動真正的高潮似乎因為愈來愈多的外國人來到中國，以及中國蒐集海外情報（可能是來自中國共產黨所分派的任務）的機會日增所驅使。雖然有更多案件可供檢視，這些案件的細節卻比過去（見第五章）來得少。來自中國與其他地方的情報官員想方設法保護資料來源和執行手法，並且希望能避免傷害到經濟活動愈見活躍的中國與其貿易伙伴之間的商業與外交關係。

從第四、五、六章所提的案件中，顯示出中國間諜的手法具有顯著的延續性，這與其他專業情報機構所採用的手法雷同。舉例來說，這些案件顯示出，中國的情報機構從目標個體的個人妥協中尋找機會，不論是性方面或是其他面向上；中國的情報人員不會局限於僅吸收中國人，而且他們不只對於獲取國家機密有興趣，也對於有助中國經濟和國防價值的外國技術與智慧財產權有興趣。後者包括兩用技術及其他關鍵數據，以協助中國的政策制定者達到國家的五年規畫（計畫）目標[1]。因此，不只是國家領導，企業高層也應該了解失去競爭優勢將對受中共贊助的技術獲取行動造成風險。

這種傳統的間諜活動並沒有消失（也永遠不會消失），儘管今日的頭條新聞多半和網路盜竊有關。即使是在電腦螢幕上，今日與過去之間的活動仍存在著連結。著名的前人民解放軍總參三部61398部隊執行的網絡入侵行動所瞄準的資訊，令人想起早期間諜所追求的：關於利害關係人的生平資料、機密資料，以及有助於軍隊現代化的技術。那麼多的間諜活動已經轉移到數位世界，因為那裡才是資訊的所在。抗日戰爭期間（1937-45），中共的情報活動聚焦在中國最大的城市，因為這些地方才是日本人與國民黨總部所在之處，也是他們保存機密之處。61398部隊、暗鼠行動及其相關單位則致力於海外的網際網絡，因為數位時代之前的大量資料皆存在其中，那是北京所渴望，也難以想像的。不只是龐大的數據量，中國駭客的行動複雜程度也不斷持續升高。

中國近代情報活動最顯著的面向，在於傳統的人員行動以及網際空間操作能力的結合。幾乎在情報蒐集的每一個階段，國家安全部與軍事情報都有能力利用網際網路來補強傳統人力情報，反之亦然。在過去，中國情報網持續探訪退休的外國政府官員和他們的親友，藉此蒐集、彙整潛在目標的資料。建構這些資料有助於快速辨識潛在目標，在他們前往中國或離開中國之際，便可吸收他們。而這些手法的不足之處，已透過非法入侵外國資料庫以取得大量個人數據的做法而補強。中國國家安全部從臺灣戶籍資料庫和美國聯邦人事管理局（U.S. Office of Personnel Management, OPM）所竊取的數據，只是公開的案例之一而已。二〇一八年九月及十月間，美國法務部所發布的起訴書顯示，來自江蘇省國安廳的情報官員經營了一個人力資源與駭客網絡，藉此獲取海外航太技術。這個國安廳所吸收的企業內部人士一方面協助他們進入外國網絡，另一方面也協助在其企業內部網絡掩飾國家安全部的活動。這種人力和技術的結合彰顯出中國的情報活動已達到世界等級的水準。

匿名德國國會議員（二〇一六年夏天被盯上）

一名不具名的國會議員透過社群網站領英（LinkedIn），收到一名中國籍經理「王傑森」（Jason Wang）的訊息。王試圖吸收該名國會議員為德國外交政策和國內政治提供分析的顧問服務。幾封訊息往來之後，王提議以三萬歐元做為回答一系列問題的初始酬勞。德國聯邦憲法保衛局（Federal Office for the Protection of the Constitution）在酬勞支付前即介入，但是據說該名國會議員已提供一些關於德國政策與政治的初步想法給中國國家安全部[2]。

匿名日本通訊官（二〇〇三至二〇〇四年被盯上）

二〇〇四年五月，日本駐上海領事館一名負責密碼與收發機要文件的官員自殺，他生前遭上海國安局脅迫，要求他提供領事館工作人員及領事通訊的資料。上海國安局利用該名職員與一名在卡拉ＯＫ工作的女子之間的不當關係，在二〇〇三年接近該名女子，而後脅迫該名官員提供同事的個人資料、領事館的中方聯絡人，以及交寄外交郵袋回東京的時程表[3]。

匿名美國學術研究員（二〇一一至二〇一二年間被盯上）

在華府某智庫擔任資深研究員的美國學者，他於中國某省會結束一場演講之後，該省國安廳便試圖接近他。中國國家安全部官員在當地的社會科學研究院臥底擔任研究員。在演講結束之後的幾週內，該名官員透過電話和電子郵件與美國學者聯繫，要求在華府進行私人會面。兩人會面時，該名官員向學者提出顧問需求，提議以數千元人民幣做為首付款，這位學者則必須在收到該官員的提示時，根據自己的社交圈以及訪談華府的同事等，撰寫分析文章。該學者當下拒絕了這項提案[4]。

葛雷格・柏格森（二〇〇八年落網，同年認罪）

葛雷格・柏格森（Gregg Bergersen）為美國國防安全合作局（Defense Security Cooperation Agency, DSCA）工作，負責東亞資料處理，其中包括臺灣。他透過郭台生與中國情報機構搭上線。雙方第一次留下紀錄的會晤是在二〇〇七年年初。郭台生聲稱自己是經商的，正尋求參與美國對臺軍售的生意管道。他讓柏格森相信，自己是為臺灣的國防部工作（雖然人在廣州的中國官員才是郭真正的上司），並且提出一項工作提議，承諾柏格森從美國國防部退休之後，可獲得六位數的薪水。雙方關係在一趟拉斯維加斯之行和現金交付之後確立。柏格森提供了美國國防系統和政策的機密資料，而兩人也共謀成立一家公司，把美國製的指揮、控制、通訊、電腦、情報、監視和偵察系統移往臺灣。柏格森在落網後不久便認罪，遭判處五年有期徒刑[5]。

班傑明・畢夏普（二〇一四年判刑）

班傑明・畢夏普（Benjamin Pierce Bishop）中校在夏威夷的一場國際軍事會議上認識了中國籍的克勞蒂亞・何（Claudia He）。兩人在二〇一一年開始交往，而畢夏普也開始透過電郵和電話，提供機密資訊給何。克勞蒂亞・何是清華大學的博士生，當時以客座研究員的身分前往美國，主要研究國際關係及軍事戰略。畢夏普所不知的是，她在前往北京時，也和中國國家安全部有聯繫。國家安全部支付她幾千美元酬勞，以美國國防合作、核武議題以及亞太戰略等訪談資料為依據來撰寫一份報告，其中有部分資料來源，便是透過她和畢夏普的聯繫所得。畢夏普承認自己將機密國防資訊透露給一名未獲授權者，並且非法持有機密國防文件。聯邦法院判處他七年有期徒刑[6]。

張祉鑫（二〇一〇年被吸收，二〇一二年落網）

臺灣海軍中校張祉鑫在擔任海軍大氣海洋局政戰處長期間，於二〇一〇年或二〇一一年為退役上尉錢經國、盧俊鈞吸收。同年間，錢經國和盧俊鈞招待張祉鑫前往菲律賓宿霧一遊，並向他介紹幾名中國的情報官員。我們不清楚張祉鑫提供哪些資料給他的窗口，但是他交出去的，有可能是自己有權限存取的大量數據資料，包括大氣及海洋戰爭環境等。他也同意協助中國情報機構，鎖定並吸收其他現役軍官。二〇一二年退伍後，張祉鑫前往中國，在福州與廈門期間，曾和中國情報官員見面。臺灣最高法院於二〇一四年判處他十五年有期徒刑[7]。

陳築藩（二〇〇四年之後被吸收，二〇一三年判刑，二〇一六年翻案）

陳築藩中將曾任臺灣憲兵司令部副司令官，也是國民黨資深黨員，為上海國安局的間諜。陳築藩在國民黨的政治和軍事圈中很有影響力，曾擔任國防部國會聯絡室主任以及國民黨臺北市黨部副主委。他在二〇〇四年退休之後，不時往返中國，此後某個時間點，他和上海國安局的人聯繫上。他同意協助上海國安局在臺灣招募間諜網絡，並且引介國防部前特種軍事情報室軍官陳蜀龍給上海國安局。兩人賣給中國情報機構的文件，大多關於軍隊部署與規畫、軍事演習、選戰分析和法輪功在臺灣的活動等。臺灣法院於二〇一三年判處陳築藩二十個月有期徒刑，二〇一四年全案上訴，原判決於二〇一六年翻案，高院更一審依證據不足，改判無罪[8]。

陳蜀龍（二〇〇六年被吸收，二〇一三年判刑）

陳蜀龍是臺灣退役少校，曾在國防部特種軍事情報室工作。二〇〇六年，退役中將陳築藩代表上海國安局接近陳蜀龍，而後者自此開始為中國從事間諜活動。陳蜀龍是否真的見到上海國安局官員，或者陳築藩是他唯一的聯絡窗口，這一點並不清楚。兩人賣給中國情報機構的文件，大多關於軍隊部署與計畫、軍事演習、選戰分析和法輪功在臺灣的活動等[9]。陳蜀龍還出售了軍事情報室和國安局官員的身分資料。二〇〇七年，他謊騙其中一名軍官前往上海，導致該軍官被國家安全部扣押偵訊長達三天。二〇一三年，臺灣法院判處陳蜀龍八年有期徒刑，經上訴後，於二〇一四年減為五年有期徒刑[10]。

陳文仁（一九九〇年代被吸收，二〇一一年落網）

陳文仁在一九九二年以中尉軍階自臺灣空軍退役，隨後的某個時間點移居中國。為總參二部吸收之前，陳文仁已經開始在中國經商，並且娶了一名中國籍女性。陳文仁在二〇〇一年與一名時任空軍中校同袍袁曉風重新聯繫上。直到二〇〇七年為止，兩人透過隨身碟將機密數據賣給總參二部。臺灣當局在二〇一一年發現陳、袁二人試圖吸收兩名年輕軍官，隨即對兩人展開調查。傳聞指出，陳文仁已吸收另一名軍官，並向中國提供臺灣戰機的相關資料。由於他自空軍退役後才開始從事間諜工作，臺灣法院於是在二〇一三年判處陳文仁二十年有期徒刑[11]。

錢經國（二〇〇九年被吸收，二〇一三年判刑）

前海軍上尉錢經國於二〇〇九年自臺灣海軍退役，隨後為盧俊鈞吸收，並接受全程招待前往印尼峇里島旅遊，並引介給中國情報人員。錢經國退役後在臺北經營燒烤餐廳，在此和可能的臺灣線人會面。他提供給中國的機密資訊，內容關於臺灣派遣海軍軍艦至非洲之角進行反海盜護漁任務的靖洋專案。該計畫最終並未成真。此外，他協助中國情報機構鎖定並招募其他臺灣國安官員。中國情報機構招待錢經國至海外旅行，也在二〇一一年為他備妥了中國共產黨黨內的正式身分。在這些海外行程中，他與盧俊鈞有幾次一起出遊，並協助中國情報機構吸收其他線人，例如張祉鑫。臺灣高院於二〇一三年判處錢經國三年有期徒刑[12]。二〇一五年，最高法院考量他自白犯行經過，處以十個月有期徒刑。

周自立（二〇一五年落網）

二〇一五年，臺灣空軍上校周自立因涉入中共解放軍退役上尉鎮小江的間諜網而遭到逮捕，同案還有另外三名現役或退役軍官被捕。沒有證據顯示周自立退役之前曾經從事間諜工作。他代表鎮小江聯繫現役臺灣軍官，並且試圖取得機密國防訊息[13]。

秦崑山（二〇一一年被吸收，二〇一七年判刑）

秦崑山（Kun Shan Chun，音譯，又名秦喬伊〔Joey Chun〕）是已歸化美國公民，為聯邦調查局的電子技師。秦崑山於一九九七年開始在聯邦調查局紐約辦公室工作，並在隔年通過與其工作相關的最高安全級別審查。二〇〇六年，或許是因為秦崑山的一些家族成員投資珠海市科力萊科技有限公司（Zhuhai Kolion Technology Company Ltd），秦及其家人與該公司相關的業務人員有了聯繫。二〇〇六至二〇一〇年間，科力萊反覆以金錢報酬或海外旅遊來交換秦崑山的顧問服務。二〇一一年，秦崑山前往法國和義大利期間，科力萊為秦支付部分旅費，公司代表同時向秦介紹一名中國官員，其身分未出現在公開文件中。不過，該名官員似乎是情報人員，他要求秦崑山提供關於聯邦調查局的內部組織、在外如何辨識聯邦調查局探員，以及聯邦調查局的監視技術等細節。這名官員只在美國境外與秦見面[14]。二〇一七年，秦崑山坦承為外國勢力擔任非正規特務，被判處兩年有期徒刑[15]。

坎迪斯·克萊彭（二〇〇三至二〇〇五年接觸，二〇一七年落網，二〇一九年判刑）

坎迪斯·克萊彭（Candace Claiborne）是美國國務院事務管理專家，被上海國安局所吸收。宣誓書上表明，克萊彭於二〇〇三至二〇〇五年派駐上海領事館期間，曾經與上海國安局官員見面。據稱上海國安局並未如一般形式吸收她，而是透過贊助她的兒子（在宣誓書中被指稱為共謀者A）來發揮影響力。多數的贊助（現金、個人電子用品、餐飲、海外旅行與度假、在中國時尚學校就讀的學費、一間配有家具的公寓，以及每個月的生活津貼）受益者都是克萊彭的兒子。一旦她明顯推諉上海國安局交代的任務，並試圖警告她的兒子遠離上海國安局官員，他們的關係以及兒子人在上海的事實，便迫使她只能繼續和上海國安局保持聯繫。在克萊彭於二〇一七年遭到逮捕之前，她或許是非自願地涉入此案，但是她早年的日記則暗示了，有某個人受每年兩萬美金的承諾所誘惑，且對於她已到手的部分金額感到滿意[16]。二〇一九年七月，克萊彭坦承罪行，被判處四十個月有期徒刑及四萬美元罰款。

共同授權人（或特務中間人）

好幾個國家的反間諜官員注意到，中國經常利用民間合作者來促成海外情報活動。聯邦調查局定義這些人為「為了讓某個行動中的成員之間，安全地傳遞資料或訊息，而利用互相信任的個人或機制來進行區域劃分。一名特務中間人或是共同授權人可以在多種類型的臥底身分下運作，在本國或海外假扮成外交官、記者、學者或是商人。這些個人被賦予的任務有如探測、評估、鎖定、蒐集以及資源運作。」[17]鎮小江與周泓旭的案例，或許可算此類。

保羅・杜米特（一九八八年被盯上）

保羅・杜米特（Paul Doumitt）是已婚、四十五歲的美國駐北京大使館通訊官員，後遭中國國家安全部鎖定。杜米特在妻子前往法國照料生病的母親期間，與一名年輕的中國銷售員展開一段長期的不倫關係。國家安全部官員在其情婦工作的商店對街當場逮到杜米特。他們要脅將對其妻子與大使館同事曝光這段婚外情的照片細節，藉此要求他指認在大使館內服務的美國情報官員。杜米特聲稱，他指認了在區域安全辦公室公開任職的三名外交安全官員——他們管理大使館的整體維安事務，以及任何對美國政府駐外人員的威脅——為可能的情報官員。他把這場會面通報給區域安全辦公室，當時的駐華大使溫斯頓・羅德（Winston Lord）便將他遣送回國[18]。

詹姆斯・方德倫（一九九九年被吸收，二〇〇九年定罪）

空軍中校詹姆斯・方德倫（James Fondren）退役後從事獨立顧問工作。他被捕時，職位為美國太平洋司令部華府聯絡處副主任。方德倫於二〇〇一至二〇〇八年間擔任此職，因為二〇〇四至二〇〇八年間洩漏國防機密而遭定罪。他是在一九九〇年代被郭台生吸收。一九九九年，郭將方德倫介紹給承辦人林宏（Lin Hong，音譯），讓方德倫以為，有一名中國官員確實收到他寫給郭台生的顧問報告。郭與方德倫兩人的諜報關係，由此隱藏在顧問服務的表象之下，但郭其實是方德倫唯一的顧客。方德倫通常以每份三百五十至八百美元不等的酬勞為郭台生撰寫意見書。方德倫任職太平洋司令部期間，他經常把機密和非機密檔案分享給郭台生，包括五角大廈針對中國軍力所撰寫的年度報告初稿。二〇〇九年，經過五天的法庭審訊之後，方德倫獲判有罪，並於隔年被判處三年有期徒刑[19]。

高曉明，「海倫」（二〇一〇年被拘押，未被起訴）

高曉明（Gao Xiaoming "Helen"，音譯）在二〇一〇與二〇一四年間擔任美國國務院的約聘譯者，她承認把同事與同事行動的資訊洩露出去。二〇〇七年在中國，一名她相信是情報官員的人接近她，請她提供在美國的社交聯絡資訊。當時，她收到一次性的六千美元酬勞，並且聲稱在二〇一〇年一月收到五千美元的電匯。不久，她和一名建築師短暫同居，此人為國務院設計美國大使館建築，因而通過了最高安全級別審查。該名雇員承認自己曾討論過設計大使館設施的工作內容，並且透露他在國務院的同事姓名。當高曉明為了與國務院簽約以及入籍美國而接受背景審查時，她隱瞞了自己與中國情報官員的關係。不知何故，就高曉明身為非正規特務或是在移民及國安文書工作上提供不實資訊等情事，美國當局拒絕起訴她[20]。

多傑嘉登（二〇一五年被吸收，二〇一八年定罪）

多傑嘉登（Dorjee Gyantsan，音譯）在瑞典一家親西藏的電臺工作，他將其他流亡藏人的資訊交給中國的情報機構。多傑嘉登是在什麼情況下被吸收的，我們不得而知，但是他確實收到一些小額付款（最高金額據稱為六千美元），也存有其報銷單據。當他在波蘭與中國專案官員會面時，多傑嘉登提供了諸多海外藏人的個人資訊，像是他們的住所、家庭關係和政治活動。瑞典當局聲稱，有兩名專案官員負責操縱多傑嘉登，包括一名中國駐波蘭大使館的外交官，以及一名駐瑞典為官方報《中國日報》（*China Daily*）工作的記者[21]。瑞典法院判處多傑嘉登二十二個月有期徒刑[22]。

朗・韓森（二〇一八年落網，二〇一九年定罪）

朗・韓森（Ron Rockwell Hansen）是美國軍方的前情報官員，也是國防情報局（Defense Intelligence Agency, DIA）的專案官員。他於二〇〇六年退出前線後，成為H-11數位鑑識公司（H-11 Digital Forensics Company）與H-11數位鑑識服務（H-11 Digital Forensics Services）的成員。為了亞洲方面的事業，他在中國設有一間辦公室及公寓。辦公室裡的其中一名伙伴——以「羅伯特」（Robert）為名——和中國的情報機構有所聯繫。雖然韓森受僱於私部門，但他直到二〇一二年仍持續以情報承包商的身分參與國防情報局的人員情報行動。二〇一二年年初，韓森開始試著和國防情報局重新搭上線，聯繫一些前同事以及國會職員，直到二〇一六年。聯邦調查局則是自二〇一四年起，對他展開調查，而他也同意與調查局進行九場自願性的面談。他在二〇一四年初告知調查局，有兩名中國國家安全部官員開始在北京與他見面，且是透過「羅伯特」安排的。第三名國家安全部官員「馬克斯．東」（Max Tong）自從二〇一一年做為國家安全部的聯絡人之後，便開始引介雙方認識。在這場交易裡，兩名國家安全部官員提議以每年三十萬美元做為「顧問費」，並且開始支付更多金額給韓森，以取得電腦鑑識產品。經過這場會面之後，「羅伯特」就不再扮演中間人的角色。國家安全部官員給韓森一部預先編寫過程式的手機，讓他在中國境內使用，並透過這支手機安排和窗口會面的時機。韓森與他在國家安全部的窗口同時簡化了匯款方式。先前，他都是收取現金，但是他曾經因為未申報價值超過一萬美元的現金而被美國海關逮到。二〇一六年，他們開始透過一個與韓森的公司有關的ＶＩＳＡ商戶帳號來處理付款事宜。國家安全部以這種方式支付了大約二十萬美元，直到韓森於二〇一八年被捕。他提供給國家安全部的資料包括了前同事、基於機密資料設計的分析產品，以及受到出口管制的電腦鑑識設備。二〇一八年六月，韓森落網，被控十五項與間諜、洗錢和違反出口管制相關的罪名[23]，並於二〇一九年九月獲判十年有期徒刑。

克勞蒂亞・何（未被起訴）

克勞蒂亞・何（Claudia He）是中國清華大學的博士生，主要進行國家安全相關研究。當何在美國馬里蘭大學（University of Maryland）擔任客座研究員時，中國國家安全部支付酬勞給她，請她透過自己的聯繫網絡取得美國國防議題與對華戰略等資訊，並撰寫成報告。她還與國防承包商班傑明・畢夏普發展出親密關係[24]。見班傑明・畢夏普。

何志強（二〇〇七年被吸收，二〇一〇年落網）

何志強是中國臺商，二〇〇七年被吸收，同時協助中國情報機構鎖定並招募其他臺灣線人。中國情報機構除了支付酬勞給何志強，也提供其他未具體說明的特權，有助於他在中國境內經營事業。在一次回臺行程中，何志強試圖招募一名臺灣國安局官員，但未能成功；他提出的條件包括兩萬美元、昂貴洋酒，並承諾會定期支付高於國安局退休金的報酬。何向該名國安局官員探聽有關國安局海外部署、衛星通訊，以及臺北對於法輪功、西藏獨立與日本的政策等訊息[25]。二〇一〇年年底，臺灣法院認定何志強屬未遂犯，判處其一年兩月徒刑、緩刑兩年。

謝嘉康（二〇〇九至一〇年被吸收，二〇一七年落網）

少將謝嘉康被捕時是馬祖防衛指揮部副指揮官。當臺灣當局對其間諜行動展開調查時，他便調離防空飛彈指揮部指揮官一職。他在該職位上，有權限取得美軍MIM-104F愛國者防空飛彈與臺灣國造天弓三型防空飛彈、雄風2E巡弋飛彈等技術細節。據稱，臺灣退役上校辛澎生引介謝嘉康給中國情報機構，後者約在二〇〇九或二〇一〇年吸收他。謝在馬來西亞與泰國見過他的窗口。臺灣調查人員並不清楚謝嘉康是否提供機密國防資訊以換取報酬，並且協助吸收其他臺灣軍官。一名軍隊同僚曾向國安官員透露，謝嘉康和某個被中國情報機構吸收的人員之間的關聯[26]。

辛澎生（二〇一六年被吸收，二〇一七年落網）

臺灣上校辛澎生退伍後從事旅遊業，而中國情報機構在他於二〇一六年帶領一支臺灣旅行團前往中國期間吸收他。辛澎生同意協助中國情報機構找尋並吸收其他臺灣線人，包括他昔日的部屬謝嘉康少將。一名線人在二〇一六年向臺灣法務部調查局舉發辛澎生，立即引發後續針對辛與謝的調查[27]。

許乃權（二〇一五年落網，二〇一六年定罪）

臺灣陸軍少將許乃權是在鎮小江間諜圈中層級最高的官員。他曾經擔任金門與馬祖防衛指揮部司令官，以及高雄陸軍官校學指部指揮官。他也曾經競選金門縣縣長一職。許乃權被判處三年有期徒刑，經上訴後減為兩年十個月。高等法院判定他為鎮小江建立間諜網的行為屬「未遂」，因此酌量改判[28]。

江蘇省國家安全廳

江蘇省國家安全廳是中國國家安全部於江蘇的省級單位。二〇一八年九月及十月，美國司法部發布了犯罪指控和起訴書，內容涉及江蘇省國安廳於二〇一〇至二〇一五年間在全球企圖獲取一種歐美製造商應用在商用飛機的渦輪扇引擎相關技術。在江蘇省國安廳的行動中，中國情報官員同時利用在外國航太製造商所吸收的間諜和外部駭客闖入目標公司的網絡。江蘇省國安廳官員還僱用了一名在美國的中國研究生，針對潛在的招募目標進行背景調查，或許還指示他加入美國陸軍預備役（U.S. Army Reserves, USAR）。美方誘使一名參與行動的江蘇省國安廳副處長徐延軍（Xu Yanjun，音譯）前往比利時，並且在當地逮捕他，而後引渡至美國。徐以江蘇省科學技術協會代表的身分，帶領外國專家與目標企業的員工至中國。在中國期間，江蘇省國安廳會試圖以支付旅費和適當酬金為交換條件，從這些外國訪客身上取得文件或其他相關的技術資訊。江蘇省國安廳官員和徐延軍一樣，皆與來自南京航空航天大學專研航太科技的研究員保持緊密聯繫，甚至陪同大學教職員出訪[29]。

柯政盛（一九九八年被吸收，二〇一三年落網）

海軍中將柯政盛於二〇〇〇至二〇〇三年間擔任臺灣海軍副司令官。一九九八年，澳洲臺商沈秉康代表中國情報機構吸收了柯政盛。為了隱藏這層關係，沈秉康招待柯及其家人前往澳洲旅遊，兩人再一同前往中國會晤他們的窗口。目前還不清楚是軍事情報部門或是中共中央統一戰線工作部招募這兩人。臺灣當局無法針對柯政盛洩漏給中國的情報內容提供具體紀錄。柯於二〇〇三年退休後，他試圖吸收幾名較年輕的軍官。臺灣法院考量到柯的年紀及配合程度，在二〇一四年判處他十四個月有期徒刑[30]。

葛季賢（二〇一七年起訴）

臺灣退役空軍飛官葛季賢是涉入鎮小江共諜案的其中一名空軍軍官。他曾經擔任空軍官校飛行訓練指揮部副指揮官[31]。一九九〇年，兩架臺灣 RF-104G 偵察機於執勤時遭中國戰機攔截，四架護航的 F-104G 戰鬥機於是在臺海上空與共機展開緊張對峙，葛季賢便是其中四名飛行員之一。當時在迫使中國戰機放棄對峙的過程中，葛所扮演的角色讓他被視作英雄[32]。

葛季賢原將面臨三至十年有期徒刑，二〇二〇年二審改判無罪，檢方仍可上訴。

郭台生（二〇〇八年落網，二〇〇八年坦承罪行）

郭台生是臺裔美國人，在路易斯安那州經營家具進口。他在總參二部與線人詹姆斯・方德倫、葛雷格・柏格森之間擔任主要中間人。一九九〇年代初期，郭台生開始在中國經商，一名中國友人把他介紹給廣州友誼協會（Guangzhou Friendship Association）的林宏（Lin Hong，音譯），因為「某人（郭）有必要知道如何在中國做生意。」[33]這段關係後來的發展並沒有公開資訊可循。他們利用郭的情婦康黎馨（Kang Rixin，音譯）為中間人，在郭租給她的北京公寓見面。二〇〇七年，郭和林開始在彼此的電郵往來中使用商用密碼[34]。一開始，郭台生的情報價值在於，他和臺灣一個歷史悠久的國民黨家庭之間有姻親關係。一九九六年，他認識了美國退役空軍中校方德倫。兩年後，郭開始支付方德倫顧問服務的費用。一九九九年，他也把方德倫介紹給林宏。方德倫於二〇〇一年成為美國太平洋司令部華府聯絡處副主任時，他的報告變得更有價值。郭台生繼續負責方德倫的行動直到他被捕，而且郭在二〇〇九年針對方德倫的審判中，出面做出反方證詞，以做為他一部分認罪協議[35]。郭台生亦培養了另一名來自美國國防部的線人柏格森，後者在國防安全合作局主責亞洲事務。雖然郭台生的專案官員似乎從未對於柏格森多所注意，郭仍試圖利用柏格森取得一項轉移美國技術至臺灣的合約，而該合約是為了支持博勝計畫（Po Sheng program）。他扮演柏格森的專案官員，不但贏得他的信任、宴請他，並且在二〇〇七年招待他至拉斯維加斯賭博。為了回報郭，柏格森讓郭台生取得國防安全合作局有關臺美軍事合作的文件，其中有些被列為機密。二〇〇八年，郭台生被捕並坦承罪行，被聯邦法院判處超過十五年有期徒刑[36]。

李振成（二〇一八年落網，二〇一九年判刑）

李振成（Jerry Chun Shing Lee）是前美國中情局專案官員。二〇〇七年退職，二〇一〇年為中國國安部廣東省國安廳吸收。根據他的口供，兩名中國國安部官員在深圳接近他，並提出十萬美元報酬。他們聲稱很清楚他的背景，並且「和他是同行」，隨後提出要照顧他的生計。不到一個月，國安部官員開始指派任務，要李振成蒐集中情局與國防情報。在李振成於二〇一二年前往美國時，美國調查員從他的所有物中，搜出筆電裡存有中情局探員、任務設施、會議地點及執勤電話等機密資訊。李振成也提供另一名已退休專案官員的資訊，而國安部似乎利用李所提供的資料，於二〇一三年接近該名專案官員。李振成和他在國安部的窗口是透過一系列不同的電子郵件帳號、電話號碼以及李的一名生意伙伴來進行聯繫。美國聯邦調查局於二〇一八年一月逮捕李政成[37]。二〇一九年十一月，聯邦法院判處李十九年有期徒刑。

陳文英（一九八四年被吸收，二〇〇三年落網）

陳文英（Katrina Leung）為華裔美籍商人，也是公民領袖。她在一九八二年為聯邦調查局探員詹姆斯．史密斯（James J. Smith）所吸收，主要回報她在中國的聯絡人及對話內容。一九八二至二〇〇〇年間，聯邦調查局總計支付了一百七十萬美元，做為陳文英回報中國政治、軍事與影響美國選舉活動的報酬。她的報告最終直接往上呈交至白宮的政策制定者與美國國家安全會議（National Security Council）[38]。一九八一年，聯邦調查局第一次注意到她，局裡一項針對違法技術轉移的調查中，有多個調查目標直接指向陳文英。聯邦調查局試圖讓陳文英變成雙面間諜，而中國國安部也在一九八四年陳文英頻繁往返中國的其中一趟旅途中吸收她。她的專案官員毛國華指示她開設一個獨立的郵政信箱，做為他們溝通的管道。她與國安部之間的關係究竟有多深多廣並不清楚，但在文件紀錄中，她首次在未經同意的情況下把機密資訊交給國安部是在一九九〇年，當時聯邦調查局收到報告得知，陳文英曾警告國安部謹慎執行機密技術及反情報行動。這是幾次暗示了陳文英背叛聯邦調查局的事實之一，而局裡卻允許負責她的詹姆斯．史密斯自行解決。這當中更大有問題的是，一九八三年，陳文英和史密斯兩人發展出親密關係，且一直持續到兩人在二〇〇三年落網。在一九九〇年代的某個時間點，史密斯逐漸向陳文英透露行動細節，並且詢問她對於其他美國情報界行動的建議。兩人私通的過程中，陳文英從史密斯的公事包中，搜尋並複製機密文件給中國國安部。結果，幾乎每一項聯邦調查局洛杉磯辦公室所知的美國行動及調查，有可能都被陳文英洩露出去了。二〇〇〇年，聯邦調查局收到一份報告，內容指出當時即將退休的史密斯是可能的問題源頭[39]。後續調查緩慢展開，直到二〇〇三年，聯邦調查局才逮捕兩人。聯邦法院於二〇〇五年撤銷針對陳文英的所有指控，因為美國政府與史密斯達成認罪協議，而法官認為，美國政府在該協議中對陳文英的辯護能力存在「不可逆的偏見」[40]。

李志豪（一九九九年落網）

李志豪被稱作有史以來滲透臺灣軍事情報局者中最知名的雙面間諜，直到一九九九年落網之前，他至少背叛了該局三名負責中國情報的探員。一九八〇年代晚期，李志豪計畫以游泳的方式叛逃至香港，顯然是受到廣東省國安廳的指示。後來他被臺灣情報單位吸收，而且十年間臺灣方面都未發現他真正效忠的對象。一九九九年，臺灣法院判處他終生監禁。二〇一五年，臺北似乎以李志豪和北京交換釋放兩名軍事情報局探員朱恭訓和徐章國，兩人在二〇〇六年於越南執行任務時，遭到中國情報機構綁架。然而，臺灣當局否認此交易。不久，在二〇一五年十一月七日，中共領導人習近平與國民黨主席馬英九便於新加坡安排了一場會議[41]。

劉其儒（二〇一五年起訴）

劉其儒為臺灣空軍退役軍官，與鎮小江共諜網絡有關係。他幫鎮小江吸收了兩名線人葛季賢和樓文卿，並且做為雙方的中間人。雖然劉其儒遭到起訴，人卻下落不明，據稱他可能是待在中國經商[42]。

羅賢哲（二〇〇四年被吸收，二〇一一年判刑）

陸軍少將羅賢哲在二〇一一年被臺灣當局以從事中國間諜工作逮捕時，其所擔任的，是臺灣陸軍通信電子資訊處處長一職。羅賢哲是在派赴泰國出任武官期間，被中國總參二部吸收。根據臺灣資料顯示，吸收劉的是一名駐華府的總參二部祕密兵科軍官，當時他的身分是在大使館進行臥底的商務官[43]。羅賢哲的主要窗口，是一名住在泰國、持有澳洲國籍的中國女情報員，她經常往返泰國、澳洲、中國以及美國。羅賢哲於二〇〇五年返臺之後，兩人仍透過網路維持聯繫。有些報告顯示，她布下美人計（見網路辭彙表「美人計」）。羅賢哲每一次遞送機密資訊，便會收到總參二部約十萬至二十萬不等的酬勞[44]。

二〇一〇年八月，羅賢哲前往美國，美國情報員和他當面對質。羅聲稱，自己在脅迫下透過錄影供認他的行動，而在他拒絕擔任雙面間諜之後，美方便將他的案件轉給臺灣當局。因坦承犯行，羅賢哲於二〇一一年被判處無期徒刑，而非死刑[45]。

盧俊均（二〇〇九年之前被吸收，二〇一四年落網）

盧俊均為臺灣軍官，最後的軍職單位是二〇〇五年的國防部參謀本部飛彈司令部。退役之後，盧俊均至中國與朋友合夥經商，而他在廈門市政府的聯絡人就把他介紹給中國情報官員。二〇〇九年，盧俊均以現金謝禮和全額招待峇里島之旅順利吸收了錢經國，同時介紹錢給中國情報員。盧、錢二人後續又吸收了張祉鑫，並且在菲律賓宿霧把他介紹給中國情報員。他們以這種方式又至少嘗試吸收其他三名臺灣軍官。盧是否還有提供其他資訊或服務給中國情報機構則尚待釐清。由於他沒有犯罪紀錄，最終只遭判處三年緩刑[46]。

百柏・麥赫蘇提（二〇〇八年被吸收，二〇一〇年定罪）

百柏・麥赫蘇提（Baibur Maihesuti）是維吾爾裔已歸化瑞典公民，他將其他主要在歐洲的海外維吾爾人的個人資料、聯繫資訊、旅行紀錄以及政治傾向通報給中國。麥赫蘇提加入世界維吾爾代表大會（World Uighur Congress），因而得以刺探會員資訊，並向北京報告他們關注的中國流亡人士。兩名公安部官員在斯德哥爾摩的中國大使館以記者和外交官身分為掩護，吸收了麥赫蘇提並安排他的工作。公安部以現金和未具體說明的服務做為麥赫蘇提的報酬。他們利用一個非公開的電話系統與麥赫蘇提聯繫。二〇一〇年，瑞典當局判處他十六個月有期徒刑[47]。這是少數所知完全在中國境外執行的間諜案。

麥大志（二〇〇七年定罪）

麥大志（Chi Mak）是已歸化美國公民，當年經由香港進入美國。當他在一九六〇年代移居至香港時，麥大志便和軍事情報機構維持聯繫，可能是總參二部。在香港期間，據稱他保管了美國與其他停泊於香港的海軍戰艦日誌。一九七八年，麥大志前往美國，並且在一九八五年歸化為美國公民。在他抵達美國和一九九六年通過身家調查期間，他所從事的情報活動並不清楚。一九八七年，一名在中國航空部工作、也是麥大志妻子的親戚，請他協助鍾東蕃（第四章）將資訊送回中國，因為麥大志的管道相對安全[48]。當麥大志在美國國防承包商L-3通訊控股公司旗下的Power Paragon擔任首席工程師時，他取得了機密許可身分之後，便開始向中國軍事情報機構提供多種受到出口管制（但不盡然是機密）的技術資訊。在這些竊取的資訊中，包括潛艇電子裝置數據、維吉尼亞級（Virginia-clas）潛艇專用的靜音電力驅動系統（quiet electric drive）、航空母艦專用的電磁飛機彈射系統，以及神盾戰鬥系統（Aegis combat system）與相關指揮控制系統。麥大志利用其家族成員，尤其是弟弟麥大泓（Tai Mak）為信差。麥氏兄弟似乎是受到意識形態驅使而犯案，而他們所收到的唯一直接報酬是專案官員會照顧麥大泓的岳母。二〇〇五年年底，麥大泓夫婦在洛杉磯國際機場被捕，當時他們持有加密數據光碟正要飛往香港，意圖將資料提供給中國人民解放軍。麥大志隨後很快遭到逮捕。二〇〇八年，聯邦法院以違反出口管制、做為外國勢力代理人與欺騙聯邦探員等罪名判處麥大志二十四年五個月有期徒刑[49]。

麥大泓（二〇〇八年判刑）

麥大泓（Tai Mak）是麥大志的弟弟，扮演後者與總參二部之間的信差。他在二〇〇一年經由香港前往美國，為鳳凰衛視的廣播工程師，而該電視臺又與中國黨國體系緊密連結。根據某些報導，麥大泓也曾經是人民解放軍軍官，或是曾與軍方有過另一正式從屬關係[50]。美國聯邦調查局在二〇〇五年年底於洛杉磯國際機場逮捕麥大泓夫妻，當時他們試圖挾帶光碟飛往香港，而這批光碟裡，存有麥大志蒐集、其子麥友（Billy Mak）加密的技術資料。二〇〇八年，聯邦法院以他協助其兄的間諜工作為由，判處麥大泓十年有期徒刑。

凱文．馬洛里（二〇一七年被吸收，二〇一八年定罪）

凱文．馬洛里（Kevin Mallory）是國防承包商，也曾擔任中央情報局行動專員，並將機密文件賣給上海國安局。他以學術交流為名義，至上海社會科學院和上海國安局人員會面。在二〇一七年三月和四月的會議上，馬洛里以兩萬五千美元的價格，售出八份機密文件。他也在其窗口的要求下，完成兩份和美國政策有關的白皮書。上海國安局官員提供他一支加載加密通訊應用程式的手機，以做為通訊、傳輸檔案和ＳＤ卡使用。馬洛里曾長時間為美國政府服務，包括在陸軍（1981-86）、國務院外交安全局（1987-90）以及做為後備軍人而接受指派的若干現役任務，因此他持有安全許可直到二〇一二年。二〇一八年六月，他所犯下的欺瞞調查人員並提供國防資訊協助外國政府等罪名成立[51]，二〇一九年被判刑二十年。

上海市國家安全局（簡稱「上海國安局」）

上海國安局是中國國家安全部在上海市負責情報與反情報任務的單位。不若許多省級和地方的國安部單位，上海國安局在中國境內及境外皆執行祕密特務活動以對抗其他國家。該局最為人所知的，是做為對抗美國最活躍的情報單位之一。上海國安局在一九八五年之前便已成立，但當時還不屬於成立於一九八三年的原國安部組織。上海國安局所使用的臥底組織多是一次性的企業機構，例如用於與奈特．塞耶（Nate Thayer）接觸的上海太平洋國際戰略顧問公司（Shanghai Pacific and International Strategy Consulting Company），但也以上海社會科學院做為其官員行動及線人前往中國時的掩護[52]。見匿名日本通訊官；坎迪斯．克萊彭；凱文．馬洛里；格倫．施萊弗（Glenn Duffie Shriver）；奈特．塞耶。

沈秉康（一九九八年被吸收，二〇一三年落網）

沈秉康是擁有澳洲及臺灣雙重國籍的商人，曾經擔任中國軍事情報機構與海軍中將柯政盛之間的中間人。由於他在海峽兩岸的生意，沈秉康與總參二部和人民解放軍的政治戰官員建立起聯繫。沈的中方聯絡人得知他與柯中將的關係之後，便吸收他做為接觸柯的媒介。一九九八至二〇〇七年間，沈秉康幾次全額招待柯政盛及其家人前往澳洲旅遊，而沈秉康與柯政盛再從澳洲前往中國。新聞報導未明確指出，是軍事情報機構或是中央統一戰線工作部吸收了沈秉康。他在二〇一四年被判處十二個月有期徒刑[53]。

格倫．施萊弗（二〇〇四年被吸收，二〇一〇年認罪）

格倫．施萊弗（Glenn Duffie Shriver）在二〇〇四年為上海國安局吸收時，才大學畢業不久。他曾投稿美中關係的論文徵文活動，而後上海國安局的官員便聯繫他，或許是因為他那篇得獎文章。二〇〇五至二〇一〇年間，施萊弗試圖進入國務院擔任外交官，也曾試圖進入中情局擔任專案官員。上海國安局為此支付他七萬美元。在這段期間，施萊弗與他在上海國安局的主要窗口維持每個月聯繫一次的頻率，其中一名窗口則提議，若考量到前往上海太冒險，可以在香港與他見面。根據某項書面紀錄指出，中情局與聯邦調查局很清楚施萊弗被上海國安局吸收，而他們針對他的背景調查，最終階段便是準備起訴他的一場騙局。二〇一〇年十月，施萊弗承認密謀偷竊機密資訊，最終被判處四年有期徒刑[54]。

詹姆斯・史密斯，「J.J.」（二〇〇三年落網）

聯邦調查局特務詹姆斯・史密斯（James J. Smith）自一九八二年起，便擔任陳文英的主要窗口直到二〇〇一年，也是陳文英在聯邦調查局內部的首要資訊來源。在吸收陳文英之後的一年裡，兩人發展出一段戀情。史密斯對陳文英的掌握以及她所提供的情報，使得他成為聯邦調查局中國行動中的重要人物。一九九〇年代早期，史密斯曾獲頒美國情報界的「年度情蒐者」獎項[55]。成功與喝采使得史密斯疏忽了監管陳文英的任務，即使是問題浮現之際。陳文英於一九八四年為中國國安部所吸收，做為聯邦調查局雙面間諜行動的一部分，陳文英握有一些管道取得調查局的行動資訊。例如史密斯會和陳文英討論正在進行中的調查及行動，包括涉及其他情報機構的案件；其次，在他們每次約會時，陳文英會從史密斯隨身攜帶的公事包裡偷取機密文件並複印。史密斯也危害到針對中國目標的機密技術行動。

奈特・塞耶（二〇一四年被盯上）

上海國安局透過電子郵件接觸資深美國記者奈特・塞耶（Nate Thayer），請他提供美國對亞洲政策的短篇報導，內容以採訪為基礎。兩名聲稱任職於上海太平洋國際戰略顧問公司的男子致信塞耶，並向他提議，由他訪問美國與外國政府裡的聯絡人，並寫成多項政策主題的短篇報導，再提供酬勞。該顧問公司聲稱，他們的焦點是關於「美國對亞洲國家的政策、美國與亞洲國家的互動，以及這些政策對中國與中國企業的影響」。向塞耶提議的首篇文章中，他們想要了解緬甸的皎漂港計畫（Kyaukpyu Port project）與美國－柬埔寨之間，針對南中國海緊張情勢如何處理的對談內容。該顧問公司提出每篇五百至一千五百美元的稿費，撰寫五到七頁、一至兩週之內完成的報告。上海國安局官員提議在中國境內或境外與塞耶碰面，包括新加坡[56]。這起案件最終無疾而終，因為塞耶拒絕了該顧問公司的提案。

王鴻儒（二〇一七年落網，二〇〇九年判刑）

王鴻儒是前臺灣國家安全局官員，曾任副總統呂秀蓮的隨扈（2002-03）。他於退役後至中國經商，經常往返兩岸之間，或是在中國待上一段時間。二〇〇九年，上海國安局或是另一個駐上海的軍事情報單位吸收了王鴻儒，與另一名臺商何志強合力建立在臺灣的間諜網。只是，目前仍不清楚為何臺灣當局在二〇一〇年逮捕何志強之後，又等了七年才逮捕王鴻儒。其中一個可能原因是，他們並未發現王鴻儒有任何觸法行為，直到他接觸在憲兵指揮部服務的一名前臺灣國安局同事。王鴻儒提議給他的前同事一份「超過他退休金數倍」的酬勞，並且招待他前往新加坡與一名中國情報官員會面。前同事拒絕了這項提議，並向國安官員舉報王鴻儒的行徑。根據一名國防部發言人的說法，在王鴻儒的間諜網中並無現役軍官參與[57]。二〇〇九年，王鴻儒因坦承犯行，遭臺灣法院判處九個月有期徒刑，緩刑三年。

袁曉風（二〇〇一年被吸收，二〇一二年落網）

袁曉風曾是臺灣空軍中校，在二〇〇一年被總參二部的特務陳文仁吸收。他於二〇〇一至二〇〇七年服役期間，至少十二度利用隨身碟把他身為航空管制員一職的國防機密傳給中方。據稱，袁曉風從總參二部收到大約二十六萬九千美元的酬勞。在袁、陳二人於二〇一一年八月試圖吸收兩名年輕軍官失利後，臺灣的反情報單位開始對他們展開調查。他的十二項間諜罪名成立，臺灣法庭最終於二〇一四年判處袁曉風十二個無期徒刑[58]。

鎮小江（二〇一五年落網，二〇一六年判刑）

鎮小江是前中國人民解放軍中校，他吸收了至少四名臺灣軍官以及一名高雄酒吧老闆。根據一些說法，鎮小江在退役後加入一個軍事情報單位，但是他可能是共同授權人，扮演各軍事情報單位之間的中間人角色。二〇〇五年，他取得香港居留權，並且開始定期往返臺港之間。在鎮小江案中遭到起訴的臺灣人，包括少將許乃權、空軍上校周自立、空軍飛官宋嘉祿、陸軍退役軍官楊榮華以及酒吧老闆李寰宇。鎮小江取得的機密資料涉及幻象2000戰機、新竹樂山雷達站的超高頻雷達，以及其他先進的臺灣軍方科技。鎮小江免費招待臺灣軍官至東南亞旅遊，有時會在這些旅程中安排與中國情報人員見面。他於二〇一六年被判處四年有期徒刑[59]。

周泓旭（二〇一七年落網）

二〇一七年三月，臺灣當局以間諜為由拘捕中國公民周泓旭，當時他試圖接近一名資淺的外交部官員未果。周泓旭承諾以現金或海外旅遊為酬勞交換機密文件。周泓旭本人不會取得文件，但是該外交官必須親自把文件帶到日本交給另一名由周安排的中國聯絡人，而前往日本的旅費則由周全程負擔。周泓旭在二〇〇九年首次來到臺灣，以交換學生的身分就讀淡江大學。二〇一二年，他再次回到臺灣，於國立政治大學企業管理研究所修讀碩士，並且在二〇一六年畢業後返回中國。隔年二月，周泓旭再次持投資簽證回到臺灣，但是在他接觸該名外交官失敗後，便於三月落網。臺灣調查人員告訴記者，周泓旭是相當積極的網絡建立者，就學時期便試圖吸收其他學生及官員[60]。

CHAPTER 7 過去與現在的中國情報與監視工作 Intelligence and Surveillance in China, Then and Now

中國情報（一九二七年至今）

有關國際間諜的書籍通常將中國隔絕在外，這個國家大多不會出現在文本及索引中，或者只是零星被提及。僅見幾名英文作者在近年詳實討論過這個主題[1]。

與此同時，一九四九年中國共產黨結束革命之前的間諜活動，其相關紀錄片、電視劇以及電影，成為中華人民共和國極為重要的產業。然而在這些影像紀錄之前，有無數的文字史實和革命英雄的傳記流傳下來。在中國並不缺乏相關出版品，而且有相當程度的著作來自香港與臺灣。對外國觀察者來說，問題在於如何從雜質中分出純粹的小麥——亦即如何從官方故事經常吹噓的記述之中，辨識出真正的歷史。

雖然我們的理解不盡理想，也不能說完整，我們仍試圖展現當代中國史幕後的情報行動，以填補國際間諜敘事中的空缺。由於祕密事件與其相關決策和重大事件有關，以致過去從未設想過的因果關係至今仍未被揭露。接下來的概述，便是為了補充這部著作的其他章節。

在一九二七年四月劇烈的國共分裂事件餘波中，中國共產黨很快地把焦點轉向改善其草創的情報及維安組織架構，企圖彌補過去對敵人的能耐及其意圖近乎致命的忽視[2]。然而，他們花了許多年才有了明顯的成效。首先，是一九二九至三〇年間透過李克農所領導的間諜圈，展開對國民黨情報機構的滲透。此間諜圈的三人即龍潭三傑[3]。就如同理察・溫特斯（Richard Winters）所主導的布里考特突擊戰（Brécourt Manor），西點軍校以這起發生在一九四四年六月六日的事件為教學案例，龍潭三傑的案件也用來教授中國國安部的新進訓練生，以及其他相關的文官、武官組織。

近乎四年之後的一九三一年四月，在中央特科負責人顧順章變節之後，中國共產黨情報界面臨了另一場絕望的掙扎[4]。為了雪恥，同時殺雞儆猴，周恩來安排謀殺顧順章妻子及其家人的行動。對中國共產黨來說，可謂幸運的是，龍潭三傑間諜網給了他們預警——即便顧順章背叛了他們。龍潭三傑與其他許多人在毛澤東和朱德的命令下，為了活命，也只能逃往紅軍位於江西的基地[5]。而這場災難事件之後，中國共產黨高度地下化的特性，促使該黨黨員得以在中國情報圈中來來去去：有些人只短暫停留，例如陳雲和李強；也有一些人在這個圈子裡待了許久，例如潘漢年、孔原和李克農。

雖然在中共核可的資料來源中，接下來的四年被描繪成靈活特務勇敢掙扎的過程，然這段期間實屬絕望境地。中共被迫撤出城市——首先是政治領導階層，接著是多數的地下特務，包括未來的中共情報界領導康生。他們與城市裡的無產階級斷了聯繫，而在馬克思理論中，無產階級是讓社會主義革命前進之不可或缺要素，促使中共致力於經營農村農民，以為推翻舊秩序的引擎。為了在城市裡穩住陣腳，中共一逕地高聲疾呼並以充滿暴力的手段所得的成果，無疑證明了他們意圖追隨莫斯科的教條式秩序，以及他們與中國無產階級站在同一陣線的決心。

隨著城市抗爭因血淋淋的教訓（1933-34）而告終，最後的中共中心便重新移往位於江西省瑞金的紅軍基地——紅軍本身則是被國民黨軍隊所包圍。中央特科（1927-35）如今已不合時宜，很快地便廢除。而旗下情報官員包括李克農與潘漢年等，皆重新分發到軍事情報單位或是其他在紅軍政治保衛局的職位，雖然有幾名地下特務仍臥底在國民黨中央政府和軍隊裡。其中一人莫雄是總司令蔣介石的下屬，他揭發蔣介石「第五次剿共」細節，而該行動意在摧毀紅軍。莫雄警告中共，他們因此得以在一九三四年十月逃亡，展開史詩般的長征。

無數的情報人員在長征途中喪命。當隊伍於江西省出發時，約有八萬六千名士兵及其他共產黨員，但僅兩萬人最終於一九三五年五月抵達四川。當長征於同年十月在陝西北部結束時，只剩下五千人還在隊伍中，由毛澤東和朱德領導，而其他人在張國燾的帶領下，於一九三六年會合。在長征展開之際擔任中共情報界領袖的鄧發，最終被李克農取代[6]。

一九三七年十一月，史達林命令中共情報老手康生自莫斯科返回該黨於延安的新基地，同行者還有陳雲和較資深（但很快地不再重要）的王明。至少一名或一名以上的蘇聯顧問和他們一同飛往中國。康生隨後接掌政治保衛局，並於一九三九年二月成立社會部，這個重組的情報組織地位提升到直接附屬於中共中央委員會[7]。

在這段期間，一波強力的掃蕩行動影響了中共領導階層：在抗日戰爭（1937-45）開打之初，一批未經過忠誠試驗的布爾喬亞城市青年魚貫湧入延安，引發一波廣泛擔憂敵方特務滲透的氛圍。隨著毛澤東鞏固其權力中心，並分散了來自王明的挑戰，他和康生展開了一項愈見極端的間諜獵捕行動，而且從資淺黨員開始。在這當中，他取得了其他重要共產黨員的同意，包括未來的受害者陳雲和劉少奇[8]。到了一九四三年晚期，他們的行動瞄準了黨內高層裡毛澤東設想中的敵人，包括周恩來。雖然這些行動對黨的團結極具破壞性，卻也創造出一烏煙瘴氣的環境，使得國民黨或是日本情報機構難以滲透。此時，毛思想首次被提出做為黨的指導方針[9]，他同時在延安公開宣稱：「特務如麻。」[10]

一九四三年十二月，來自莫斯科的指責以及黨內廣泛不滿的聲浪下，毛澤東被迫稍微停下腳步，停止肅清行動，並在一年後為過度的行動公開道歉[11]。一九四六至四七年，毛澤東以社會部的資深副手李克農取代康生，前者是龍潭三傑當中唯一的倖存者[12]。李克農將情報工作重新聚焦在黨外敵人，此舉對一九四九年的內戰勝利和中華人民共和國建國是有貢獻的。然而，康生未遭整肅：毛澤東把這名忠誠的追隨者留在身邊，儘管將他摒除在新成立的中共情報機構之外。除此之外，相對於康生，在和莫斯科協商中蘇情報合作一事，李克農才是更適合的人選。

中共的敵人在被逐出中國本土後，並沒有減緩力道，而美國在韓戰期間（1950-1953）與韓戰之後企圖牽制中國的努力，迫使中共將「非法」特務（無外交掩護）送至海外，主要是派駐在中國的周邊國家，或許也到達更遠的地方[13]。此時，已逃亡至臺灣的國民黨徒及其美國後盾所進行的刺探行動，讓毛澤東與他的維安機構有足夠的理由進行強力的反情報手段。某種程度上，他們在整個中國社會重建了延安曾經高度警戒的氛圍，進行動員及壓迫行動以強化政治控制，並殲滅他們所認定的敵人。在毛澤東日益嚴重的偏執妄想中，他對其中一名戰時專業間諜潘漢年的一次失誤過度反應，導致潘在一九五五年遭到肅清，另有大約八百至一千名情報專業人員受到懲處。在那幾個月間，毛澤東也核准了中共第一個對外間諜情報機構中調部的成立，並由李克農擔任部長[14]。

在一九五〇年代接下來的時間裡，中調部與其他機構，尤其是中國人民解放軍的軍事情報機構、公安部與檢查局（the CCP Inspection Bureau），合力建立起跨機構合作與共同原則，以達成進一步的國家情報目標[15]。隨著中共的官僚體系對於以漢民族為主體的社會掌控度逐步提升，美國與臺灣特務滲透華北、華東以及華南的成功案例在一九五〇年代減少。但是在西藏，隨著當地反抗力道加大，美國人也增強了支援[16]。中國與蘇聯情報圈之間的關係日益緊張，而在中國國安機構內派駐的蘇聯顧問也在一九六〇年中蘇交惡的前一年就撤離了[17]。

一九五七年，中調部部長李克農因健康因素而退居二線，直到他於一九六二年過世之間，其副手包括孔原得以掌握大局，而保密是中調部的特點[18]。一般行動仍持續到一九六六年文化大革命展開之時。那一年的混亂使得外國情報工作和國內反情報行動也陷入失序狀態。李克農的老上級康生依舊好戰，遂返回重掌情報與國安工作。而公安部部長謝富治則全力支持毛澤東的計畫，公然譴責他的前幾任上級，包括鄧小平。當時的外國情報領導階層幾近被掃蕩，或是送去勞改或是落入更慘的下場。一九六七年四月，紅衛兵派系在中調部內部的鬥爭迫使毛澤東和周恩來將這個機構交由人民解放軍控制。至少有部分原因是為了避免機密資料遭紅衛兵揭露。在此前幾十年間，或許唯一倖存下來的資深情報人員只有羅青長，於是在中調部解除軍事掌控後，羅被任命為中調部部長[19]。

儘管羅青長支持毛澤東的激進計畫，在毛主席於一九七六年過世、其妻江青和其他激進的四人幫領袖隨後遭到逮捕之後，羅青長仍得以保住他的職位。自一九七九年鄧小平崛起以來，相對於謝富治和康生死後仍遭到譴責並撤銷黨籍的命運，羅青長的存續顯然是強烈對比。

文化大革命的結束翻轉了激進左翼政策的主流，為數眾多在過去遭判有罪的人，至此得以重新恢復名譽，其中包括數千名先前遭批鬥並入獄的中國共產黨情報幹部。然而，案件處理速度過慢，或許是為了保護他們執行任務時所使用的手段，但唯一肯定的是，因為糾正毛澤東的失誤所涉及的政治敏感性。中國共產黨資深情報專家陳雲此時在黨內握有經濟大權，主導洗清這些情報幹部名譽的工作，期間並進行了好幾個月、甚或好幾年的詳細調查。在這些幹部中，較為人所知的有潘漢年（1906-77）與揚帆（1912-99）；前者於身後的一九八二年八月獲得平反，後者則於一九七八年獲釋，並在一九八三年十二月洗刷罪名[20]。

在一次重大的組織重組工作中，國家安全部於一九八三年成立，直接取代中調部。直到那時，鄧小平才強迫羅青長退休，其他文化大革命的受益者或許也跟著羅一起退場[21]。鄧小平在一九七九年七月曾經建議中調部停止利用外交職位做為海外特務的掩護身分，但是羅青長和其他人的抗拒可能激怒了鄧小平[22]。若說這次退場的人數規模之大，或許是一九五五年以及一九六六年之後的第三波。不論其政治性為何，具豐富經驗的官員大批離去的事實，確實削弱了中國共產黨對外情報專業人員的地位。

一九八三年後的情報工作特點，在於國安部海外行動的局限，以及解放軍情報單位愈來愈積極執行的海外行動，不論是在人力情報或是具高度成效的網路情蒐方面。一九八九年六月四日，天安門事件導致中美關係看似陷入永遠的猜忌。對於其主要貿易伙伴的間諜活動，尤其是美國、日本、英國以及臺灣，中國的擔憂日漸增加，就如同這些國家也愈來愈擔心中國的間諜活動[23]。

今日中國的監視行動

大多數的中國公民，尤其是人口比例高的漢民族，不太會引起國安和監視單位的特別注意，除非他們挑戰當局權威。至於其他民族，相對容易被視作維持現狀的威脅。非漢族如藏族、維吾爾族，若是被懷疑有「分裂主義」（偏向自中國獨立出來），會立即受到審查。其他人士如民主和人權運動者、為他們辯護的律師以及未經許可的宗教人士，同樣也會引起官方的留意、監視。

進入中國的外國人毋庸置疑，自是更容易引起官方與非官方關注，但是這個現象並不是一體適用或是絕對的。和情報機構相關的職業別——外交官、記者、非政府組織代表以及外國企業集團員工——會受到最高度的審查。最後一個類別包括在「敏感單位」工作的外國人，例如堅定支持母國政府的大型企業，以及那些將所需技術引進中國的公司[24]。反之，其他商務人士、遊客以及學生，相對不會受到注意。他們佔了中國近六十萬外籍住民中的大多數，另有數以萬計的觀光客每個月來訪中國。

對於所有人來說，不論是中國人或外國人，皆有一系列基本的例行監視程序以滿足中國政府的行政要求。地方公安、市級或縣級的公安局官員（見「公安部」），皆在他們職權內，透過記錄每個居民住所及工作地點的身分證系統，持續地審視所有中國公民。雖然不是每個人都力求遵循這套系統，尤其是那些為了新工作而移居的人，但由於科技進步，加上中國致力改善並保有這套系統的決心，它在今日或許達到前所未有的功能。公安維護著一套龐大的資料庫，串連起每個公民的身分證字號、姓名、出生日期、種族、性別和地址，並且串連起其他相關數據，如戶口以及包含工作相關資訊在內的檔案。這無疑可稱為「監視的基準」，因為該系統應用在每一個中國公民身上，追蹤每個人的日常生活細節，當局得以偵測未預期事件，並且決定是否深入調查。

相較於中國公民，外籍人士並非永久居民，然中國政府依舊遵循相同的基準目標追蹤他們。在中國半永久居住的人通常持有工作或婚姻簽證，他們必須向居住地的公安局註冊，而且一旦找到工作，也必須向工作地的公安機關登記自己的身分。有些外國人設法躲過這些登記流程，但也面臨著被驅逐的風險。外籍商務訪客、交換學生以及觀光客也不例外，即使只是前來拜訪朋友。在飯店，每一個外籍人士都必須交出護照給櫃檯人員，並讓飯店員工複印附有重要資訊的頁面，再轉交給當地公安局。若是大學裡的外籍學生，學校也必須遵循相同的規範。

如同中國人必須隨身攜帶身分證，外國人依法也必須隨身帶著護照。這些流程讓公安局得以更輕易計算轄區內的居民和每一個來訪外國人。儘管這做法看在外國人眼中或許極端，但是站在一名地方公安局官員的立場來看：若是有人在你的轄區消失或犯罪，不論是外國人或是本地人，中國共產黨會要你負責；一旦任何更高階的官員要求，你最好能夠提供他所需的完整資訊。中共當局視這套系統為負責任的做法，比較不是為了監視目的。北京對於基準監視的心態有助解釋，為何中國共產黨視基本人權如隱私、言論自由和宗教自由為意圖顛覆其政權的謬論。

近來加入這些基準程序的是「社會信用體系」，計畫在二〇二〇年全面啟用。這套系統很大程度上是由「阿里巴巴」（Alibaba）這個在中國高度成功的線上銷售平台所催生出來的。這個平台經營了支付寶（Alipay），使用者只要透過手機，就可以買到各種不同的商品，甚至是農夫市集裡的蔬果。支付寶也讓使用者得以取得芝麻信用。這家公司正在形成一套「社會誠信體系」，將政府的一套數據庫整合進芝麻信用裡，該數據庫內含有六百萬名拖欠法院罰金的名單。根據螞蟻金服（阿里巴巴集團的線上金融服務平台）前執行長彭蕾的說法，芝麻信用將能「讓壞人無處可去，讓好人暢通無阻。」[25]阿里巴巴或許將與中國共產黨緊密合作，以達該黨社會控制的目標。該公司不僅有兩千零九十四名員工為共產黨黨員，當該公司於二〇一二年僱用首位首席風險官（Chief risk officer, CRO）邵曉鋒時，也一併將公司內部的黨支部升格為黨委。邵曉鋒是在公安部服務達二十餘年、曾經獲獎的資深黨員[26]，他在公司裡的高位著實令許多海外企業維安主管欽羨，後者雖偶爾有機會崛升至那個水平，但一般而言，還是會被置於公司內部較低的位階。

除了基準監視之外，也有賴多數國家用來監視犯罪活動的方式。毒品走私是愈來愈嚴重的問題，以及其他諸如可疑的間諜活動等罪行也會引起高度監視。雖然難以確切計算出為達這些目標所付出的人力有多少，公安部與國安部顯然僱用了數以千計的人員來執行六項基本工作：

- 徒步與座車監視
- 透過城市裡廣布的閉路電視影像網絡觀察
- 室內電話及行動電話錄音，以及定位追蹤
- 監視電子郵件與其他所有網路活動
- 與監督對象相關的訪談
- 信用卡與自動櫃員機所累積的數據[27]

這些手法和其他國家類似，包括泰國；差異在於中國共產黨監視的優先次序、應用科技之精密度、監視人員的數量，以及缺乏隱私的程序[28]。在中國，不需要法官發出搜索票，政府就可以針對個人或組織進行嚴密監控。

至於，是什麼樣的活動會引起如此集中的國安關注及調查呢？如同世界其他地方，若是某人被懷疑犯下罪行，或是成為國安或情報單位所留意的對象，那麼這些做法就會派上用

場。不同於其他國家的是，中國的外籍人士相較於本地居民比例極低，而官方基於歷史因素，將這些外籍人士視為一可疑群體。擁有長時間中國經驗的西方情報人員如是形容：「相對於中國人口，外國人的比例極低，以致在中國，一名外國人不論走到那裡都會形成一道『軌跡』，如同一艘船，尤其是當他偏離了一般外國人士的居住區域與觀光路線時。中國人對於生活中不尋常現象有著驚人的記憶力，而看到一名從未出現過的外國人，正是一般中國人會銘記在心的事，就算他不是特別熱中於立刻向上級報告。」[29]

中國境內最後一次有著如此歷史性高峰的外籍人口數，是在動蕩的一九二〇、三〇年代，當時中國正遭逢列強占領和日本入侵。然而，當年和今日之間有著諸多差異，現代中國維安官員若是抱持保守心態，對於逐漸增加的外籍人口現象便可能輕易地視之為危險。為了清楚透視這個問題，我們可以提醒自己，當代中國並非一個以移民為基礎的國家——反之，這個國家的種族相對平衡、穩定，甚至到了二十世紀也會偶爾將自己孤立於世界之外。

外國訪客的行為舉止中，會被認為可疑並招致監視的，包括但不限於以下項目：與已知的異議人士或其他已受到監視的人士接觸；造訪大學校園或少數民族地區的外交官或記者；宣教活動；太接近未開放區域或軍事區域；以及曾經隸屬於外國政府部門，尤其是情報或軍事方面的機構。因此，舉例來說，如果你住在中國並且定期上教堂，而且你並未向國家宗教事務局登記，那麼就可能會引起監督體系的注意。若是教會裡的青年團體決定要在當地的酒吧區發送傳單，地方當局就會注意到，而且可能會採取意料之外的行動。

二〇一四年初暗中展開，直到二〇一六年才曝光的反間諜活動，使得國安機構對於外國人的關注度急劇升高，尤其是來自澳洲、紐西蘭、英國、加拿大、日本、臺灣以及美國的人士[30]。舉例來說，不若在俄羅斯與緬甸的反間諜人員和警察，中國負責追蹤外國人的特務顯得較難以捉摸且專業，不會公然有所動作——除了一些當地僱用的暴徒會以當局之名進行威脅恐嚇。簡言之，除非一支訓練精良的監視團隊想要你知道他們正在監視你，或是你自身曾經接受過相關訓練，你很可能不會發現他們的存在。

雖然有些對象，如外交官和記者，可能會受到優先關注，國安機構也不可能無時無刻監視著每一個外國人。在中國境內運作的國安力量，終究也只能比擬成在國際公海上的美國海軍：他們無法同一時間出現在所有地方，但是他們想去哪裡，就去哪裡，而且一旦出現，他們就是當地的主宰。

關於網路辭彙表的註解
中國間諜與安全辭彙

中華人民共和國情報機構與公安部在諜報技術、任務、行動類型、人員類別等方面所使用的辭彙，和西方實務截然不同。其中一項明顯的區別，在於其馬克思主義－列寧主義－史達林主義－毛澤東思想的世界觀（例如剷除漢奸、神祕主義、三次大的左傾）。另一個區別則是，在現代以前的中國情報任務，擁有悠久的歷史（間諜、美人計）。中國共產黨的興起其中所暗藏的陰謀和祕密，以及蘇聯在初期所提供的協助更顯得突出：地下、單線、內線，以及一名祕密特務的「三勤」。

鑑於其規模和其未來的可能性，定期更新勢在必行，所以我們將辭彙表載於ccpintel-terms.com。針對如何改善此辭彙表以及其他相關工作，我們歡迎任何評論和建議——尤其是在立論有其根據的情況下。

in China: An Introduction. Oxford: Oxford University Press, 2010.

———. "Political Personae, Biographical Profiles." In Colin Mackerras, ed., *Dictionary of the Politics of the People's Republic of China*. London: Routledge, 2001.

Tsang, Steve. "Target Zhou Enlai: The 'Kashmir Princess' Incident of 1955." *The China Quarterly* no. 139, September 1994.

Wylie, Ray. "The Vladimirov Diaries. Yenan, China: 1942–1945 by Peter Vladimirov." *Slavic Review* 36, no. 2, June 1977.

傳記目錄

Bartke, Wolfgang. *Who's Who in the People's Republic of China*. Armonk, NY: M.E. Sharpe, 1981.

Boorman, Howard L. *Biographical Dictionary of Republican China*. 4 vols. New York: Columbia University Press, 1970.

Chang Jun-mei, ed. *Chinese Communist Who's Who*. 2 vols. Taipei: Institute for International Relations, 1970.

Klein, Donald W., and Anne B. Clark. *Biographic Dictionary of Chinese Communism 1921–1965*. 2 vols. Cambridge, MA: Harvard University Press, 1971.

Lamb, Malcolm. *Directory of Officials and Organizations in China: A Quarter-Century Guide*. Armonk, NY: M. E. Sharpe, 1994.

Who's Who in Communist China. Hong Kong: Union Research Institute, 1966.

未發表之碩士論文

Mattis, Peter L. "Chinese Intelligence Operations Reconsidered: Toward a New Baseline." Georgetown University, April 2011.

Reynolds, David Anthony. "A Comparative Analysis of the Respective Roles and Power of the KGB and the Chinese Intelligence/Security Apparatus in Domestic Politics." Brown University, May 1984.

其他各式原始資料來源

Benson, Robert L. *The Venona Story*. Fort Meade, MD: Center for Cryptologic History, undated, https://www.nsa.gov/Portals/70/documents/about/crypto logic-heritage/historical-figures-publications/publications/coldwar/ven ona_story.pdf.

Central Intelligence Agency. "Beijing Institute for International Strategic Studies Established," December 14, 1979, CIA Electronic Reading Room, https:// www.cia.gov/library/readingroom/docs/DOC_0001257059.pdf.

———. "Communist China: The Political Security Apparatus." POLO 35, February 20, 1969 (declassified).

———. "Zhu Cabinet a Blend of Four Generations; Leaders Have Say in Achieving Factional Balance." *South China Morning Post*, March 19, 1998.

Li Hong. "The Truth Behind the Kashmir Princess Incident." In Zhang Xing-xing, ed., *Selected Essays on the History of Contemporary China*. Leiden: Brill, 2015.

Link, Perry. "Waiting for Wikileaks: Beijing's Seven Secrets." *The New York Review of Books*, August 19, 2010.

Litten, F. S. "The Noulens Case." *The China Quarterly*, no. 138, 1994.

Louie, Genny, and Kam Louie. "The Role of Nanjing University in the Nanjing Incident." *The China Quarterly*, no. 86, 1981.

Mattis, Peter. "The Analytic Challenge of Understanding Chinese Intelligence Services." *Studies in Intelligence* 3, no. 56, September 2012, https://www.cia.gov/library/center-for-the-study-of-intelligence/csi-publications/csi-studies/studies/vol.-56-no.-3/pdfs/Mattis-Understanding%20Chinese%20Intel.pdf.

———. "Assessing the Foreign Policy Influence of the Ministry of State Security." *China Brief* 11, issue 1, January 14, 2011, https://jamestown.org/program/assessing-the-foreign-policy-influence-of-the-ministry-of-state-security/.

———. "Everything We Know About China's Secretive State Security Bureau." *The National Interest*, July 9, 2017, http://nationalinterest.org/feature/every-thing-we-know-about-chinas-secretive-state-security-21459.

———. "New Law Reshapes Chinese Counterterrorism Policy and Operations." *China Brief*, January 25, 2016, https://jamestown.org/program/new-law-reshapes-chinese-counterterrorism-policy-and-operations/.

———. "PLA Personnel Shifts Highlight Intelligence's Growing Military Role." *China Brief*, November 5, 2012, https://jamestown.org/program/pla-person-nel-shifts-highlight-intelligences-growing-military-role/.

Moore, Paul. "Chinese Culture and the Practice of 'Actuarial' Intelligence." http:// www.asiancrime.org/pdfdocs/Actuarial_Intelligence_by_Paul_Moore.pdf.

Sapio, Flora. "*Shuanggui* and Extralegal Detention in China." *China Information* 22, no. 8, 2007, http://cin.sagepub.com/content/22/1/7.

Schoenhals, Michael. "A Brief History of the CID of the CCP" (in Chinese). In Zhu Jiamu, ed. *Dangdai Zhongguo yu tade fazhan daolu* [Contemporary China and Its Development Road]. Beijing: Contemporary China Institute and Chinese Academy of Social Sciences, 2010.

Schwarck, Edward. "Intelligence and Informatization: The Rise of the Ministry of Public Security in Intelligence Work in China." *The China Journal* 80, July 1, 2018.

Seybolt, Peter J. "Terror and Conformity, Counterespionage Campaigns, Rectification, and Mass Movement, 1942–1943." *Modern China* 12, no. 1, January 1986.

Teiwes, Frederick C. "Mao Zedong in Power (1949–1976)." In William A. Joseph, ed., *Politics*

University of Hong Kong, December 1, 2018.

Bernstein, Richard. "At China's Ministry of Truth, History Is Quickly Rewritten." *New York Times*, June 12, 1989.

Bickers, Robert. "Changing Shanghai's 'Mind': Publicity, Reform, and the British in Shanghai, 1928–1931." China Society Occasional Papers no. 26, 1992.

Branigan, Tania. "Authorities in Lhasa Parade Repentant Rioters on TV." *The Guardian* (London), March 20, 2008.

Brazil, Matthew. "Addressing Rising Business Risk in China." *China Brief* 16, issue 8, May 2016.

. "China." *The Encyclopedia of Intelligence and Counterintelligence.*

Armonk, NY: M. E. Sharpe Reference, 2005.

Burns, John. "The Structure of Communist Party Control in Hong Kong." *Asian Survey* 30, no. 8, August 1990.

Chambers, David. "Edging in from the Cold: The Past and Present State of Chinese Intelligence Historiography." *Studies in Intelligence* 56, no. 3 (2012).

"Communist Party's Vengeance, Wholesale Murders, Amazing Story from Shanghai." *Straits Times* (Singapore), December 9, 1931, http://newspapers.nl.sg/Digitised/Article/straitstimes19311209.2.73.aspx.

Dujmovic, Nicholas. "Two CIA Prisoners in China, 1952–1973: Extraordinary Fidelity." *Studies in Intelligence* 50, no. 4, 2006.

Giffin, Peter. "*The Vladimirov Diaries* by Peter Vladimirov." *The Western Political Quarterly* 29, no. 3, September 1976.

Gill, Bates, and James Mulvenon. "Chinese Military-Related Think Tanks and Research Institutes." *The China Quarterly*, no. 171, September 2002.

Hoffman, Samantha, and Peter Mattis. "Managing the Power Within: China's Central State Security Commission." *War on the Rocks*, July 18, 2016, https://warontherocks.com/2016/07/managing-the-power-within-chinas-state-security-commission/.

Kania, Elsa, and Peter Mattis. "Modernizing Military Intelligence: Playing Catchup (Part Two)." *China Brief* 16, issue 9, December 21, 2016.

Kelton, Mark. "Putin's Bold Attempt to Deny Skripal Attack." *The Cipher Brief*, September 19, 2018, https://www.thecipherbrief.com/putins-bold-attempt-to-deny-skripal-attack.

Lam, Willy Wo-Lap. "Jiang and Li Grasp Control of Security; Proteges of President and Premier Moved Up." *South China Morning Post*, March 2, 1998.

———. "Meeting Endorses New Leadership for Army; Seal of Approval for New Military Lineup." *South China Morning Post*, October 19, 1992.

———. "Security Boss Tipped to Leap Forward." *South China Morning Post*, May 29, 1997.

———. "Surprise Elevation for Conservative Patriarch's Protégé Given Security Post." *South China Morning Post*, March 17, 1998.

Vladimirov, Peter. *China's Special Area, 1942–1945*. Bombay: Allied Publishers, 1974.
———. *The Vladimirov Diaries, Yenan, China: 1942–1945*. New York: Doubleday and Company, 1975.
Wadler, Joyce. *Liaison: The Real Story of the Affair that Inspired M. Butterfly*. New York: Bantam Books, 1994.
Wakeman, Frederic, Jr. *Policing Shanghai 1927–1937*. Berkeley: University of California Press, 1995.
———. *Spymaster: Dai Li and the Chinese Secret Service*. Berkeley: University of California Press, 2003.
Wasserstein, Bernard. *Secret War in Shanghai*. London: Profile Books, 1998. Wasserstrom, Jeffrey S., ed. *Twentieth Century China: New Approaches*. London: Routledge, 2003.
Weatherly, Robert. *Mao's Forgotten Successor: The Political Career of Hua Guofeng*. New York: Palgrave Macmillan, 2010.
Werner, Ruth. *Sonya's Report*. London: Chatto and Windus, 1991.
Wesley-Smith, Peter. *Unequal Treaty 1898–1997: China, Great Britain, and Hong Kong's New Territories*. Hong Kong: Oxford University Press, 1980.
Westad, Odd Arne. *Decisive Encounters: The Chinese Civil War, 1946–1950*. Stanford, CA: Stanford University Press, 2003.
Whiting, Kenneth R. *The Soviet Union Today: A Concise Handbook*. New York: Praeger, 1966.
Whymant, Robert. *Stalin's Spy: Richard Sorge and the Tokyo Espionage Ring*. New York: St. Martin's Press, 1996.
Wise, David. *Tiger Trap: America's Secret Spy War with China*. New York: Houghton Mifflin Harcourt, 2011.
Wortzel, Larry, and Robin Higham. *Dictionary of Contemporary Chinese Military History*. Santa Barbara, CA: ABC CLIO, 1999.
Yang, Benjamin. *Deng: A Political Biography*. Armonk, NY: M. E. Sharpe, 1998.
Yeh Wen-hsin, ed. *Wartime Shanghai*. London: Routledge, 1996.
Yick, Joseph Y. S. *Making Urban Revolution in China: The CCP-GMD Struggle for Beiping and Tianjin, 1945–1949*. Armonk, NY: M. E. Sharpe, 1995.
Yu Maochun. *The Dragon's War: Allied Operations and the Fate of China, 1937– 1945*. Annapolis: Naval Institute Press, 2006.
———. *OSS in China: Prelude to Cold War*. New Haven, CT: Yale University Press, 1996.
Zhang Shu Guang. *Deterrence and Strategic Culture: Chinese-American Confrontations, 1949–1958*. Ithaca: Cornell University Press, 1992.

文章與章節

Bakken, Børge, "Transition, Age, and Inequality: Core Causes of Chinese Crime," delivered at the 20th International Conference of the Hong Kong Sociological Association, Chinese

Schoenhals, Michael. *Spying for the People: Mao's Secret Agents, 1949–1967*. New York: Cambridge University Press, 2013.

Schwar, Harriet Dashiell, ed. *Foreign Relations of the United States, 1964–1968*. Vol. 30: *China*. Washington, DC: Government Printing Office, 1998.

Shambaugh, David. *Modernizing China's Military: Progress, Problems, and Prospects*. Berkeley: University of California Press, 2002.

Share, Michael. *Where Empires Collided: Russian and Soviet Relations with Hong Kong, Taiwan, and Macao*. Hong Kong: Chinese University Press, 2007.

Short, Philip. *Mao: A Life*. New York: Henry Holt, 2000.

Snow, Edgar. *Random Notes on Red China (1936–1945)*. Cambridge, MA: Harvard University Press, 1957.

. *Red Star Over China*. London: Victor Gollancz Ltd., 1938.

Soeya, Yoshihide. *Japan's Economic Diplomacy with China, 1945–1978*. Oxford: Clarendon Press, 1998.

Spence, Jonathan D. *The Search for Modern China*. New York: W. W. Norton and Co., 1999.

Sun Shuyun. *The Long March: The True History of Communist China's Founding Myth*. New York: Doubleday, 2006.

Swaine, Michael D., and Zhang Tuosheng with Danielle F. S. Cohen, eds. *Managing Sino-American Crises: Case Studies and Analysis*. Washington, DC: Brookings Institution Press, 2006.

Taylor, Jay. *The Generalissimo: Chiang Kai-shek and the Struggle for Modern China*. Cambridge, MA: The Belknap Press of Harvard University, 2009.

Teiwes, Frederick C. *Politics and Purges in China: Rectification and the Decline of Party Norms, 1950–65*. Armonk, NY: M. E. Sharpe, 1979.

———. *Politics at Mao's Court: Gao Gang and Party Factionalism in the Early 1950s*. Armonk, NY: M. E. Sharpe, 1990.

Teiwes, Frederick C., and Warren Sun. *The Formation of the Maoist Leadership: From the Return of Wang Ming to the Seventh Party Congress*. London: Contemporary China Institute Research Notes and Studies, 1994.

———. *The End of the Maoist Era: Chinese Politics During the Twilight of the Cultural Revolution*. Armonk, NY: M. E. Sharpe, 2007.

Trahair, Richard. *Encyclopedia of Cold War Espionage, Spies, and Secret Operations*. Westport, CT: Greenwood Press, 2004.

Unger, Jonathan, ed. *Using the Past to Serve the Present: Historiography and Politics in Contemporary China*. Armonk, NY: M. E. Sharpe, 1994.

Van de Ven, Hans. *War and Nationalism in China 1925–1945*. London: Routledge Curzon, 2003.

. *Warfare in Chinese History*. Boston: Brill, 2000.

1946–1973 [The Gold on the Axis of Hong Kong and Macau, 1946– 1973]. Macau: Instituto Português do Oriente, 2012.
May, Ernest, ed. *Knowing One's Enemies: Intelligence Assessment before the Two World Wars.* Princeton: Princeton University Press, 1986.
McGregor, Richard. *The Party: The Secret World of China's Communist Rulers.* London: Penguin Press, 2010.
McReynolds, Joe, ed. *China's Evolving Military Strategy.* Washington, DC: The Jamestown Foundation, 2016.
Meisner, Maurice. *Mao's China and After: A History of the People's Republic.* New York: The Free Press, 1999.
Nathan, Andrew, and Andrew Scobell. *China's Search for Security.* New York: Columbia University Press, 2012.
Nelson, Steve, James R. Barrett, and Rob Ruck. *Steve Nelson, American Radical.* Pittsburgh: University of Pittsburgh Press, 1981.
Ownby, David, ed. *Secret Societies Reconsidered: Perspectives on the Social History of Modern South China and Southeast Asia.* Armonk, NY: M. E. Sharpe, 1993.
Pantsov, Alexander V., and Steven I. Levine. *Deng Xiaoping: A Revolutionary Life.* New York: Oxford University Press, 2015.
. *Mao: The Real Story.* New York: Simon and Schuster, 2002.
Perry, Elizabeth. *Shanghai on Strike: The Politics of Chinese Labor.* Stanford, CA: Stanford University Press, 1993.
Pollpeter, Kevin, and Kenneth W. Allen, eds. *The People's Liberation Army as Organization 2.0.* Vienna, VA: DGI Inc., 2015.
Polmar, Norman, and Thomas B. Allen. *The Encyclopedia of Espionage.* New York: Gramercy Books, 1997.
Pomfret, John. *The Beautiful Country and the Middle Kingdom.* New York: Henry Holt, 2016.
Porter, Edgar A. *The People's Doctor: George Hatem and the Chinese Revolution.* Honolulu: University of Hawaii Press, 1997.
Richelson, Jeffrey T. *A Century of Spies: Intelligence in the Twentieth Century.* New York: Oxford University Press, 1997.
Rittenberg, Sidney, and Amanda Bennett. *The Man Who Stayed Behind.* New York: Simon and Schuster, 1993.
Roche, Edward M. *Snake Fish: The Chi Mak Spy Ring.* New York: Barraclough, 2008.
Saich, Tony, and Hans Van de Ven, eds. *New Perspectives on the Chinese Communist Revolution.* Armonk, NY: M. E. Sharpe, 1995.
Salisbury, Harrison E. *The Long March: The Untold Story.* New York: Harper and Row, 1985.
Schell, Orville, and John Delury. *Wealth and Power: China's Long March to the Twenty-First Century.* New York: Random House, 2013.

Hoffman, Tod. *The Spy Within*. Hanover, NH: Steerforth Press, 2008.

Hsu Kai-yu. *Chou En-lai, China's Gray Eminence*. New York: Doubleday, 1968.

Hyman, Bruce G. *Chinese-English English-Chinese Information Technology Glossary, Second Edition*. Springfield, VA: Dunwoody Press, 2013.

Johnson, Chalmers, ed. *Ideology and Politics in Contemporary China*. Seattle: University of Washington Press, 1973.

Klehr, Harvey, John Earl Haynes, and Fridrikh Firsov. *The Secret World of American Communism*. New Haven, CT: Yale University Press, 1993.

Knaus, John Kenneth. *Orphans of the Cold War: America and the Tibetan Struggle for Survival*. New York: Public Affairs, 2000.

Kotani, Ken. *Japanese Intelligence in World War II*. Oxford: Botely Publishing, 2009.

Lampton, David, ed. *The Making of Chinese Foreign and Security Policy in the Era of Reform, 1978–2000*. Stanford, CA: Stanford University Press, 2001.

Lee Chae-Jin. *Zhou Enlai: The Early Years*. Stanford, CA: Stanford University Press, 1994.

Leonard, Raymond W. *Secret Soldiers of the Revolution*. Westport, CT: Greenwood Press, 1999.

Li Tien-min. *Chou En-lai*. Taipei: Institute of International Relations, 1970.

Li Xiaobing. *China at War: An Encyclopedia*. Santa Barbara, CA: ABC CLIO, 2012.

Lindsay, Jon R., Tai-ming Cheung, and Derek S. Reveron. *China and Cybersecurity: Espionage, Strategy, and Politics in the Digital Domain*. New York: Oxford University Press, 2015.

Lilley, James, and Jeffrey Lilley. *China Hands: Nine Decades of Adventure, Espionage, and Diplomacy in Asia*. New York: Public Affairs, 2004.

Lima, Fernando. *Macau: as duas Transições* [Macau: The Two Transitions]. Macau: Fundação Macau, 1999.

Lindsay, Michael. *The Unknown War: North China 1937–1945*. London: Bergstrom and Boyle Books, 1975.

Loh, Christine. *Underground Front: The Chinese Communist Party in Hong Kong*. Pokfulam: Hong Kong University Press, 2010.

MacFarquhar, Roderick. *The Origins of the Cultural Revolution,* Vol. 2: *The Great Leap Forward 1958–1960*. New York: Columbia University Press, 1983.

———. *The Origins of the Cultural Revolution*, Vol. 3: *The Coming of the Cataclysm 1961–1966*. New York: Columbia University Press, 1997.

MacFarquhar, Roderick, ed. *The Politics of China: Sixty Years of the People's Republic of China*. Third ed. Cambridge: Cambridge University Press, 2011.

MacFarquhar, Roderick, and Michael Schoenhals. *Mao's Last Revolution*. Cambridge, MA: Harvard University Press, 2006.

Marques, Vasco Silverio, and Anibal Mesquita Borges. *O Ouro no Eixo Hong Kong Macau,*

Dzhirkvelov, Ilya. *Secret Servant: My Life with the KGB and the Soviet Elite*. London: Collins, 1987.

Dziak, John J. *Chekisty: A History of the KGB*. Lanham, MD: Lexington Books, 1988.

Easton, Ian. *The Chinese Invasion Threat: Taiwan's Defense and America's Strategy in Asia*. Arlington, VA: Project 2019 Institute, 2017.

Eftimiades, Nicholas. *Chinese Intelligence Operations*. Annapolis, MD: Naval Institute Press, 1994.

Fairbank, John K., ed. *The Cambridge History of China*, Vols. 12 and 13, *Republican China 1912–1949, Parts I and II*. Cambridge: Cambridge University Press, 1983.

———. *The Cambridge History of China*, Vol. 15, *The People's Republic, Part 2: Revolutions Within the Chinese Revolution 1966–1982*. Cambridge: Cambridge University Press, 1991.

———. *The Great Chinese Revolution 1800–1985*. New York: Harper and Row, 1986.

Faligot, Roger. *Les Services Secrets Chinois de Mao aux Jo* [The Chinese Secret Services of Mao and Zhou]. Paris: Nouveau Monde, 2008.

Faligot, Roger, and Remi Kauffer. *The Chinese Secret Service*. London: Headline Book Publishing, 1990.

Forsyth, Frederick. *The Outsider: My Life in Intrigue*. New York: Putnam, 2015.

Gao Wenqian. *Zhou Enlai: The Last Perfect Revolutionary*. New York: BBS Public Affairs, 2007.

Garside, Roger. *Coming Alive! China after Mao*. New York: McGraw-Hill, 1981.

Garver, John W. *Chinese-Soviet Relations, 1937–1945: The Diplomacy of Chinese Nationalism*. New York: Oxford University Press, 1988.

Gertz, Bill. *Enemies: How America's Foes Steal Our Vital Secrets—and How We Let It Happen*. New York: Crown Forum, 2006.

Gleason, Gene. *Hong Kong*. New York: John Day Company, 1963.

Guedes, João. *Macau Confidencial*. Macau: Instituto Internacional Macau, 2015.

Gunn, Geoffrey C. *Encountering Macau: A Portuguese City-State on the Periphery of China, 1557–1999*. Boulder, CO: Westview Press, 1996.

Guo Xuezhi. *China's Security State: Philosophy, Evolution, and Politics*. Cambridge: Cambridge University Press, 2012.

Hannas, William, James Mulvenon, and Anna B. Puglisi. *Chinese Industrial Espionage: Technology Acquisition and Military Modernization*. New York: Routledge, 2013.

Hart, John N. *The Making of an Army "Old China Hand": A Memoir of Colonel David D. Barrett*. Berkeley: University of California Institute of East Asian Studies, 1985.

Haynes, John Earl, and Harvey Klehr. *In Denial: Historians, Communism, and Espionage*. San Francisco: Encounter Books, 2003.

———. *Venona: Decoding Soviet Espionage in America*. New Haven, CT: Yale University Press, 1999.

Andrew, Christopher, and Vasili Mitrokhin. *The Sword and the Shield: The Mitrokhin Archive and the Secret History of the KGB*. New York: Basic Books, 1999.

Barme, Geremie R. *In the Red: On Contemporary Chinese Culture*. New York: Columbia University Press, 1999.

Barnouin, Barbara, and Yu Changgen. *Chinese Foreign Policy during the Cultural Revolution*. London: Kegan Paul International, 1998.

———. *Zhou Enlai: A Political Life*. Hong Kong: Chinese University of Hong Kong, 2006.

Barrett, David D. *Dixie Mission: The United States Army Observer Group in Yenan, 1944*. Berkeley: University of California Center for Chinese Studies, 1970.

Benton, Gregor. *New Fourth Army: Communist Resistance Along the Yangtze and Huai, 1938–1941*. Richmond, Surrey: Curzon Press, 1999.

Booth, Robert David. *State Department Counterintelligence: Leaks, Spies, and Lies*. Dallas, TX: Brown Books Publishing Group, 2014.

Botas, João F. O. *Macau 1937–1945, os Anos da Guerra* [Macau 1937–1945, the war years]. Macau: Instituto Internacional de Macau, 2012.

Brady, Anne-Marie. *Making the Foreign Serve China: Managing Foreigners in the People's Republic*. Lanham, MD: Rowman and Littlefield, 2003.

Braun, Otto. *A Comintern Agent in China, 1932–1939*. St. Lucia, Australia: University of Queensland Press, 1982.

Byron, John, and Robert Pack. *The Claws of the Dragon: Kang Sheng—The Evil Genius Behind Mao—and His Legacy of Terror in People's China*. New York: Simon and Schuster, 1992.

Carl, Leo D. *CIA Insider's Dictionary of U.S. and Foreign Intelligence, Counterintelligence, and Tradecraft*. Washington, DC: NIBC Press, 1996.

Chan Lau Kit-ching. *From Nothing to Nothing: The Chinese Communist Movement in Hong Kong, 1921–1936*. New York: St. Martin's Press, 1999.

Chan Sui-jeung. *East River Column: Hong Kong Guerrillas in the Second World War and After*. Hong Kong: Hong Kong University Press, 2009.

Conquest, Robert. *The Great Terror: A Reassessment*. New York: Oxford University Press, 1991.

———. *Inside Stalin's Secret Police: NKVD Politics 1936–1939*. London: MacMillan Press Ltd., 1985.

Deacon, Richard. *The Chinese Secret Service*. New York: Taplinger Publishing, 1974. DeVore, Howard. *China's Intelligence and Internal Security Forces*. Coulsdon, UK: Jane's Information Group, 1999.

Dunham, Mikel. *Buddha's Warriors: The Story of the CIA-Backed Tibetan Freedom Fighters, the Chinese Communist Invasion, and the Ultimate Fall of Tibet*. New York: Jeremy Tarcher Inc., 2014.

Dutton, Michael. *Policing Chinese Politics*. Durham and London: Duke University Press, 2005.

ment (Skylong.com.cn), 2004. A television series in twenty-four episodes.
Nv jiaotong yuan [The Woman Courier]. Changchun dianying zhipian chang, 1978.
Zhang Xin, director. *Zhonggong dixia dang* [The Chinese Communist Underground], 2008. A television series in twenty episodes.

以英文撰寫之主要中文資料來源

書籍與專論

Chen Yun. *Selected Works of Chen Yun, 1926–1949*. Beijing: Foreign Languages Press, 1988.
Chiang Kai-shek. *Soviet Russia in China*. New York: Farrar, Straus and Cudahy, 1957.
Compton, Boyd, ed. *Mao's China, Party Reform Documents, 1942–1944*. Seattle: University of Washington Press, 1952.
Ji Chaozhu. *The Man on Mao's Right*. New York: Random House, 2008.
Kuo, Warren. *Analytical History of the Chinese Communist Party*, 4 vols. Taipei: Institute of International Relations, 1968, 1970, 1971.
Li Zhisui. *The Private Life of Chairman Mao: The Memoirs of Mao's Personal Physician*. London: Chatto and Windus, 1994.
Mao Tse-tung [Mao Zedong]. *Selected Military Writings of Mao Tse-tung*. Beijing: Foreign Languages Press, 1963.
———. *Selected Works of Mao Tse-tung*, vol. 1. Beijing: Foreign Languages Press, 1965.
———. *Selected Works of Mao Tse-tung*, 5 vols. New York: International Publishers, 1954.
Saich, Tony, ed. *The Rise to Power of the Chinese Communist Party: Documents and Analysis*. Armonk, NY: M. E. Sharpe, 1996.
Schram, Stuart, Nancy Hodes, and Stephen C. Averill. *Mao's Road to Power: Revolutionary Writings, 1912–1949*, vol. 4. Armonk, NY: M. E. Sharpe, 1992.
T'ang Liang-li. *Suppressing Communist Banditry in China*. Shanghai: China United Press, 1934.
Wilbur, C. Martin, and Julie Lien-ying How. *Documents on Communism, Nationalism, and Soviet Advisors in China, 1918–1927: Papers Seized in the 1927 Peking Raid*. New York: Columbia University Press, 1956.
Xu Enzeng [U. T. Hsu]. *The Invisible Conflict*. Hong Kong: China Viewpoints, 1958.
Zhang Guotao [Chang Kuo-t'ao]. *The Rise of the Chinese Communist Party, 1928– 1938*. Lawrence: University Press of Kansas, 1972.

二手資料來源

書籍與專論

Allen, Maury. *China Spy: The Story of Hugh Francis Redmond*. New York: Gazette Press, 1998.

Beijing: Zhonggong Zhongyang Dangxiao Chubanshe, 1992.
Zhongguo gongchandang zuzhi shi ziliao [CCP Materials on Organizational History]. Beijing: Zhonggong Dangshi Chubanshe, 2000.
Zhonghua renmin gonghe guo di er jixie gongye bu [PRC Second Ministry of Machine Building], ed. *Zhongyao wenjian huibian* [Assembly of Important Documents]. Beijing: Second Ministry of Machine Building, July 1955.
Zhou, Jinyu Cathy. *Wode zhangfu Jin Wudai zhi si* [The death of my husband Jin Wudai]. Taipei: Dong Huang Wenhua Chuban Shiye Gongsi, 1998.
Zhou Enlai nianpu 1898–1949 [Annals of Zhou Enlai, 1898–1949]. Beijing: Zhongyang Wenxian Chubanshe, 1989.
Zhou Enlai nianpu 1949–1976 [Annals of Zhou Enlai, 1949–1976]. 3 vols. Beijing: Zhongyang Wenxian Chubanshe, 1997.

線上資源

The Chinese Mirror: A Journal of Chinese Film History. http://www.chinesemirror.com/.
Ding Shaoping. "Mao Zedong zhishi zhuzhi yisheng shishi 'yaowu zhuzhe duhai' Wang Ming?" [Did Mao Zedong Order Attending Physicians to Gradually Poison Wang Ming?], December 29, 2011. http://history.people.com.cn/GB/205396/16752903.html.
"Hongse tegong Qian Zhuangfei" [Red Special Agent Qian Zhuangfei]. *Renmin-wang*, http://dangshi.people.com.cn/GB/144964/145470/8859544.html.
"Mao Zedong zan hongse tegong Zeng Xisheng: meiyou tade erju, jiu meiyou Hongjun" [Mao Zedong Praised Red Special Agent Zeng Xisheng: Without His 2d Bureau There Would Be No Red Army]. Beijing Ribao, March 22, 2010, https://wenku.baidu.com/view/b22235b91a37f111f1855b4b.html.
"On Questions of Party History—Resolution on Certain Questions in the History of Our Party Since the Founding of the People's Republic of China," June 27, 1981. *Zhongguo Gongchandang xinwen wang* [CCP News Network], http:// english.cpc.people.com.cn/66095/4471924.html.
Xu, Aihua. "Zhongguo de Fu'er Mosi: Yuan Gongan buzhang Zhao Cangbi de Yan'an baowei gongzuo" [China's Sherlock Holmes: Former MPS Minister Zhao Cangbi's Protection Work in Yan'an]. *Renminwang*, November 12, 2009, http://dangshi.people.com.cn/GB/85038/10366238.html.
"Yifen juemi qingbao cushi hongjun tiaoshang changzhenglu" [Secret Intelligence Prompted Red Army to Embark on Long March]. *Zhongguo Gongchan-dang xinwen wang* [CCP News Network], http://dangshi.people.com.cn/GB/144956/9090941.html.

電影與電視節目

Chen Yingqi, director. *Guojia mimi* [State Secrets]. Jiangsu Tianlong Culture Media Develop-

gong Dangshi Yanjiu [The Study of Chinese Communist History] no. 3, 1999.

參考作品

Chen Yun. *Chen Yun wenxian, 1926–1949* [Works of Chen Yun, 1926–1949]. Beijing: Renmin Chubanshe, 1984.

———. *Chen Yun wenxian, di 3 juan* [Selected Works of Chen Yun, vol. 3]. Beijing: Renmin Chubanshe, 1995.

Chen Yun nianpu, 1905–1995, xia juan [Annals of Chen Yun, 1905–1995, vol. 3]. Beijing: Zhongyang Wenxian Chubanshe, 2000.

Kang Sheng. "Qiangjiu shizu zhe—Kang Sheng zai Zhongyang zhishu dahui de baogao" [Rescue Those Who Have Lost Their Footing—Kang Sheng's Report to Units Subordinate to the Central Committee], July 15, 1943. In Zhongguo Renmin Jiefangjun Guofang Daxue Dangshi Dangjian Zhonggong Jiaoyan Shi, ed. *Zhonggong Dangshi Jiaoxue Cankao Ziliao* [Reference Materials for the History of the CCP, vol. 17]. Beijing: n.p., n.d.

Liu Shufa, ed. *Chen Yi nianpu* [The Annals of Chen Yi, vol. 2]. Beijing: Renmin Chubanshe, 1995.

Shen Xueming, ed. *Zhonggong diyi jie zhi diwu jie Zhongyang weiyuan* [Central Committee Members from the First CCP Congress to the Fifteenth]. Beijing: Zhongyang Wenxian Chubanshe, 2001.

Wang Jianying, ed. *Zhongguo Gongchandang zuzhi shi ziliao huibian* [Compilation of Materials on CCP Organizational History]. Beijing: Hongqi Chubanshe, 1983.

Xiao Zhihao. *Zhonggong tegong* [Chinese Communist Special Operations].
Beijing: Shidai Wenxian Chubanshe, 2010.

Xu Zehao, ed. *Wang Jiaxiang nianpu* [Annals of Wang Jiaxiang]. Beijing: Zhongyang Wenxian Chubanshe, 2001.

Yang Shangkun. *Yang Shangkun riji, Shang* [The Diary of Yang Shangkun, vol. 1]. Beijing: Zhongyang Wenxian Chubanshe, 2001.

Yang Shengqun, ed. *Deng Xiaoping nianpu, 1904–1974* [Annals of Deng Xiaoping, 1904–1974]. 3 vols. Beijing: Zhongyang Wenxian Chubanshe, 2009.

Zeng Qinghong, ed. *Zhongguo gongchandang zuzhishi ziliao* [Materials on Chinese Communist Organizational History, vol. 4, no. 1]. Beijing: Zhongguo Gongchandang Zuzhishi Ziliao Bianshen Weiyuanhui, 2000.

Zhonggong dangshi dashi nianbao [Chronology of Major Events in CCP History]. Beijing: Renmin Chubanshe, 1987.

Zhonggong dangshi renwu zhuan [Biographies of Personalities in Chinese Communist Party History]. Vols. 1–60: Xi'an: Shaanxi Renmin Chubanshe, 1980– 96; Vols. 61 onward, Beijing: Zhongyang Wenxian Chubanshe, 1997.

Zhonggong zhongyang wenjian xuanji [Selected Documents of the CCP Central Committee].

Zhongguo Renmin jingcha jianshi [A Brief History of Chinese People's Policing]. Beijing: Jingguan Jiaoyu Chubanshe, 1989.

Zhu Jiamu, ed. *Dangdai Zhongguo yu tade fazhan daolu* [Contemporary China and Its Developmental Road]. Beijing: Xiandai Zhongguo Xueyuan, Zhong-guo Shehui Kexue Xueyuan, 2010.

期刊與雜誌

Bainianchao [The Hundred Year Tide]. Beijing: Zhonggong Zhongyang Dangshi Yanjiushi, 1997.

Dang de wenxian [The Party's Documents]. Beijing: Zhongyang Wenxian Chubanshe, 1988.

Dangdai Zhongguoshi yanjiu [Contemporary Chinese History Research]. Beijing: Dangdai Zhongguo Chubanshe, 1994.

Zhonggong dangshi tongxun [CCP History Bulletin]. Beijing: Zhonggong Dang-shi Chubanshe, 1989–96.

Zhonggong dangshi yanjiu [The Study of Chinese Communist History]. Beijing: Zhonggong Dangshi Chubanshe, 1988.

文章

Ding Ke. "Tegong-minyun-Falungong: yi ge shengming de zhenshi gushi" [Secret Agent–Democracy Movement–Falungong: The True Story of a Life]. *Ming Hui Net*, September 12, 2003, http://www.minghui.org/mh/arti cles/2003/9/12/57232.html.

"Guo'an bu die bao renyuan 10 wan ren: guowai 4 wan duo guonei 5 wan duo" [Ministry of State Security espionage personnel number 100,000 with more than 40,000 abroad and 50,000 at home]. *China Digital Times*, June 1, 2015, https://chinadigitaltimes.net/chinese/2015/06/内幕｜国安部谍报人员10万人：国外4万多国内5万多/.

Hui Guisong. "Aomen Zhonggong dixia dang ren Ke Lin" [Ke Lin of the Macau CCP Underground Party]. *Guangxi Shenji*, no. 5 (1999): 34.

Luo Yanming. "Chen Yun, Kang Sheng yu Yan'an ganbu shencha" [Chen Yun, Kang Sheng, and the Yan'an Cadre Examination]. *Dangshi bolan*, no. 8, 2010.

Sun Guoda. "Wo Dang qingbao shishang de yici da jienan" [A catastrophe in the history of our party's intelligence services]. *Beijing Ribao*, August 31, 2009, http://blog.sina.com.cn/s/blog_4447da480102x97r.html.

"Waijiao bu jie mi 'Keshenmi'er gongzhu hao' Zhou Zongli zuoji bei zha an" [Ministry of Foreign Affairs unveils secret case on the bombing of Zhou Enlai's plane the Kashmir Princess]. China.com. http://www.china.com.cn/chinese/TR-c/614445.htm.

Xue Yu. "Guanyu Zhonggong Zhongyang Teke ruogan wenti de tantao" [An investigation into certain issues regarding the CCP Central Committee Special Branch]. *Zhong-*

Sun Zi bing fa baihua jianjie [An Introduction to Sun Zi the Art of War in Colloquial Chinese]. Taipei: Wenguang Chubanshe, 1986.

Tian Changlie, ed. *Zhonggong Jilin shi Dangshi renwu* [Personalities in Party History in Jilin Municipality]. Jilin: Dongbei Shida Chubanshe, 1999.

Tong Xiaopeng. *Fengyu Sishinian (dierbu)* [Forty Years of Trials and Hardships, vol. 2]. Beijing: Zhongyang Wenxian Chubanshe, 1996.

Wang Fang. *Wang Fang huiyilu* [Memoirs of Wang Fang]. Hangzhou: Zhejiang Renmin Chubanshe, 2006.

Wang Junyan. *Liao Chengzhi zhuan* [The Biography of Liao Chengzhi]. Beijing: Renmin Chubanshe, 2006.

Yan Jinzhong, ed. *Junshi qingbao xue, xiuding ban* [Military Informatics, Revised Edition]. Beijing: Shishi Chubanshe, 2003.

Yin Qi. *Pan Hannian de qingbao shengya* [The Intelligence Career of Pan Han-nian]. Beijing: Renmin Chubanshe, 1996.

Yu Botao. *Mimi zhencha wenti* [Issues of secret investigations]. Beijing: Zhongguo Jiancha Chubanshe, 2008.

Yu Tianming. *Hongse jiandie—daihao Bashan* [Red Spy—Code Name Bashan]. Beijing: Zuojia Chubanshe, 1993.

Zhang Shaohong and Xu Wenlong. *Hongse guoji tegong* [Red International Agents]. Haerbin: Haerbin Chubanshe, 2005.

Zhang Yun. *Pan Hannian zhuan* [Biography of Pan Hannian]. Shanghai: Shanghai Renmin Chubanshe, 1996.

Zhao Yongtian. *Huxue shuxun* [In the Lair of the Tiger]. Beijing: Junshi Kexue Chubanshe, 1994.

Zhong Kan. *Kang Sheng Pingzhuan* [A Critical Biography of Kang Sheng]. Beijing: Hongqi Chubanshe, 1982.

Zhonggong dangshi ziliao [Materials on CCP Party History]. Beijing: Zhonggong Dangshi Ziliao chubanshe, 1981.

Zhonggong zhongyang dangshi yanjiushi, Zhongguo Gongchandang lishi 1921– 1949 [History of the Chinese Communist Party, 1921–1949]. Beijing: Zhong-gong Zhongyang Dangshi Yanjiu Chubanshe, 2011.

Zhongguo ershi shiji jishi benmo [China's 20th Century History from Start to Finish, vol. 1, 1900–1926]. Jinan: Shandong Renmin Chubanshe, 1999.

Zhongguo Gongchandang lingdao jigou yange he chengyuan minglu [Directory of Organizations and Personnel of the Communist Party of China During the Revolution]. Beijing: Zhonggong Dangshi Chubanshe, 2000.

Zhongguo Gongchandang zuzhi shi ziliao, vol. 4, *1945.8–1949* [Materials on CCP Organizational History, vol. 4, August 1945–1949]. Beijing: Zhonggong Dangshi Chubanshe, 2000.

bering My Father Li Kenong, the General Who Emerged from the Secret Battlefront at the Founding of the Nation]. Beijing: Renmin Chubanshe, 2008.

Li Songde. *Liao Chengzhi* [Liao Chengzhi]. Singapore: Yongsheng Books, 1992.

Li Weihan. *Huiyi yu yanjiu* [Reminiscences and Investigations]. Beijing: Zhong-gong Dang-shi Ziliao Chubanshe, 1986.

Li Yimin and Huang Guoping, *Li Yimin huiyilu* [The Memoirs of Li Yimin]. Changsha: Hunan Renmin Chubanshe, 1980.

Li Zengqun, ed. *Shiyong Gong'an xiao cidian* [A Practical Public Security Mini-Dictionary]. Harbin: Heilongjiang Renmin Chubanshe, 1987.

Lin Qingshan. *Kang Sheng Zhuan* [Biography of Kang Sheng]. Jilin: Jilin Renmin Chubanshe, 1996.

Liu Gengsheng. *Hai Rui baguan yu wenge* [Hai Rui Dismissed from Office and the Cultural Revolution]. Taipei: Yuan Liou Publishing Company Ltd., 2011.

Liu Wusheng, ed. *Zhou Enlai da cidian* [The Big Dictionary of Zhou Enlai]. Nan-chang: Jiangxi Renmin Chubanshe, 1997.

Liu Zonghe and Lu Kewang. *Junshi qingbao: Zhongguo junshi baike quanshu (di er ban)* [Military Intelligence: China Military Encyclopedia (Second Edition)]. Beijing: Zhongguo Da Baike Quanshu Chubanshe, 2007.

Melton, H. Keith. *Zhongji jiandie* [Ultimate Spy]. Translated by Lu Tan and Wu Xiaomei. Beijing: Zhongguo Lvyou Chubanshe, 2005.

Mu Xin. *Chen Geng tongzhi zai Shanghai* [Comrade Chen Geng in Shanghai]. Beijing: Wenshi Zike Chubanshe, 1980.

———. *Yinbi zhanxian tongshuai Zhou Enlai* [Zhou Enlai, Commander of the Hidden Battlefront]. Beijing: Zhongguo Qingnian Chubanshe, 2002.

Ni Xingyang, ed. *Zhongguo Gongchandang chuangjian shi* [A History of the Establishment of the CCP]. Shanghai: Shanghai Renmin Chubanshe, 2006.

Quan Yanchi. *Zhongguo miwen neimu* [Secrets and Insider Stories of China]. Lanzhou: Gansu Wenhua Chubanshe, 2004.

Sa Su. *Dongfang tegong zai xingdong* [Special Operations of the East in Action]. Shanghai: Wenhui Chubanshe, 2011.

Shi Zhe. *Zai lishi juren shenbian, Shi Zhe huiyi lu* [At the Side of History's Great People, the Memoirs of Shi Zhe]. Beijing: Zhongyang Wenxian Chubanshe, second ed., 1995.

Shu Yun. *Luo Ruiqing Dajiang* [General Luo Ruiqing]. Beijing: Jiefangjun Wenyi Chubanshe, second ed., 2011.

Sima Lu. *Zhonggong Lishi de Jianzheng* [Witnessing the Secret History of the Communist Party of China]. Hong Kong: Mirror Books, 2004.

Suimengqu Gonganshi changbian [A Public Security History of Suiyuan and Inner Mongolia in Draft]. Hohhot: Neimenggu Gongan Ting Gongan Shi Yanjiu Shi, 1986.

Shenyang: Liaoning Renmin Chubanshe, 2001.

Fang Ke. *Zhonggong qingbao shou nao, Li Kenong* [Chinese Communist Intelligence Chief, Li Kenong]. Beijing: Zhongguo Shehui Kexue Chubanshe, 1996.

Gao Hua. *Hong taiyang shi zenme shengqi de: Yan'an zhengfeng yundong de lai long qu mai* [How Did the Red Sun Rise Over Yan'an: A History of the Rectification Movement]. Hong Kong: Chinese University Press, 2000.

Gao Wenqian. *Wannian Zhou Enlai* [Zhou Enlai's Later Years]. Hong Kong: Mirror Books, 2003.

Gu Chunwang. *Jianguo yilai Gong'an gongzuo da shi yaolan* [Major Highlights in Police Work Since the Founding of the Nation]. Beijing: Qunzhong Chubanshe, 2003.

Hao Zaijin. *Zhongguo mimi zhan—Zhonggong qingbao, baowei gongzuo jishi* [China's Secret War—The Record of Chinese Communist Intelligence and Protection Work]. Beijing: Zuojia Chubanshe, 2005.

He Jinzhou. *Deng Fa zhuan* [Biography of Deng Fa]. Beijing: Zhonggong Dangshi Chubanshe, 2008.

He Lin, ed. *Chen Geng zhuan* [Biography of Chen Geng]. Beijing: Dangdai Zhong-guo Chubanshe, 2007.

Hu Jie. *Zhongguo xibu mimi zhan*. [Western China's Secret War]. Beijing: Jincheng Chubanshe,2015.

Hu Wenlin, ed. *Qingbao xue* [The Study of Intelligence]. Taipei: Zhongyang Junshi Yuanxiao, 1989.

Huan Yao and Zhang Ming. *Luo Ruiqing zhuan* [The Biography of Luo Ruiqing]. Beijing: Dangdai Zhongguo Chubanshe, 2007.

Jiang Guangsheng. *Zhonggong zai Xianggang, Shang* [The Chinese Communists in Hong Kong, vol. 1]. Hong Kong: Cosmos Books, Inc., 2011.

Jin Chongji, ed. *Chen Yun zhuan* [The Biography of Chen Yun]. Beijing: Zhongyang Wenxian Chubanshe, 2005.

———. *Mao Zedong zhuan 1893–1949* [Biography of Mao Zedong, 1893–1949]. Beijing: Zhongyang Wenxian Chubanshe, 1996.

Kai Cheng. *Li Kenong, Zhonggong yinbi zhanxian de zhuoyue lingdao ren* [Li Kenong: Outstanding Leader of the CCP's Hidden Battlefront]. Beijing: Zhongguo Youyi Chubanshe, 1996.

Kangri zhanzheng shiqi de Zhongguo Renmin Jiefangjun [The Chinese People's Liberation Army During the Anti-Japanese War]. Beijing: Renmin Chubanshe, 1953.

Li Kwok-sing (Li Gucheng). *Zhongguo dalu zhengzhi shuyu* [A Glossary of Political Terms of the People's Republic of China]. Hong Kong: The Chinese University of Hong Kong Press, 1992.

Li Li. *Cong mimi zhanxian zouchu de kaiguo shangjiang huainian jiafu Li Kenong* [Remem-

精選參考書目
Selected bibliography

除了以下的資料來源，我們也仰賴大量公開可及的法庭文件、主要出自地方報與地區報的文章、官方媒體新聞稿，以及一般的中文線上參考書目工具，例如在百度百科上挑選看起來可靠的傳記條目。此外，還有一些對我們有幫助的研究資料庫，包括 ProQuest、LexisNexis以及 中國知識基礎設施工程（China National Knowledge Infrastructure，中國知網）。在某些情況下，這些資料庫提供了一些從網路上消失已久之中文文章的英文譯本。

中文資料來源

書籍

Ba Lu Jun Huiyi Shiliao [Eighth Route Army Memoirs and Historical Materials, vol. 3]. Beijing: Jiefangjun Chubanshe, 1991.

Biaozhun dianma ben [Standard Telegraphic Code Book]. Beijing: Ministry of Posts and Telegraph, 1983.

Chen Hanbo. *Wo zenyang dangzhe Mao Zedong de tewu* [How I Became a Spy for Mao Zedong]. Hong Kong: Ziyou Chubanshe, 1952.

Chen Jingtan. *Xie gei Xianggang ren de Zhongguo xiandai shi* [Modern History of China for Hong Kong People]. Hong Kong: Zhonghua Shu Ju Youxian Gongsi, 2014.

Chen Shaochou. *Liu Shaoqi zai baiqu* [Liu Shaoqi in the White Areas]. Beijing: Zhonggong Dangshi Chubanshe, 1992.

Chen Yung-fa. *Zhongguo Gongchandang qishi nian* [Seventy Years of the Chinese Communist Party]. Taipei: Linking Books, 1998.

Deng Jiarong. *Nan Hancheng zhuan* [The Biography of Nan Hancheng]. Beijing: Zhongguo Quanrong Chubanshe, 1993.

Deng Lijun. *Zhongguo Gang Ao Tai diqu mimi zhencha zhidu yanjiu* [Research on the secret investigation systems of the Hong Kong, Macau, and Taiwan regions of China]. Beijing: Zhongguo Shehui Kexue Chubanshe, 2013.

Dong Xiafei and Dong Yunfei. *Shenmi de hongse mushi, Dong Jianwu* [The Mysterious Red Pastor, Dong Jianwu]. Beijing: Beijing Chubanshe, 2001.

Fan Shuo. *Ye Jianying zai guanjian shike* [Ye Jianying in Crucial Moments].

2003, http://m.renminbao.com/rmb/articles/2003/12/18/29152m.html; State Council Document 692, "Zhonghua Renmin Gongheguo Fan Jiandie Fa Shishi Xize" [PRC Counterespionage Law Detailed Regulations], December 6, 2017, http://www.gov.cn/zhengce/content/2017-12/06/content_5244819.htm; Lilley and Lilley, *China Hands*, 344, 347; Gu, *Gong'an Gongzuo*, 828; Kim Zetter, "Google Hackers Targeted Source Code in More than 30 Companies," *Wired*, January 13, 2010, https:// www.wired.com/2010/01/google-hack-attack/; Peter Mattis, "Shriver Case Highlights Traditional Chinese Espionage," *China Brief* 10, issue 22 (November 5, 2010); Mark Mazzetti et al., "Killing C.I.A. Informants, China Crippled U.S. Spying Operations," *New York Times*, May 20, 2017, https://www.nytimes.com/2017/05/20/; Nichole Perlroth, "Hackers in China Attacked the Times for Last Four Months," *New York Times*, January 31, 2013; Ned Moran and Mike Oppenheim, "Darwin's Favorite APT Group," September 3, 2014, https://www.fireeye.com/blog/threat-research/2014/09/darwins-favorite-apt-group-2.html 3.

24 Authors' interview with Chinese security official, 2009.

25 Mara Hvistendahl, "You Are a Number," *Wired*, January 2018, 50–59; Forbes profile of Lucy Peng, https://www.forbes.com/profile/lucy-peng/.

26 "Ali shouxi fengxian guan Shao Xiaofeng: dui fubai ling rongren taidu buhui bian" [Alibaba CRO Shao Xiaofeng: Zero Tolerance for Corruption Will Not Change], *Renmin Wang People*, June 8, 2012, http://finance.people.com.cn/GB/70846/18123177.html.

27 Interviews, 2016, 2017.

28 "New Personal Details Form Arrives at Phuket Immigration," *The Phuket News* (Thailand), May 21, 2016, https://www.thephuketnews.com/new-personal-details-form-arrives-at-phuket-immigration-57510.php#aEbA3ZgPtrQ7y38J.97.

29 Interview, 2017.

30 Matthew Brazil, "Addressing Rising Business Risk in China," *China Brief* 16, issue 8 (May 2016).

Secret Party Organizations in the Main Rear Area and in Enemy Occupied Areas], in *Chen Yun Wenxian, 1926–1949* [Works of Chen Yun, 1926–1949] (Beijing: Renmin Chubanshe, 1984), 136–37, 203–4. 欲取得稍微不同的官方英譯文，見Chen Yun, *Selected Works of Chen Yun, 1926–1949* (Beijing: Foreign Languages Press, 1988), 133–39; Liu Shaoqi, "Speech at the Security Personnel Training Class at Yancheng, April 29, 1941," in Kuo, *Analytical History*, vol. 4, 475–76.

9 Pantsov and Levine, *Mao: The Real Story*, 341–42.

10 Teiwes and Sun, "From a Leninist to a Charismatic Party," 372; "Spies are like hemp" (*tewu ru ma*, 特務如麻), Jin Chongji (ed.), *Mao Zedong Zhuan* [Biography of Mao Zedong] (Beijing: Zhongyang Wenxian Chubanshe, 1996), 676.

11 Gao Hua, *Hong taiyang zenyang shengqi de*, 465–66; Gao Wenqian, *Wannian Zhou Enlai*, 82; Pantsov and Levine, *Mao: The Real Story*, 337–39.

12 "Kang Sheng," in *Zhongguo Xiandaishi Renwu Zhuan*, 733; Kai Cheng, *Li Kenong*, 279.

13 Central Intelligence Agency, "Departure for Canton of Chinese Communist Agents of Central Social Affairs Department" (Langley, VA: Central Intelligence Agency, November 3, 1952; CIA-RDP82-00457R014500390010-2), available at CIA.gov/library/reading room.

14 Chambers, "Edging in from the Cold"; Li Kwok-sing (Li Gucheng), *Zhongguo dalu zhengzhi shuyu* [A Glossary of Political Terms of the People's Republic of China] (Hong Kong: The Chinese University of Hong Kong Press, 1992), 501–2; Kai, *Li Kenong*, 406–8.

15 *Yang Shangkun Riji*, vol. 1, 337, 352, 359–60; vol. 2, 79.

16 "Memorandum for the 303 Committee, 26 January 1968 (Tibet)," in Schwar, *Foreign Relations of the United States*, 741.

17 Schoenhals, *Spying for the People*, 24–25.

18 Schoenhals, "A Brief History of the CID of the CCP"; *Zhongyang Weiyuan*, 111; Kai Cheng, *Li Kenong*, 417–18.

19 MacFarquhar and Schoenhals, *Mao's Last Revolution*, 32–51, 89–91, 96–98; Yang and Yan, *Deng Xiaoping Nianpu, 1904–1974*, vol. 2, 1917; Xia Fei, "Xie Fuzhi Zhege Ren" [This Person, Xie Fuzhi], *Dushu Wenzhai*, no. 10, 2004, xuanju.org; Gu, *Gong'an Gongzuo*, 317; *Zhou Enlai nianpu 1949–1976*, 138.

20 Chambers, "Edging in from the Cold," 34.

21 Directorate of Intelligence, "China: Reorganization of Security Organs" (Washington, DC: Central Intelligence Agency, August 1, 1983, declassified copy, U.S. Library of Congress); Peter Mattis, "The Analytic Challenge of Understanding Chinese Intelligence Services," *Studies in Intelligence* 56, no. 3 (September 2012).

22 機密訪談與文件。

23 Lin Nian, "Gaogan zidi zai Xianggang lunwei waiguo jiandie" [Son of senior cadre in Hong Kong becomes foreign spy], Renmin Bao [People's News], December 18,

nian, June 7, 2012, https://www.washingtonian.com/2012/06/07/chinas-mole-in-training.

55 Wise, *Tiger Trap*, 23.

56 Nate Thayer, "China Spy," *Asia Sentinel*, July 4, 2017, https://www.asiasenti nel.com/politics/china-spy/; authors' interview, June 2017. 作者也取得了在塞耶與接觸他的上海國安局探員之間的所有通聯紀錄。

57 Sophie Yang, "Taiwan Ex-Vice President's Bodyguard Arrested as Chinese Spy," *Taiwan News*, March 16, 2017, https://www.taiwannews.com.tw/en/news/3118435; Chen Weihan, "Ex-Agent Detained Amid Spy Allegations," *Taipei Times*, March 17, 2017, http://www.taipeitimes.com/News/front/archives/2017/03/17/2003666922.

58 Cole, "Former Officer Gets 12 Life Terms in China Spy Case."

59 Pan, "Six Indicted in Chinese Espionage Ring Case"; Strong, "Taiwan Air Force Hero Charged with Spying for China."

60 Jason Pan, "Ex-Student Held for Espionage," *Taipei Times*, March 11, 2017, http://www.taipeitimes.com/News/front/archives/2017/03/11/2003666539; "周泓旭涉共諜案　北檢起訴 [Chinese Communist Spy Zhou Hongxu to be Prosecuted]," Central News Agency (Taiwan), July 6, 2017, http://www.cna.com.tw/news/firstnews/201707060093-1.aspx.

Chapter 7——過去與現在的中國情報與監視工作

1 Dutton, *Policing Chinese Politics*; Schoenhals, *Spying for the People*; Hannas, Mulvenon, and Puglisi, *Chinese Industrial Espionage*. We also look forward to Faligot, *Chinese Spies* (forthcoming, 2019).

2 Xue Yu, "Guanyu zhonggong zhongyang teke nuogan wenti de tantao," 1–4; Hao, *Zhongguo mimi zhan*, 5–8; Mu, *Zhou Enlai*, 11.

3 Hao, *Zhongguo mimi zhan*, 9; Mu, *Zhou Enlai*, 104.

4 Yin, *Pan Hannian de Qingbao Shengya*, 4–5; Hsu, *The Invisible Conflict*, 62.

5 Yin, *Pan Hannian de Qingbao Shengya*, 55, 72.

6 Pantsov and Levine, *Mao: The Real Story*, 283–88; Yang Shilan, "Deng Fa," 359.

7 Zhang Jiakang, "Wang Ming yu Zhongyang fengting kangli de shi ge yue" [Wang Ming and the ten month rivalry in the Central Committee], *Shiji Fengcai*, October 27, 2010, cpc.people.com.cn; Pantsov and Levine, *Mao: The Real Story*, 315–16; Kuo, *Analytical History*, vol. 3, 340; Zhonggong zhongyang shuji chu [CCPCC Secretariat], "Guanyu chengli shehui bu de jueding" [Concerning the Decision to Establish the Central Social Affairs Department], February 18, 1939, in Zhonggong zhongyang shehui bu [CCP Central Social Affairs Department], *Kangzhan shiqi chubao wenjian* [Documents on Digging Out Traitors and Protection in the Anti-Japanese War], December 1948. 感謝 David Chambers 提供這份文件。關於李和潘的職責，見 Hao, *Zhongguo mimi zhan*, 54, 59.

8 Chen Yun, "Gonggu dang zai dahoufang ji dang zhanqu de mimi zuzhi" [Strengthen

40 Amy Argetsinger, "Spy Case Dismissed for Misconduct; Plea Deal Silenced Defendant's Ex-Lover," *Washington Post*, January 7, 2005, http://www.washingtonpost.com/wp-dyn/articles/A54571-2005Jan6.html.

41 "Shuang mian die Li Zhihao" [Double agent Li Zhihao], *China Times*, October 11, 2015, http://www.chinatimes.com/cn/newspapers/20151011000 278–260106; "China Releases Taiwanese Spies," Central News Agency (Taiwan), December 1, 2015, http://www.taipeitimes.com/News/front/archives/2015/12/01/2003633726.

42 Strong, "Taiwan Air Force Hero Charged with Spying for China."

43 Authors' interview, Washington, DC, July 2012.

44 Dorling, "Australian Man Shen Ping-kang Jailed in Taiwan for Spying for China"; "China Lured General with Sex," Taiwan News, February 11, 2011, http://www.taipeitimes.com/News/taiwan/archives/2011/02/11/2003 495608/1.

45 "Life Term for China Spy Justified: Ministry of Defense," Central News Agency (Taiwan), January 19, 2014, http://www.taipeitimes.com/News/taiwan/archives/2014/01/19/2003581633.

46 Y. F. Low, "Retired Officers Sentenced for Helping to Recruit Spies for China," Central News Agency (Taiwan), February 21, 2014, http://focustaiwan.tw/search/201402210015.aspx.

47 "Sweden Jails Uighur Chinese Man for Spying," Reuters, March 8, 2010, https://www.reuters.com/article/us-sweden-china-spy/sweden-jails-uighur-chinese-man-for-spying-idUSTRE6274U620100308; Paul O'Mahony, "Pensioner Indicted over China Spy Scandal," Agence France Presse, December 15, 2009, https://www.thelocal.se/20091215/23864.

48 Wise, *Tiger Trap*, 217.

49 Department of Justice, "Chinese Agent Sentenced to Over 24 Years in Prison for Exporting United States Defense Articles to China," https://www.justice.gov/archive/opa/pr/2008/March/08_nsd_229.html; Edward M. Roche, *Snake Fish: The Chi Mak Spy Ring* (New York: Barraclough, 2008), 1–21, 29–31, 50, 87–89, 143, 184–86.

50 Roche, *Snake Fish*; Gertz, *Enemies*, 68.

51 Criminal complaint, *United States of America v. Kevin Patrick Mallory*, U.S. District Court for the Eastern District of Virginia, No. 1:17MJ-288, June 21, 2017; Josh Gerstein, "Ex-CIA Officer Charged with Spying for China," *Politico*, June 22, 2017, http://www.politico.com/story/2017/06/22/kevin-mallory-ex-cia-officer-arrested-spying-china-239877.

52 Peter Mattis, "Everything We Know about China's Secretive State Security Bureau," *The National Interest*, July 9, 2017, http://nationalinterest.org/feature/everything-we-know-about-chinas-secretive-state-security-21459.

53 Pan, "Top Navy Brass Gets 14 Months in Prison for Spying for China"; Dorling, "Australian Man Shen Ping-kang Jailed in Taiwan for Spying for China."

54 David Wise, "Mole-in-Training: How China Tried to Infiltrate the CIA," *The Washingto-*

wan), April 27, 2016, http://focustaiwan.tw/news/acs/201604270006.aspx.

29 Department of Justice, "Chinese Intelligence Officers and Their Recruited Hackers and Insiders Conspired to Steal Sensitive Commercial Aviation and Technological Data for Years," October 30, 2018, https://www.justice.gov/opa/pr/chinese-intelligence-officers-and-their-recruited-hackers-and-insiders-conspired-steal; Department of Justice, "Chinese National Arrested for Allegedly Acting Within the United States as an Illegal Agent of the People's Republic of China," September 25, 2018, https://www.justice.gov/opa/pr/chinese-national-arrested-allegedly-acting-within-united-states-illegal-agent-people-s; Department of Justice, "Chinese Intelligence Officer Charged with Economic Espionage Involving Theft of Trade Secrets from Leading U.S. Aviation Companies," October 10, 2018, https://www.justice.gov/opa/pr/chinese-intelligence-officer-charged-economic-espionage-in volving-theft-trade-secrets-leading.

30 Jason Pan, "Top Navy Brass Gets 14 Months in Prison for Spying for China," *Taipei Times*, October 3, 2014, http://www.taipeitimes.com/News/taiwan/archives/2014/10/03/2003601166; Philip Dorling, "Australian Man Shen Ping-kang Jailed in Taiwan for Spying for China," *Sydney Morning Herald*, October 4, 2014, http://www.smh.com.au/national/australian-man-shen-pingkang-jailed-in-taiwan-for-spying-for-china-20141003–10pxk7.html.

31 "Ex-Air Force Officer Accused of Spying for Chinese Network," Central News Agency (Taiwan), June 23, 2015, http://www.taipeitimes.com/News/front/archives/2015/06/23/2003621353.

32 Matthew Strong, "Taiwan Air Force Hero Charged with Spying for China," Taiwan News, March 3, 2017, https://www.taiwannews.com.tw/en/news/3110600.

33 Wise, *Tiger Trap*, 221.

34 Affidavit.

35 Wise, *Tiger Trap*, 226.

36 David Hammer, "Businessman's Spy Case Stuns Associates," *The Times Picayune*, February 12, 2008, https://www.nola.com/news/index.ssf/2008/02/businessmans_spycase_arrest_st.html; Bruce Alpert, "Spy for China with N.O. Ties is Back in Federal Court," *The Times Picayune*, September 22, 2009, https://www.nola.com/crime/index.ssf/2009/09/spy_for_china_is_back_in_feder.html.

37 Criminal Indictment of Jerry Chun Shing Lee, U.S. District Court for the Eastern District of Virginia, No. 1:18-cr-89, May 8, 2018.

38 Bill Gertz, *Enemies: How America's Foes Steal Our Vital Secrets—and How We Let It Happen* (New York: Crown Forum, 2006), 23.

39 Gertz, 24–39, 43–46; Federal Bureau of Investigation, Office of the Inspector General, "A Review of the FBI's Handling and Oversight of FBI Asset Katrina Leung," May 2006, https://oig.justice.gov/special/s0605/.

14 Department of Justice, "FBI Employee Pleads Guilty to Acting in the United States as an Agent of the Chinese Government," August 1, 2016, https://www.justice.gov/opa/pr/fbi-employee-pleads-guilty-acting-united-states-agent-chinese-government.

15 Nate Raymond and Brendan Pierson, "FBI Employee Gets Two Years in Prison for Acting as Chinese Agent," Reuters, January 20, 2017, https:// www.reuters.com/article/us-usa-china-fbi/fbi-employee-gets-two-years-in-prison-for-acting-as-chinese-agent-idUSKBN-1542RO.

16 Department of Justice, "State Department Employee Arrested and Charged with Concealing Extensive Contacts with Foreign Agents," March 29, 2017, https://www.justice.gov/opa/pr/state-department-employee-arrested-and-charged-concealing-extensive-contacts-foreign-agents.

17 Criminal Complaint, *United States of America v. Candace Marie Claiborne*, U.S. District Court for Washington, DC, No. 1:17-mj-00173, March 28, 2017.

18 Robert David Booth, *State Department Counterintelligence: Leaks, Spies, and Lies* (Dallas, TX: Brown Books Publishing Group, 2014).

19 Department of Justice, "Defense Department Official Sentenced to 36 Months for Espionage, False Statement Charges," January 22, 2010, https://www.justice.gov/opa/pr/defense-department-official-sentenced-36-months-espionage-false-statement-charges; Department of Justice, "Defense Department Official Charged with Espionage Conspiracy," May 13, 2009, https://archives.fbi.gov/archives/washingtondc/press-releases/2009/wfo051309.htm.

20 Affidavit in Support of an Application for a Search Warrant, U.S. District Court for the District of Maryland, No. 14–2641, November 17, 2014.

21 "Tibetan Charged in Sweden Denies Spying for China," Radio Free Asia, April 18, 2018, https://www.rfa.org/english/news/tibet/spying-04182018 133403.html.

22 Jan M. Olsen, "Swedish Court Finds Man Guilty of Spying for China," Associated Press, June 15, 2018, https://apnews.com/2c3ed87f9eec48d786b4f 57f5c8c8b9e.

23 Criminal Complaint, *United States of America v. Ron Rockwell Hansen*, U.S. District Court for Utah, No. 2:18-mj-00324-PMW, June 2, 2017.

24 Authors' interviews, December 2016, June 2017.

25 Lin Chang-shun and Bear Lee, "Taiwanese Businessman Indicted for Spying for China," Central News Agency (Taiwan), April 15, 2010, http://focustai wan.tw/news/aall/201004150035.aspx.

26 Jason Pan, "Second Suspect Investigated in Spy Case," *Taipei Times*, May 11, 2017, http://www.taipeitimes.com/News/taiwan/archives/2017/05/11/2003670361.

27 Pan.

28 Pan, "Six Indicted in Chinese Espionage Ring Case"; Yu Kai-hsiang and Elizabeth Hsu, "Ex-PLA Spy Fails Appeal in Taiwan after 4-Year Sentence," Central News Agency (Tai-

Chapter 6——中國崛起期間的間諜活動

1 兩用技術指的是可應用於民間與軍事用途的軟體、硬體以及其他物件，例如電子產品、航空航天設計、人工智慧應用、精密機械、化工製程、夜視設備以及核技術。

2 Christoph Giesen and Ronen Steinke, “Wie chinesische Agenten den Bundestag ausspionieren,” *Süddeutsche Zeitung*, July 6, 2018, https://www.sueddeutsche.de/politik/einflussnahme-auf-politiker-wie-chinesische-agenten-den-bundestag-ausspionieren-1.4042673.

3 Hiroko Nakata, “China Slammed Over Cryptographer Honey Trap Suicide,” *Japan Times*, April 1, 2006, https://www.japantimes.co.jp/news/2006/04/01/national/china-slammed-over-cryptographer-honey-trap-suicide/#.Wbi-dxmGPrc.

4 Authors’ interview, June 2012.

5 Department of Justice, “Former Defense Department Official Sentenced to 57 Months in Prison for Espionage Violation,” July 11, 2008; David Wise, *Tiger Trap: America’s Secret Spy War with China* (New York: Houghton Mifflin Harcourt, 2011), 222–24.

6 “U.S. Contractor Gets 7 Years for Passing Secrets to Chinese Girlfriend,” *Reuters*, September 17, 2014; authors’ interviews, December 2016, June 2017.

7 “Retired Officers Sentenced for Helping to Recruit Spies for China,” Central News Agency (Taiwan), February 21, 2014, http://focustaiwan.tw/search/201402210015.aspx; Rich Chang and Chris Wang, “Three Ex-Officers Arrested for Spying,” *Taipei Times*, October 30, 2012, http://www.taipeitimes.com/News/front/archives/2012/10/30/2003546431; “Retired Naval Officer Gets 15 Years for Spying for China,” Central News Agency, December 15, 2014, http://focustaiwan.tw/news/aipl/201412150021.aspx.

8 Jason Pan, “High Court Rules in Favor of Chen Chu-fan in Spy Case,” *Taipei Times*, May 19, 2016, http://www.taipeitimes.com/News/taiwan/archives/2016/05/19/2003646621.

9 Pan.

10 “The Supreme Court Upholds Ex-major’s Jail Term for Spying,” Central News Agency (Taiwan), October 14, 2014, http://www.taipeitimes.com/News/taiwan/archives/2014/10/14/2003602029.

11 J. Michael Cole, “Former Officer Gets 12 Life Terms in China Spy Case,” *Taipei Times*, February 7, 2013, http://www.taipeitimes.com/News/taiwan/archives/2013/02/07/2003554439.

12 Chen Chao-fu and Sofia Wu, “Ex-Naval Officer in Taiwan Given Jail Term for Spying for China,” Central News Agency (Taiwan), March 1, 2013, http:// focustaiwan.tw/news/aipl/201303010028.aspx.

13 Jason Pan, “Six Indicted in Chinese Espionage Ring Case,” *Taipei Times*, January 17, 2015, http://www.taipeitimes.com/News/front/archives/2015/01/17/2003609431; P. C. Tsai and Lillian Lin, “Chinese Spy Ring to Be Sentenced on Sept. 1,” Central News Agency (Taiwan), August 29, 2015, http:// focustaiwan.tw/news/aipl/201508290015.aspx.

66 Joyce Wadler, "Shi Beipu." The Shi-Boursicot relationship is detailed in Wadler, *Liaison*, and in Hoffman, *The Spy Within*, 68–80. Public Radio International, "At 83, the embassy worker at the center of the 'M. Butterfly' story is still an enigma," September 21, 2017, https://www.pri.org/stories/2017-09-21/83-embassy-worker-center-m-butterfly-story-still-enigma.

67 Kai, *Li Kenong*, 2.

68 Kai, 2.

69 Kai, 9; Hao, *Zhongguo mimi zhan*, 9; Mu, *Yinbi zhanxian tongshuai Zhou Enlai*, 104.

70 Kai, *Li Kenong*, 8–10, 12; Hsu, *The Invisible Conflict*, 59–60.

71 Mu, *Chen Geng Tongzhi zai Shanghai*, 34–40; Kai, *Li Kenong*, 15, 34–40.

72 Hsu, *The Invisible Conflict*, 67–69. Mu, *Yinbi zhanxian tongshuai Zhou Enlai*, 16. 書中有討論到這種做法，但不是這起特定事件。

73 Yin, *Pan Hannian de Qingbao Shengya*, 4–5; Hsu, *The Invisible Conflict*, 58–59, 62.

74 Mu, *Chen Geng Tongzhi zai Shanghai*, 82–85; Jin, *Chen Yun zhuan*, 104; Wakeman, *Spymaster*, 42–45; Hsu, *Chou En-lai, China's Gray Eminence*, 128; Liu, *Zhou Enlai da cidian*, 31–32; Barnouin and Yu, *Zhou Enlai, A Political Life*, 45–48.

75 Zhou departed Shanghai in December 1931. Shen, *Zhongyang Weiyuan*, 540; Liu, *Zhou Enlai da cidian*, 32.

76 Hao, *Zhongguo mimi zhan*, 106.

77 Schoenhals, *Spying for the People*, 65.

78 John Kenneth Knaus, *Orphans of the Cold War: America and the Tibetan Struggle for Survival* (New York: Public Affairs, 2000), 147–48; Mikel Dunham, *Buddha's Warriors: The Story of the CIA-Backed Tibetan Freedom Fighters, the Chinese Communist Invasion, and the Ultimate Fall of Tibet* (New York: Jeremy Tarcher Inc., 2014), 227–31; Schoenhals, *Spying for the People*, 24–25.

79 "Memorandum for the 303 Committee, 26 January 1968, Tibet," in Harriet Dashiel Schwar, ed., *Foreign Relations of the United States, 1964–1968*, vol. 30, *China* (Washington, DC: Government Printing Office, 1998), 741.

80 Shu Yun, *Luo Ruiqing dajiang* [General Luo Ruiqing] (Beijing: Jiefang Jun Wenyi Chubanshe, 2005), 304–9; Gu, *Gong'an Gongzuo*, 92.

81 Liu Gengsheng, *Hai Rui baguan yu wenge* [Hai Rui Dismissed from Office and the Cultural Revolution] (Taipei: Yuan Liou Publishing Company Ltd., 2011), 320; Shu, *Luo Ruiqing dajiang*, 306–7.

82 Shu, *Luo Ruiqing dajiang*, 309–10.

83 Shu, 310.

84 Li, *The Private Life of Chairman Mao*, 203.

85 Li, 476.

47 Gunn, *Encountering Macau*, 96, 99; Steve Tsang, *Hong Kong: An Appointment with China* (London: I. B. Tauris and Co., 1997), 70.
48 João Guedes, *Macau Confidencial* (Macau: Instituto Internacional Macau, 2015), 113–19; Gunn, *Encountering Macau*, 96, 112–13, 116n60.
49 Gunn, *Encountering Macau*, 117–18.
50 "Japan Wants to Buy Macao from Portugal," *The Daily Mail*, May 15, 1935. See also Macau Antiga, May 6, 2017.
51 João F. O. Botas, *Macau 1937–1945, os Anos da Guerra* [Macau 1937–1945, the war years] (Macau: Instituto Internacional de Macau, 2012), 293–94, 323.
52 Guedes, *Macau Confidencial*, 147–49; Gunn, *Encountering Macau*, 118–28.
53 Xiao, *Zhonggong Tegong*, 205–6. 感謝 David Chambers 博士提供這份參考書目。
54 Guedes, *Macau Confidencial*, 166–67.
55 Gunn, *Encountering Macau*, 128–29.
56 Gunn, 174.
57 Marques and Borges, *O Ouro no Eixo Hong Kong Macau, 1946–1973*, 183, 217, 237, 246, 488.
58 Fernando Lima, *Macau: as duas Transições* [Macau: The Two Transitions] (Macau: Fundação Macau, 1999), 600–5.
59 Lima, 606–8.
60 Interview.
61 Barbara Demick, "Macau Bank Freeze Angers North Korea," *Los Angeles Times*, April 7, 2006; Chris McGreal, "China Feared CIA Worked with Sheldon Adelson's Macau Casinos to Snare Officials," *The Guardian*, July 22, 2015; James Ball and Harry Davies, "How China's Crackdown Threatens Big U.S. Casino Moguls," *The Guardian*, April 23, 2015; Sands China, Inc., "Findings of a Discreet Consulting Exercise in Macau, Hong Kong, and Beijing," June 25, 2010, http://www.documentcloud.org/documents/2170141-sands-asia-cia-report-redacted.html#document/p1. 感謝 João Guedes 的評語。
62 Choe Sang-Hun, "North Korea Revives Coded Spy Broadcasts After 16-Year Silence," *New York Times*, July 21, 2016.
63 STC booklets have been sold for decades at PRC post offices, and STC was used from the early twentieth century in telegraphic messaging. See Zhonghua Renmin Gonghe Guo You Dian Bu [PRC Ministry of Posts and Telegraph], *Biaozhun dianma ben* [Standard Telegraphic Code Book] (Beijing: Ministry of Posts and Telegraph, 1983).
64 *The Americans*, FX Productions.
65 *Zhou Enlai nianpu 1949–1976, vol. 2*, 666; Schoenhals, *Spying for the People*, 109; Joyce Wadler, "Shi Beipu, Singer, Dies at 70," *New York Times*, http:// www.nytimes.com/2009/07/02/world/asia/02shi.html.

22 Chan, *East River Column*, 41–43, 50–55.

23 Wang, *Liao Chengzhi zhuan*, 129–131; *Kangri zhanzheng shiqide Zhongguo renmin jiefangjun*, 172–73; Chan, *East River Column*, 17, 63–64, 83–84.

24 Chan, *East River Column*, 50, 57–61; Wang, *Liao Chengzhi zhuan*, 149.

25 Near Lechang, Shaoguan County. Wang, *Liao Chengzhi zhuan*, 153.

26 Wang, 139, 143–47, 149–53; Chan, *East River Column*, 20–23.

27 Wang, *Liao Chengzhi zhuan*, 145.

28 Tod Hoffman, *The Spy Within* (Hanover, NH: Steerforth Press, 2008), 158– 59.

29 Cathy Zhou Jinyu, *Wode zhangfu Jin Wudai zhi si* [The death of my husband Jin Wudai] (Taipei: Dong Huang Wenhua Chuban Shiye Gongsi, 1998), 49, 164, 267, 272, 307–13, 340–42, 447.

30 Hoffman, *The Spy Within*, 42–67; James R. Lilley, "Blame Clinton, Not China, for the Lapse at Los Alamos," *Wall Street Journal*, March 17, 1999, http://www.aei.org/publication/blame-clinton-not-china-for-the-lapse-at-los-alamos/print/.

31 Li Hong, "The Truth Behind the Kashmir Princess Incident," in *Selected Essays on the History of Contemporary China*, ed. Zhang Xingxing (Leiden: Brill, 2015), 234; Steve Tsang, "Target Zhou Enlai: The 'Kashmir Princess' Incident of 1955," *The China Quarterly* 139 (September 1994): 766–82.

32 Li, "The Truth," 237; Tsang, "Target Zhou Enlai," 774–75.

33 Tsang, "Target Zhou Enlai," 767–70; Li, "The Truth," 237–38.

34 "Waijiao bu jie mi mi 'Keshenmi'er gongzhu hao' Zhou Zongli zuoji bei zha an" [Ministry of Foreign Affairs unveils secret case on the bombing of Zhou Enlai's plane the Kashmir Princess], Xinhuanet, July 20, 2004, http://news.xinhuanet.com/newscenter/2004-07/20/content_1616252.htm.

35 Tsang, "Target Zhou Enlai," 770–73.

36 Tsang, 770, 780–81.

37 Tsang, 775–76.

38 Gu, *Gong'an Gongzuo*, 82, entry for March 21–31, 1955.

39 Gu, 82–84, entry for March 21–April 11, 1955; Kai, *Li Kenong*, 426.

40 Interview with former U.S. diplomat, 2004.

41 Peter Wesley-Smith, *Unequal Treaty 1898–1997: China, Great Britain, and Hong Kong's New Territories* (Hong Kong: Oxford University Press, 1980), 17–19, 32, 36.

42 Wesley-Smith, 123.

43 Authors' interview with Hong Kong Police officers at the Walled City, November 1989.

44 Frederick Forsyth, *The Outsider: My Life in Intrigue* (New York: Putnam, 2015), 270–73.

45 Interview, 2017. 細節請見潘靜安的條目。

46 http://www.discoverhongkong.com/us/see-do/culture-heritage/historical-sites/chinese/kowloon-walled-city-park.jsp.

porary China (Armonk, NY: M. E. Sharpe, 1994), 6–7.

2 MacFarquhar, *The Origins of the Cultural Revolution*, vol. 2, 408; Gao Yuan, *Born Red: A Chronicle of the Cultural Revolution* (Stanford, CA: Stanford University Press, 1987), 121.

3 Tong, *Fengyu sishinian*, 403–4.

4 Tong, 404–5.

5 Tong, 405–6.

6 MacFarquhar and Schoenhals, *Mao's Last Revolution*, 98.

7 *Zhou Enlai nianpu 1949–1976*, vol. 3, 137.

8 *Zhou Enlai nianpu 1949–1976*, vol. 3, 138.

9 MacFarquhar and Schoenhals, *Mao's Last Revolution*, 97–98; *Zhou Enlai nianpu 1949–1976*, vol. 3, 151.

10 G. C. Allen, *Western Enterprise in Far Eastern Economic Development: China and Japan* (New York: MacMillan Company, 1954), 217; Felix Patrikeef, "Railway as Political Catalyst: The Chinese Eastern Railway and the 1929 Sino-Soviet Conflict," in *Manchurian Railways and the Opening of China: An International History*, ed. Bruce Elleman and Stephen Kotkin (New York: Routledge, 2015), 90–92.

11 Viktor Usov, *Soviet Intelligence Services in China in the Early 1920s* (Moscow: Olma Press, 2002); Henry Wei, *China and Soviet Russia* (New York: Van Nostrand Company, 1956), 67–70; C. Martin Wilbur and Julie Lien-ying How, *Documents on Communism, Nationalism, and Soviet Advisors in China, 1918–1927: Papers Seized in the 1927 Peking Raid* (New York: Columbia University Press, 1956), 8–10.

12 Robert T. Pollard, *China's Foreign Relations: 1917–1931* (New York: Mac-millan Company, 1933), 336–37.

13 *Renmin Ribao*, May 11, 2007, http://theory.people.com.cn/GB/40534/5717 308.html.

14 Gu, *Gong'an Gongzuo*, 53; Dujmovic, "Extraordinary Fidelity"; video, "Extraordinary Fidelity," https://www.youtube.com/watch?v=Z0Mh7EiXRJI.

15 Jiang, *Zhonggong zai Xianggang*, vol. 1, 29–39; Christine Loh, *Underground Front: The Chinese Communist Party in Hong Kong* (Pokfulam: Hong Kong University Press, 2010), 47–53.

16 Jiang, *Zhonggong zai Xianggang*, 92–94.

17 Wang, *Liao Chengzhi zhuan*, 43–44.

18 Yin, *Pan Hannian de qingbao shengya*, 93.

19 Wang, *Liao Chengzhi zhuan*, 44, 91.

20 Wang, 142–45; Chan Sui-jeung, *East River Column* (Hong Kong: Hong Kong University Press, 2009), 41–43.

21 *Kangri zhanzheng shiqide Zhongguo renmin jiefangjun* [The Chinese People's Liberation Army During the Anti-Japanese War] (Beijing: Renmin Chubanshe, 1953), 169–72; Wang, *Liao Chengzhi zhuan*, 127–31, 145, 150.

Export of Sensitive Technology to China Without a License, and Conspiracy to Purchase Counterfeit Electronic Components," January 21, 2009, https://www.fbi.gov/losangeles/press-releases/2009/la012109a.htm.

196 "Summary of Major U.S. Cases (January 2009 to the Present)."

197 "Chinese National Pleads Guilty to Attempting to Illegally Export Aero-space-Grade Carbon Fiber to China," https://www.justice.gov/usao-edny/pr/chinese-national-pleads-guilty-attempting-illegally-export-aerospace-grade-carbon-fiber.

198 Robert Beckhusen, "Chinese Smuggler Tried to Sneak Carbon Fiber for Fighter Jets, Feds Claim," *Wired*, September 28, 2012, https://www.wired.com/2012/09/carbon-fiber/.

199 Christie Smythe, "Chinese Man Gets Almost Five Years for Export Scheme," *Bloomberg.com*, December 10, 2013, http://www.bloomberg.com/news/articles/2013–12–10/chinese-man-gets-almost-five-years-for-export-scheme.

200 Eligon and Zuo, "U.S. Suspects Chinese in Theft of Seed Research."

201 "California Resident Convicted of Conspiring to Illegally Export Fighter Jet Engines and Unmanned Aerial Vehicle to China."

202 "California Resident Convicted."

203 Minnick, "China Accused of Trying to Acquire Fighter Engines, UAV."

204 "Chinese Exports Case Lands in Spokane," *Spokesman.com*, http://www. spokesman.com/blogs/sirens/2012/aug/01/chinese-exports-case-lands-spokane/.

205 "Chinese Exports Case Lands in Spokane."

206 Dinesh Ramde, "Researcher Stole Cancer Data for China, Says Prosecutor," *Associated Press*, April 3, 2013, https://www.bostonglobe.com/news/nation/2013/04/02/prosecutor-researcher-stole-cancer-data-for-china/MSEYuIprfxWcPE5mUZmlcM/story.html.

207 Ramde.

208 "Former Silicon Valley Engineers Sentenced for Trying to Sell Technology Secrets to China," *The Mercury News*, November 21, 2008, http://www.mer curynews.com/2008/11/21/former-silicon-valley-engineers-sentenced-for-trying-to-sell-technology-secrets-to-china/.

209 Cha, "Even Spies Embrace China's Free Market."

210 Cha.

211 U.S. Department of Commerce, "Don't Let This Happen to You! An Introduction to U.S. Export Control Law: Actual Investigations of Export Control and Antiboycott Violations," September 2010, https://www.bis.doc.gov/index.php/forms-documents/doc_view/535-don-t-let-thishappen-to-you.

212 Chawkins, "Thousand Oaks Arms Exporter Is Sentenced"; "Select ICE Arms and Strategic Technology Investigations."

Chapter 5——革命時期與中華人民共和國建國初期的間諜活動

1 Jonathan Unger, *Using the Past to Serve the Present: Historiography and Politics in Contem-*

181 Kim Janssen, "Chinese Immigrant Spared Prison for Chicago Merc Trade Secrets Theft," *Chicago Sun-Times*, March 3, 2015, http://chicago.suntimes.com/news/chinese-immigrant-spared-prison-for-chicago-merc-trade-secrets-theft/.
182 "Major U.S. Export Enforcement Prosecutions."
183 Mike Carter, "Woodinville Man Pleads Guilty to Attempted Sale of Banned Technology to China," *The Seattle Times*, March 24, 2011, http://www.seattletimes.com/seattle-news/woodinville-man-pleads-guilty-to-attempted-sale-of-banned-technology-to-china/; Federal Bureau of Investigation, "Washington Man Charged in Connection with Attempts to Ship Sensitive Military Technology to China Man Arrested in FBI Sting Operation After Attempting to Smuggle Parts Out of United States," https://www.fbi.gov/seattle/press-releases/2010/se120610.htm.
184 Sindhu Sundar, "Wash. Man Gets 18 Months for Satellite Smuggling Plan," *Law 360*, October 28, 2011, http://www.law360.com/articles/281685/wash-man-gets-18-months-for-satellite-smuggling-plan.
185 "Major U.S. Export Enforcement Prosecutions."
186 Gibson, "Chinese Nationals Held in Attempted Export of Encryption Devices."
187 Marquis, "2 Arrested in Case on Selling Encryption Device"; Joe Eaton, "Court Upholds Convictions of Men Who Tried to Export Military Goods to China," *Capital News Service*, April 15, 2004, https://cnsmaryland.org/2004/04/15/court-upholds-convictions-of-men-who-tried-to-export-military-goods-to-china/.
188 Howard Mintz, "Former Silicon Valley Engineers Sentenced for Trying to Sell Technology Secrets to China," *The Mercury News*, November 21, 2008, https://www.mercurynews.com/2008/11/21/former-silicon-valley-engineers-sentenced-for-trying-to-sell-technology-secrets-to-china-2/.
189 Ariana Eunjung Cha, "Even Spies Embrace China's Free Market: U.S. Says Some Tech Thieves Are Entrepreneurs, Not Government Agents," *Washington Post*, February 15, 2008, http://www.washingtonpost.com/wp-dyn/content/article/2008/02/14/AR2008021403550.html.
190 Richtel, "Handful of Indictments Over Technology."
191 Richtel.
192 *United States of America v. Wan Li Yuan and Jiang Song.*
193 "Summary of Major U.S. Cases (January 2009 to the Present)."
194 Basil Katz, "U.S. Charges Chinese Man with NY Fed Software Theft," *Reuters*, January 19, 2012, http://www.reuters.com/article/us-nyfed-theft-idUSTRE80H27L20120119; Jonathan Stempel and Nate Raymond, "Chinese Man Avoids Prison for New York Fed Cyber Theft," *Reuters*, December 4, 2012, http://www.reuters.com/article/us-usa-crime-fed-idUSBRE8B30WF20121204.
195 Federal Bureau of Investigation, "Two Men Arrested in Connection with the Illegal

Wavelab, Inc.—Plea Agreement.

167 "Summary of Major U.S. Cases (January 2009 to the Present)."

168 Department of Justice, "Woman Sentenced for Illegally Exporting Electronics Components Used in Military Radar, Electronic Warfare and Missile Systems to China," https://www.justice.gov/usao-ma/pr/woman-sentenced-illegally-exporting-electronics-components-used-military-radar-electronic; Department of Justice, "Two Chinese Nationals Convicted of Illegally Exporting Electronics Components Used in Military Radar and Electronic Warfare," https://www.justice.gov/opa/pr/two-chinese-nationals-convicted-illegally-exporting-electronics-components-used-military.

169 "Two Chinese Nationals Convicted of Illegally Exporting Electronics Components Used in Military Radar and Electronic Warfare."

170 "Two Chinese Nationals Convicted of Illegally Exporting Electronics Components"; Federal Bureau of Investigation, "Chinese National Sentenced for Illegally Exporting Military Electronics Components," https://www.fbi.gov/boston/press-releases/2013/chinese-national-sentenced-for-illegally-exporting-military-electronics-components.

171 United States Attorney's Office, Eastern District of Virginia, "Chinese Nationals Sentenced 24 Months for Illegally Attempting to Export Radiation-Hardened Microchips to the PRC," September 30, 2011, https://www.justice.gov/archive/usao/vae/news/2011/09/20110930Chinesenr.html; "Two Chinese Nationals Charged with Illegally Attempting to Export Military Satellite Components to the PRC."

172 U.S. District Court for the District of New Jersey, *United States of America v. Bing Xu*, INDICTMENT.

173 Department of Justice, "Chinese National Sentenced to 22 Months in Prison for Trying to Buy Night Vision Technology for Export to China," July 1, 2009, https://www.justice.gov/sites/default/files/usao-nj/legacy/2013/11/29/xu0701%20rel.pdf.

174 Backover, "Feds: Trio Stole Lucent's Trade Secrets"; "New Indictment Expands Charges Against Former Lucent Scientists Accused of Passing Trade Secrets to Chinese Company."

175 Gold, "Firm Guilty of Stealing Lucent Information."

176 John Shiffman and Sam Wood, "7 Indicted in Export of Military Circuitry," *Philadelphia Inquirer*, July 2, 2004.

177 "Four Owners/Operators of Mount Laurel Company Sentenced for Illegally Selling National-Security Sensitive Items to Chinese Interests," *U.S. Federal News Service*, May 1, 2006.

178 "Four Owners/Operators of Mount Laurel Company Sentenced."

179 "Summary of Major U.S. Cases (January 2009 to the Present)."

180 Terry Baynes, "Ex-CME Programmer Pleads Guilty to Trade Secret Theft," *Reuters*, September 20, 2012, http://www.reuters.com/article/us-cme-theft-plea-idUSBRE88J02U20120920.

Yuan and Jiang Song—indictment.

149 Hannas, Mulvenon, and Puglisi, *Chinese Industrial Espionage*, 79.

150 "Overseas Talents Wooed to Improve Social Management," *Xinhua News Agency—CEIS*, February 23, 2012, http://search.proquest.com/docview/923237960/abstract/387BA67931074398PQ/17.

151 "China Engages Foreign Experts in Rural Development," *Xinhua News Agency—CEIS*, December 31, 2006.

152 "New Programs Envisioned to Import Foreign Experts," *China Today*, March 5, 2012, http://search.proquest.com/docview/1222299381/citation/E8BF44F3B18F4C87PQ/107.

153 Han Ximin, "Over 4,500 Overseas Exhibitors at CIEP," *Shenzhen Daily*, April 15, 2016, 500, http://search.proquest.com/docview/1785209702/abstract/E8BF44F3B18F-4C87PQ/221.

154 "China to Recruit up to 1,000 High-Caliber Overseas Experts in 10 Years," *Xinhua News Agency—CEIS*, January 10, 2012, http://search.proquest.com/docview/915067667/abstract/E8BF44F3B18F4C87PQ/51.

155 Authors' interviews, Washington, DC, June 2016.

156 Department of Justice, "Sinovel Corporation and Three Individuals Charged in Wisconsin with Theft of AMSC Trade Secrets," https://www.justice.gov/opa/pr/sinovel-corporation-and-three-individuals-charged-wisconsin-theft-amsc-trade-secrets.

157 "Sinovel Corporation and Three Individuals Charged."

158 "Sinovel Corporation and Three Individuals Charged."

159 Federal Bureau of Investigation, "Three Sentenced to Federal Prison for Illegally Exporting Highly Sensitive U.S. Technology to China," https://www.fbi.gov/losangeles/press-releases/2009/la080409.htm.

160 Kaitlin Gurney, "Pair Accused of Exporting Sensitive Goods to China," *Philadelphia Inquirer*, July 30, 2004.

161 Graham, "Camden Firm Pleads Guilty."

162 "U.S. Charges Five Chinese Military Hackers for Cyber Espionage Against U.S. Corporations and a Labor Organization for Commercial Advantage," accessed September 23, 2016, https://www.justice.gov/opa/pr/us-charges-five-chinese-military-hackers-cyber-espionage-against-us-corporations-and-labor.

163 Martin, "Unraveling the Great Chinese Corn Seed Spy Ring."

164 Eligon and Zuo, "U.S. Suspects Chinese in Theft of Seed Research."

165 Federal Bureau of Investigation, "Six Chinese Nationals Indicted for Conspiring to Steal Trade Secrets from U.S. Seed Companies," https://www.fbi.gov/omaha/press-releases/2013/six-chinese-nationals-indicted-for-conspiring-to-steal-trade-secrets-from-u.s.-seed-companies.

166 U.S. District Court for the Eastern District of Virginia, 2008, *United States of America v.*

127 "Summary of Major U.S. Cases (January 2009 to the Present)."
128 "Summary of Major U.S. Cases (January 2009 to the Present)."
129 Andreadis, "Couple Charged."
130 Stempel, "Former GM Engineer, Husband Sentenced in Trade Secret Theft Case."
131 "Summary of Major U.S. Cases (January 2009 to the Present)."
132 Marius Meland, "TSMC Refiles Trade-Secret Suit vs. Mainland Foundry," *Law360*, July 28, 2004, http://www.law360.com/articles/1857/tsmc-refiles-trade-secret-suit-vs-mainland-foundry.
133 Marius Meland, "Asian Chip Makers Settle Trade-Secrets, Patent Suit in $175M Deal," *Law360*, January 31, 2005, http://www.law360.com/arti cles/2941/asian-chip-makers-settle-trade-secrets-patent-suit-in-175m-deal.
134 Dan Nystedt, "TSMC in US$290M Settlement with China's Biggest Chip Maker," *PCWorld*, November 10, 2009, http://www.pcworld.com/article/181803/article.html.
135 Richtel, "Handful of Indictments Over Technology."
136 Wilke, "Two Silicon Valley Cases Raise Fears of Chinese Espionage."
137 K. Oanh Ha, "Stealing a Head Start: Trade Secrets Lost to Students, Businessmen, Researchers," *San Jose Mercury News*, September 28, 2006.
138 Jay Solomon, "Phantom Menace: FBI Sees Big Threat from Chinese Spies; Businesses Wonder; Bureau Adds Manpower, Builds Technology-Theft Cases; Charges of Racial Profiling; Mixed Feelings at 3DGeo," *Wall Street Journal*, August 10, 2005.
139 "Summary of Major U.S. Cases (January 2009 to the Present)."
140 "San Jose Company Indicted for Illegal Exports," *Silicon Valley Business Journal*, May 31, 2004, http://www.bizjournals.com/sanjose/stories/2004/05/31/daily34.html.
141 Henry K. Lee, "Cupertino Man Gets 2 Years for Exporting Military Technology to China," *SFGate*, December 5, 2007, http://www.sfgate.com/bayarea/article/Cupertino-man-gets-2-years-for-exporting-military-3235173.php.
142 Department of Justice, "Virginia Physicist Arrested for Illegally Exporting Space Launch Data to China and Offering Bribes to Chinese Officials," September 24, 2008, https://www.justice.gov/archive/opa/pr/2008/September/08-nsd-851.html.
143 Department of Justice, "Virginia Physicist Sentenced to 51 Months in Prison for Illegally Exporting Space Launch Data to China and Offering Bribes to Chinese Officials," April 7, 2009, https://www.justice.gov/opa/pr/virginia-physicist-sentenced-51-months-prison-illegally-exporting-space-launch-data-china-and.
144 "Guilty Plea for Illegal Exports."
145 "Select ICE Arms and Strategic Technology Investigations."
146 "Guilty Plea for Illegal Exports."
147 "Bellevue Man Sentenced for Violating Arms Export Act."
148 U.S. District Court for the District of Oregon, 2011, *United States of America v. Wan Li*

111 "Summary of Major U.S. Cases (January 2009 to the Present)."
112 "U.S. and Chinese Defendants Charged."
113 Department of Justice, "Two Individuals and Company Found Guilty of Conspiracy to Sell Trade Secrets to Chinese Companies," https://www.justice.gov/opa/pr/two-individuals-and-company-found-guilty-conspiracy-sell-trade-secrets-chinese-companies.
114 Wendell Minnick, "Chinese National Convicted of Export Violations," *Defense News*, June 10, 2016, http://www.defensenews.com/story/defense/international/2016/06/10/chinese-national-convicted-export-viola tions/85695920/.
115 Department of Justice, "California Resident Convicted of Conspiring to Illegally Export Fighter Jet Engines and Unmanned Aerial Vehicle to China," https://www.justice.gov/opa/pr/california-resident-convicted-conspiring-illegally-export-fighter-jet-engines-and-unmanned.
116 Wendell Minnick, "China Accused of Trying to Acquire Fighter Engines, UAV," *Defense News*, October 27, 2015, http://www.defensenews.com/story/defense/policy-budget/industry/2015/10/27/china-accused-trying-acquire-fighter-engines-uav/74676946/.
117 Associated Press, "California Woman Sentenced for Conspiring to Send China Military Gear," *The Guardian*, August 20, 2016, https://www.the guardian.com/us-news/2016/aug/20/us-military-equipment-export-china-wenxia-man-sentencing.
118 Jaikumar Vijayan, "Former DuPont Researcher Hit with Federal Data Theft Charges," *Reuters*, October 7, 2009, http://www.reuters.com/article/urnidgns852573c400693880002 57647006e70d-idUS416454660020091007.
119 Randy Boswell, "Canadian in Silicon Valley Charged with Spying, Theft: Technology Worker Accused of Trying to Sell Stolen Flight Simulation Software," *Vancouver Sun*, December 15, 2006; Connie Skipitares, "Cupertino Man Charged in Alleged Theft of Trade Secrets," *San Jose Mercury News*, December 14, 2006.
120 Howard Mintz, "Silicon Valley Engineer Sentenced for Economic Espionage," *The Mercury News*, June 18, 2008, http://www.mercurynews.com/2008/06/18/silicon-valley-engineer-sentenced-for-economic-espionage/.
121 Martin, "Unraveling the Great Chinese Corn Seed Spy Ring."
122 John Eligon and Patrick Zuo, "U.S. Suspects Chinese in Theft of Seed Research," *New York Times*, February 6, 2014.
123 Davies, "Espionage Arrest of Nuclear Engineer Fuels U.S. Suspicions of Chinese Tactics."
124 Davies.
125 Grant Rodgers, "FBI: Plot to Steal Seed Corn a National Security Threat," *Des Moines Register*, March 30, 2015, http://www.desmoinesregister.com/story/news/crime-and-courts/2015/03/29/seed-corn-theft-plot-national-security-fbi/70643462/.
126 "Two S. Koreans Charged with Arms Export to China," *Washington Times*, http://www.washingtontimes.com/news/2004/may/10/20040510-113348-1076r/.

97 "Summary of Major U.S. Cases (January 2009 to the Present)"; David Voreacos, "Former Sanofi Chemist Gets 18 Months for Trade Secrets Theft," *Bloomberg.com*, May 7, 2012, http://www.bloomberg.com/news/articles/2012–05–07/former-sanofi-chemist-gets-18-months-for-trade-secrets-theft-1-.

98 "Summary of Major U.S. Cases (January 2009 to the Present); R. Scott Moxley, "Huntington Beach Businessman Nailed for Exporting Thermal Imaging Cameras to China," *OC Weekly*, April 25, 2012, http://www.ocweekly.com/news/huntington-beach-businessman-nailed-for-exporting-thermal-imag ing-cameras-to-china-6464727.

99 Steve Chawkins, "Thousand Oaks Arms Exporter Is Sentenced," *Los Angeles Times*, December 16, 2003, http://articles.latimes.com/2003/dec/16/local/me-vnexport16.

100 "Select ICE Arms and Strategic Technology Investigations."

101 "U.S. and Chinese Defendants Charged."

102 Federal Bureau of Investigation, "Walter Liew Sentenced to 15 Years in Prison for Economic Espionage," https://www.fbi.gov/contact-us/field-offices/san francisco/news/press-releases/walter-liew-sentenced-to-15-years-in-prison-for-economic-espionage.

103 Backover, "Feds: Trio Stole Lucent's Trade Secrets"; Department of Justice, "New Indictment Expands Charges Against Former Lucent Scientists Accused of Passing Trade Secrets to Chinese Company," April 11, 2002, https://www.justice.gov/archive/criminal/cybercrime/press-releases/2002/lucentSupIndict.htm.

104 Gold, "Firm Guilty of Stealing Lucent Information."

105 Gold.

106 Federal Bureau of Investigation, "Former Employee of New Jersey Defense Contractor Sentenced to 70 Months in Prison for Exporting Sensitive Military Technology to China," https://www.fbi.gov/newark/press-releases/2013/for mer-employee-of-new-jersey-defense-contractor-sentenced-to-70-months-in-prison-for-exporting-sensitive-military-technology-to-china.

107 Bill Singer, "Industrial Espionage at Dow Chemical," *Forbes*, February 8, 2011, http://www.forbes.com/sites/billsinger/2011/02/08/industrial-espionage-dow/.

108 Department of Justice, "Former Dow Research Scientist Sentenced to 60 Months in Prison for Stealing Trade Secrets and Perjury," January 13, 2012, https://www.justice.gov/opa/pr/former-dow-research-scientist-sentenced-60-months-prison-stealing-trade-secrets-and-perjury.

109 Federal Bureau of Investigation, "Former Connecticut Resident Charged with Attempting to Travel to China with Stolen U.S. Military Program Documents," December 9, 2014, https://www.fbi.gov/contact-us/field-offices/newhaven/news/press-releases/former-connecticut-resident-charged-with-attempting-to-travel-to-china-with-stolen-u.s.-military-program-documents.

110 "Summary of Major U.S. Cases (January 2009 to the Present)."

79 Pelofsky, "Chinese Man Convicted on U.S. Smuggling Charges."

80 United States Court of Appeals, Ninth Circuit, *United States v. Chi Tong Kuok*, http://caselaw.findlaw.com/us-9th-circuit/1591353.html.

81 Federal Bureau of Investigation, "Chinese Man Indicted for Attempting to Illegally Export Thermal Imaging Cameras," https://www.fbi.gov/cincinnati/press-releases/2009/ci061009.htm; "Summary of Major U.S. Cases (January 2009 to the Present)."

82 Department of Justice, "Summary of Major U.S. Export Enforcement, Economic Espionage, Trade Secret, and Embargo-Related Criminal Cases (January 2010 to the Present: Updated June 27, 2016)," June 28, 2016, https://www.justice.gov/nsd/files/export_case_list_june_2016_2.pdf/download.

83 Gerstein, "Spy Charges in High-Stakes Microchip Race."

84 Mintz, "Silicon Valley Espionage Case Only Second of Kind in Nation to Go to Trial."

85 Mintz, "Federal Jury Deadlocks on Most of Espionage Case against Two Silicon Valley Engineers."

86 有些前美國官員相信李博士涉及中國情報工作，但是沒有公開訊息可證實這種主張。因此，本案出現在這一章節，而非其他與情報工作有關的章節。

87 *The Peter Lee Case: Hearings before the Subcommittee on Administrative Oversight and the Courts of the Committee on the Judiciary*, Senate 106th Cong. 2 (2000).

88 "Summary of Major U.S. Export Enforcement, Economic Espionage, Trade Secret, and Embargo-Related Criminal Cases (January 2010 to the Present: Updated June 27, 2016)."

89 U.S. Attorney's Office for the Eastern District of Virginia, "Chinese Nationals Sentenced 24 Months for Illegally Attempting to Export Radiation-Hardened Microchips to the PRC," https://www.justice.gov/archive/usao/vae/news/2011/09/20110930Chinesenr.html; "Two Chinese Nationals Charged with Illegally Attempting to Export Military Satellite Components to the PRC," https://www.justice.gov/opa/pr/two-chinese-nationals-charged-illegally-attempting-export-military-satellite-components-prc.

90 "Woman Charged in Effort to Smuggle O.C. Sensors," *Associated Press*, October 18, 2007, http://www.ocregister.com/articles/company-78962-china-san.html.

91 Department of Justice, "Woman Charged in Plot to Illegally Export Military Accelerometers to China," October 18, 2007, https://www.justice.gov/archive/opa/pr/2007/October/07_nsd_833.html.

92 "Woman Charged in Effort to Smuggle O.C. Sensors."

93 "Summary of Major U.S. Cases (January 2009 to the Present)."

94 David Martin, "Unraveling the Great Chinese Corn Seed Spy Ring," *Al-Jazeera America*, October 6, 2014, http://america.aljazeera.com/watch/shows/america-tonight/articles/2014/10/6/unraveling-the-greatchinesec ornseedspyring.html.

95 "Couple Charged in Export Fraud," *Courier Post*, July 30, 2004.

96 Graham, "Camden Firm Pleads Guilty."

com/2010/10/18/business/global/18espionage.html.

62 Jeremy Pelofsky, "Chinese Man Pleads Guilty for U.S. Trade Secret Theft," *Reuters*, October 18, 2011, http://www.reuters.com/article/us-crime-china-theft-idUSTRE79H78R20111018.

63 Department of Justice, "Chinese National Sentenced to 87 Months in Prison for Economic Espionage and Theft of Trade Secrets," https://www.justice.gov/opa/pr/chinese-national-sentenced-87-months-prison-economic-espionage-and-theft-trade-secrets.

64 "California Couple Charged."

65 U.S. Department of Commerce, Bureau of Industry and Security, "Order Relating to Leping Huang, A.K.A. Nicole Huang, A.K.A. Nicola Huang," June 12, 2012, https://efoia.bis.doc.gov/index.php/component/docman/doc_view/782-e2272?Itemid=.

66 "Chinese National Sentenced."

67 Matt Richtel, "Handful of Indictments Over Technology," *New York Times*, January 15, 2003, http://www.nytimes.com/2003/01/15/business/handful-of-indictments-over-technology.html.

68 "About Us CETC 54," http://en.cti.ac.cn/About_Us/.

69 Laurie J. Flynn, "Chinese Businessman Acquitted of Illegal High-Technology Exports," *New York Times*, May 10, 2005, http://query.nytimes.com/gst/full page.html.

70 Jason Keyser, "Motorola Trade Secrets Thief Gets 4-Year Term," *Associated Press*, August 29, 2012, http://www.usatoday.com/money/industries/technology/story/2012–08–29/motorola-trade-secrets-thief/57409376/1.

71 Richard Posner, *United States of America v. Hanjuan Jin*, Dissent U.S. Court of Appeals for Seventh Circuit, 2013.

72 "Summary of Major U.S. Cases (January 2009 to the Present)."

73 Keyser, "Motorola Trade Secrets Thief Gets 4-Year Term"; Posner, *United States of America v. Hanjuan Jin*.

74 Erin Ailworth, "Files Trace Betrayal of a Prized China-Mass. Partnership," *Boston Globe*, July 10, 2013, https://www.bostonglobe.com/bus iness/2013/07/09/global-chase-cracked-corporate-espionage-case/8HC7wKBJezDkNFNSWB5dFO/story.html.

75 Michael Riley and Ashlee Vance, "Inside the Chinese Boom in Corporate Espionage," *Bloomberg.com*, March 15, 2012, http://www.bloomberg.com/news/articles/2012–03–15/inside-the-chinese-boom-in-corporate-espionage.

76 Kevin Poulsen, "Chinese Spying Claimed in Purchases of NSA Crypto Gear," *Wired*, July 9, 2009, https://www.wired.com/2009/07/export/.

77 Jeremy Pelofsky, "Chinese Man Convicted on U.S. Smuggling Charges," *Reuters*, May 12, 2010, http://www.reuters.com/article/us-usa-security-smuggling-idUSTRE64B61V20100512.

78 Poulsen, "Chinese Spying Claimed in Purchases of NSA Crypto Gear."

August 11, 2016, https://www.theguardian.com/business/2016/aug/11/nuclear-consultant-accused-espionage-china-us-szuhsiung-al len-ho; Maria L. La Ganga, "Nuclear Espionage Charge for China Firm with One-Third Stake in UK's Hinkley Point," *The Guardian*, August 10, 2016, https://www.theguardian.com/uk-news/2016/aug/11/nuclear-espionage-charge-for-china-firm-with-one-third-stake-in-hinkley-point.

50 "U.S. Nuclear Engineer, China General Nuclear Power Company and Energy Technology International Indicted in Nuclear Power Conspiracy against the United States," https://www.justice.gov/opa/pr/us-nuclear-engineer-china-general-nuclear-power-company-and-energy-technology-international.

51 Department of Justice, "U.S. and Chinese Defendants Charged with Economic Espionage and Theft of Trade Secrets in Connection with Conspiracy to Sell Trade Secrets to Chinese Companies," https://www.justice.gov/opa/pr/us-and-chinese-defendants-charged-economic-espionage-and-theft-trade-secrets-connection.

52 Christopher Marquis, "2 Arrested in Case on Selling Encryption Device," *New York Times*, August 30, 2001, http://www.nytimes.com/2001/08/30/us/2-arrested-in-case-on-selling-encryption-device.html.

53 Gail Gibson, "Chinese Nationals Held in Attempted Export of Encryption Devices," *Baltimore Sun*, August 30, 2001, http://articles.baltimoresun.com/2001–08–30/news/0108300163_1_encryption-hsu-undercover-agents.

54 "Two Are Sentenced for Trying to Export Encryption Device," *Associated Press*, October 20, 2002.

55 Paul Shukovsky, "Charge against Bellevue Man Linked to Spy Case," *Seattle Post-Intelligencer*, March 7, 2005, http://www.seattlepi.com/local/article/Charge-against-Bellevue-man-linked-to-spy-case-1168039.php.

56 U.S. Immigration and Customs Enforcement, "Select ICE Arms and Strategic Technology Investigations," November 2006, http://fas.org/asmp/ice asti.htm.

57 "Eastside News: Guilty Plea for Illegal Exports," *The Seattle Times*, http://old.seattletimes.com/html/eastsidenews/2002669960_hsy07e.html.

58 U.S. Attorney's Office for the Western District of Washington, "Bellevue Man Sentenced for Violating Arms Export Act: Illegally Exported Night Vision Goggles to Taiwan—Co-Conspirator Sent Them to China," March 23, 2006, https://www.justice.gov/archive/usao/waw/press/2006/mar/hsy.html.

59 "Summary of Major U.S. Cases (January 2009 to the Present)."

60 Department of Justice, "Chinese Business Owner, Employee Plead Guilty, Sentenced for Stealing Trade Secrets from Sedalia Plant," https://www.jus tice.gov/usao-wdmo/pr/chinese-business-owner-employee-plead-guilty-sentenced-stealing-trade-secrets-sedalia.

61 Christopher Drew, "New Breed of Spy Steals Employer's Secrets U.S. Companies at Risk of Spying by Own Workers," *New York Times*, October 17, 2010, http://www.nytimes.

31 "Major U.S. Export Enforcement Prosecutions."
32 "Summary of Major U.S. Cases (January 2009 to the Present)."
33 Josh Gerstein, "Spy Charges In High-Stakes Microchip Race," *The New York Sun*, June 19, 2006, http://www.nysun.com/national/spy-charges-in-high-stakes-microchip-race/34620/.
34 Howard Mintz, "Silicon Valley Espionage Case Only Second of Kind in Nation to Go to Trial," *San Jose Mercury News*, October 18, 2009, http:// www.mercurynews.com/2009/10/18/silicon-valley-espionage-case-only-second-of-kind-in-nation-to-go-to-trial/.
35 Howard Mintz, "Federal Jury Deadlocks on Most of Espionage Case against Two Silicon Valley Engineers," *San Jose Mercury News*, November 20, 2009, http://www.mercurynews.com/2009/11/20/federal-jury-deadlocks-on-most-of-espionage-case-against-two-silicon-valley-engineers/.
36 Mintz; "North Wales Man Sentenced For Illegally Exporting Goods," January 17, 2013, https://www.justice.gov/usao-edpa/pr/north-wales-man-sentenced-illegally-exporting-goods.
37 Peter Boylan, "Secrets Sold: 'I Did It for the Money'," *Honolulu Advertiser*, October 28, 2005.
38 Mark A. Kellner, "Engineer Pleads Not Guilty in Espionage Case," *Air Force Times*, November 27, 2006, 44.
39 "Hawaii Man Sentenced to 32 Years in Prison for Providing Defense Information and Services to People's Republic of China," *U.S. Federal News Service,* January 25, 2011, http://search.proquest.com/docview/847323491/citation/77C368FB08EB4D70PQ/2.
40 "Hawaii Man Sentenced."
41 "Chinese Man Found Guilty."
42 "Three Sentenced to Federal Prison."
43 Mortimer, "Maryland Woman Charged with ITAR Offences."
44 Burnett, "U.S. Export Enforcement Examples." Undated.
45 U.S. Department of Commerce, Bureau of Industry and Security, "Order Relating to Yaming Nina Qi Hanson," July 15, 2013, https://efoia.bis.doc.gov/index.php/component/docman/doc_view/868-e2332?Itemid=.
46 "Summary of Major U.S. Export Enforcement, Economic Espionage, Trade Secret and Embargo-Related Criminal Cases (January 2009 to the Present: Updated May 13, 2015)."
47 John Shiffman and Duff Wilson, "Special Report: How China's Weapon Snatchers Are Penetrating U.S. Defenses," *Reuters*, December 17, 2013, http://www.reuters.com/article/breakout-sting-idUSL2N0JV1UV20131217.
48 "Summary of Major U.S. Cases (January 2009 to the Present)."
49 Rob Davies, "Who Is the U.S. Engineer Accused of Nuclear Espionage?" *The Guardian*,

18 Andrew Backover, "Feds: Trio Stole Lucent's Trade Secrets," *USA Today*, May 3, 2001, http://usatoday30.usatoday.com/tech/news/2001-05-03-lucent-scientists-china.htm; "New Indictment Expands Charges Against Former Lucent Scientists Accused of Passing Trade Secrets to Chinese Company," April 11, 2002, https://www.justice.gov/archive/criminal/cybercrime/press-releases/2002/lucentSupIndict.htm.

19 Jeffrey Gold, "Firm Guilty of Stealing Lucent Information," *The Record*, March 18, 2005.

20「集團介紹——中國電子科技集團公司」http://www.cetc.com.cn/zgdzkj/_300891/_300895/index.html.

21 U.S. Department of Commerce, Bureau of Industry and Security, "Entity List: Supplement No. 4 to Part 744 of the Export Administration Regulations," September 20, 2016, https://www.bis.doc.gov/index.php/policy-guidance/lists-of-parties-of-concern/entity-list.

22 "U.S. Nuclear Engineer, China General Nuclear Power Company and Energy Technology International Indicted in Nuclear Power Conspiracy against the United States," https://www.justice.gov/opa/pr/us-nuclear-engineer-china-general-nuclear-power-company-and-energy-technology-international. https://www.justice.gov/opa/pr/us-nuclear-engineer-pleads-guilty-violating-atomic-energy-act.

23 Department of Justice, "Former Boeing Engineer Charged with Economic Espionage in Theft of Space Shuttle Secrets for China," February 11, 2008, https://www.justice.gov/archive/opa/pr/2008/February/08_nsd_106.html.

24 Rob Davies, "Espionage Arrest of Nuclear Engineer Fuels U.S. Suspicions of Chinese Tactics," *The Guardian*, August 11, 2016, https://www.theguardian. com/technology/2016/aug/11/espionage-arrest-of-nuclear-engineer-fuels-us-suspicions-of-chinese-tactics.

25 John R. Wilke, "Two Silicon Valley Cases Raise Fears of Chinese Espionage— Authorities Suspect Alleged Trade-Secret Thefts Tied to Government-Controlled Companies," *Wall Street Journal*, January 15, 2003.

26 Department of Justice, "Major U.S. Export Enforcement Prosecutions During the Past Two Years," October 28, 2008, https://www.justice.gov/archive/opa/pr/2008/October/08-nsd-959.html.

27 "Major U.S. Export Enforcement Prosecutions."

28 Troy Graham, "Camden Firm Pleads Guilty to Missile-Parts Export State Metal Industries Sold the Scrap, Officials Said, to a Company with Ties to China," *Philadelphia Inquirer*, June 15, 2006.

29 Cleopatra Andreadis, "Couple Charged: Sold GM Secrets to China?" *ABC News*, July 23, 2010, http://abcnews.go.com/TheLaw/Business/michigan-couple-charged-corporate-espionage/story?id=11236400.

30 Jonathan Stempel, "Former GM Engineer, Husband Sentenced in Trade Secret Theft Case," *Reuters*, May 1, 2013, http://www.reuters.com/article/generalmotors-tradesecrets-sentencing-idUSL2N0DI25Z20130501.

Register, March 29, 2015, https://www.desmoinesregister.com/story/ news/crime-and-courts/2015/03/29/seed-corn-theft-plot-national-security-fbi/70643462.
4 "DBN Biotech," www.dbnbc.com/en/nlist.asp?ncid=15&c=2&stl=0.
5 Immigration and Customs Enforcement, "Chinese National Pleads Guilty to Conspiring to Violate Arms Export Control Act," December 15, 2014, https://www.ice.gov/news/releases/chinese-national-pleads-guilty-conspir ing-violate-arms-export-control-act.
6 Department of Justice, "Chinese Nationals Sentenced in New Mexico for Conspiring to Violate Arms Export Control Act," April 23, 2015, https:// www.justice.gov/opa/pr/chinese-nationals-sentenced-new-mexico-conspir ing-violate-arms-export-control-act.
7 "Chinese Nationals Sentenced."
8 "Chinese Nationals Sentenced."
9 U.S. District Court for the District of New Jersey, 2012, United States of America v. Hui Sheng Shen and Huan Ling Chang—Amended Complaint, https://www.justice.gov/archive/usao/nj/Press/files/pdffiles/2012/Shen,%20Hui%20Sheng%20and%20Chang,%20Ling%20Huan%20amended%20 Complaint.pdf.
10 Department of Justice, "Summary of Major U.S. Export Enforcement, Economic Espionage, Trade Secret and Embargo-Related Criminal Cases (January 2009 to the Present: Updated May 13, 2015)," May 2015, https://www.justice.gov/file/438491/download.
11 Federal Bureau of Investigation, "California Couple Charged with Conspiring to Export Sensitive Technology to People's Republic of China," October 15, 2010, https://www.fbi.gov/losangeles/press-releases/2010/la 101510–1.htm.
12 "Summary of Major U.S. Cases (January 2009 to the Present)."
13 Federal Bureau of Investigation, "Chinese Man Found Guilty of Illegally Exporting Sensitive Thermal-Imaging Technology to China," https://www.fbi.gov/losangeles/press-releases/2009/la022309usa.htm; Federal Bureau of Investigation, "Three Sentenced to Federal Prison for Illegally Exporting Highly Sensitive U.S. Technology to China," https://www.fbi.gov/losangeles/press-releases/2009/la080409.htm.
14 Federal Bureau of Investigation, "Chinese Man Found Guilty of Illegally Exporting Sensitive Thermal-Imaging Technology to China"; Federal Bureau of Investigation, "Three Sentenced to Federal Prison for Illegally Exporting Highly Sensitive U.S. Technology to China."
15 Eileen M. Albanese, U.S. Department of Commerce, "Order Denying Export Privileges," November 27, 2007. https://efoia.bis.doc.gov/index.php/documents/export-violations/412-e2020/file.
16 Robert E. Kessler, "N.Y. Man Charged with Illegal Export of Military Parts—Equipment Headed for China in Shipment of Scrap," *Seattle Times*, January 6, 1998, http://community.seattletimes.nwsource.com/archive/?date=19980106&slug=2727275.
17 Kessler.

132 Author interviews; film, https://www.youtube.com/watch?v=OH1nfXa OGqY.
133 Author interviews.
134 Author interviews; CRI Online, "Nu Jiaotong Yuan," http://gb.cri.cn/3821/2005/07/05/1545@608488.htm.
135 Ying Ruocheng and Claire Conceison, *Voices Carry: Behind Bars and Backstage During China's Cultural Revolution* (Lanham, MD: Rowman and Littlefield, 2009).
136 Schoenhals, *Spying for the People*, 150–51, 225.
137 有些資料來源將曾昭科加入香港警隊的時間點記為一九四七年，有些則為一九四八年。"Zao zhu chujing Xianggang di yi jiandie Zeng Zhaoke qushi" [Zeng Zhaoke, Hong Kong's first spy who was expelled, dies], Apple Nextmedia, December 29, 2014, http://hk.apple.nextmedia.com/news/art/20141229/18984529; Gene Gleason, *Hong Kong* (New York: John Day Company, 1963), 109.
138 Steve Tsang, "Target Zhou Enlai: The 'Kashmir Princess' Incident of 1955," *The China Quarterly* no. 139 (September 1994): 775.
139 Gleason, *Hong Kong*, 109.
140 "High profile funeral for 'James Bond'," *The Standard* (Hong Kong), December 30, 2014, http://www.thestandard.com.hk/section-news.php?id=152765&story_id=43611882&d_str=20141230&sid=4.
141 "Zao zhu chujing Xianggang di yi jiandie Zeng Zhaoke qushi"; Gleason, *Hong Kong*, 109. 據傳，該名信使從一名位在澳門的審計官手中取得指示進入香港。這則故事可能還有很多隱情，畢竟對於從賭博天堂澳門進入香港的人來說，攜帶大量現金似乎 不是少見的事。
142 Wen Hui Po (Wenhui Bao), December 26, 2006, http://paper.wenweipo.com/2006/12/26/CH0612260002.htm.
143 Wen Hui Po.
144 一九八〇及九〇年代，和一名在中國的西方外交官訪談。
145 Guan Qingning, "Wo suo zhidaode Zeng Zhaoke xiansheng" [Zeng Zhaoke as I knew him], *Ming Pao*, January 19, 2015, https://news.mingpao.com.
146 MacFarquhar, *The Origins of the Cultural Revolution*, vol. 3, 205–6; Gleason, *Hong Kong*, 110–11.
147 Maochun Yu, *OSS in China*, 43–44; Feng Kaiwen, "Zhang Luping," in *Zhong-gong dang-shi renwu zhuan*, vol. 27, 196–97, 199–202, 206–7.

Chapter 4——經濟間諜案例

1 Christopher Andrew and Vasili Mitrokhin, *The Sword and the Shield: The Mitrokhin Archive and the Secret History of the KGB* (New York: Basic Books, 1999), 219–20.
2 Hannas, Mulvenon, and Puglisi, *Chinese Industrial Espionage*, 13–14, 189–90.
3 Grant Rodgers, "FBI: Plot to Steal Seed Corn a National Security Threat," *Des Moines*

1999), 343–44. 宋美齡的姊姊宋靄齡嫁給孔祥熙，這名銀行家日後坐上部長級職位，並成為國民政府行政院長。他們的弟弟宋子文則是成為國民黨中央政府的財政部長與外交部長。Daniel H. Bays, *A New History of Christianity in China* (Malden, MA: Wiley-Blackwell, 2012), 124–25.

112 Jiang, "Song Qingling," 14; Kenneth R. Whiting, *The Soviet Union Today: A Concise Handbook* (New York: Praeger, 1966), 134, 155.

113 Jiang, "Song Qingling," 15.

114 Jiang, "Song Qingling," 18; Wakeman, *Spymaster*, 175–77.

115 Wakeman, *Spymaster*, 153, 449n110.

116 Wang, *Liao Chengzhi Zhuan*, 33–34, 678; Klein and Clark, *Biographic Dictionary of Chinese Communism, 1921–1965,* vol. 2, 783–84; Jiang, "Song Qingling," 21.

117 *Zhou Enlai nianpu 1898–1949*, 301.

118 Jiang, "Song Qingling," 28–29.

119 Snow, *Red Star Over China*, 16–17, 21–24, 42–43; Schram, *Mao's Road to Power*, 152–53.

120 Jiang, "Song Qingling," 41.

121 Jiang, 43.

122 Alexander V. Pantsov and Steven I. Levine, *Deng Xiaoping: A Revolutionary Life* (New York: Oxford University Press, 2015), 138.

123 Jiang, "Song Qingling," 69–70; MacFarquhar and Schoenhals, *Mao's Last Revolution*, 576n3.

124 Soong Ch'ing-ling, "Women's Liberation in China," *Peking Review*, February 11, 1972, https://www.marxists.org/subject/china/peking-review/1972/PR 1972–06a.htm.

125 Hu, *Zhongguo Xibu mimi zhan*, 341–42.

126 Hu, 343–45.

127 Hu, 344–46; Hu Jie and Sun Guoda, "Wo Dang qingbao shishang de yici da jienan" [A catastrophe in the history of our party's intelligence services], *Beijing Ribao* [Beijing Daily], August 31, 2009, http://theory.people.com.cn/GB/9953216.htm; Hao Zaijin, "Gongchandang de qingbao gongzuo yizhi bi Guomindang gaoming" [The Communist Party's Intelligence Works has Always Been Brilliant Compared to the KMT], June 8, 2015, https://www.boxun.com/news/gb/z_special/2015/06/201506081843.shtml.

128 機密文件。

129 *Nu Jiaotong Yuan* [The Woman Courier] (Changchun: Changchun dianying zhipian chang, 1977), https://www.youtube.com/watch?v=OH1nfXaOGqY. Although Wang was a courier in World War II, the film was set a few years later during the Chinese civil war.

130 *Dianying "Nu Jiaotong Yuan" yuanxing Wang Xirong jinri lishi* [Inspiration for the film "The Woman Courier" Wang Xirong passed away today], November 4, 2011, http://dlguodj.blog.163.com/blog/static/46 8443332011104104245168/.

131 Author interviews with Madame Wang Xirong, August 2008, 在大連市政府的殷勤下安排。

30, no. 8 (August 1990), 749; Chen, "Pan Hannian," 43–44.

91 Yin Qi, *Pan Hannian Zhuan* [The Biography of Pan Hannian] (Beijing: Zhongguo Renmin Gong'an Daxue Chubanshe, 1996), 283–84, 416–17.

92 Liu Shufa, ed., *Chen Yi nianpu* [The Annals of Chen Yi], vol. 2 (Beijing: Renmin Chubanshe, 1995), 672–73. 關於這段界於中國共產黨全國代表會議（一九五五年三月二十一至三十一日）與中國共產黨第七屆中央委員會第五次全體會議（始於同年四月四日）期間的記事，遺漏了陳毅於四月一日至二日與潘漢年、毛澤東的致命相遇。

93 Mao Zedong, opening speech, National Conference of the Communist Party of China, March 21, 1955, https://www.marxists.org/reference/archive/mao/selected-works/volume-5/mswv5_41.htm.

94 Yin, *Pan Hannian Zhuan*, 344–45; Mao, opening speech.

95 Yin, Pan Hannian Zhuan, 344–45.

96 Yin, 346–48.

97 Gu, *Gong'an Gongzuo*, 82–83; Zhang Yun, *Pan Hannian Zhuan* [Biography of Pan Hannian] (Shanghai: Shanghai Renmin Chubanshe, 1996), 317; Kai, *Li Kenong*, 406; Xuezhi, *China's Security State*, 345–48; Yin, *Pan Hannian de qingbao shengya*, 348.

98 Gu, *Gong'an Gongzuo*, 83.

99 Yin, *Pan Hannian de qingbao shengya*, 220.

100 Kai, *Li Kenong*, 406–8.

101 Chambers, "Edging in from the Cold," 34; Teiwes, *Politics and Purges in China*, 140–41.

102 Frederick Teiwes, *Politics at Mao's Court: Gao Gang and Party Factionalism in the Early 1950s* (Armonk, NY: M. E. Sharpe, 1990), 131–34.

103 Kai, *Li Kenong*, 408.

104 Kai, 408–9.

105 Chen Jingtan, *Xie gei Xianggang ren de Zhongguo xiandai shi* [Modern History of China for Hong Kong People] (Hong Kong: Zhonghua Shu ju youxian gongsi, 2014), 198–200; Luo Linhu, "Pan Jing'an," *Renmin Wang*, May 2, 2012, http://blog.people.com.cn/article/1335940968010.html; Hong Kong Apple Daily video, "Pan Jing'an Xianggang Jishi" (Chronicle of Pan Jing'an in Hong Kong), September 8, 2013, https://www.youtube.com/watch?v=kr7xTz65GwE.

106 Jiang Hongbin, "Song Qingling," in *Zhonggong dangshi renwu zhuan*, vol. 28, 8–11.

107 "China: Whispers of Woe," *Time Magazine*, May 30, 1927.

108 位在今日的香山路七號上。Jiang, "Song Qingling," 13; Baruch Hirson, Arthur Knodel, and Gregor Benton, *Reporting the Chinese Revolution: The Letters of Rayna Prohme* (Ann Arbor, MI: Pluto Press, 2007), 77–81.

109 Jiang, "Song Qingling," 12–13.

110 Hirson, Knodel, and Benton, *Reporting the Chinese Revolution*, 12–13, 88–92, 96.

111 Jonathan Spence, *The Search for Modern China* (New York: W. W. Norton and Co.,

696–701; Xiaobing Li, *China at War: An Encyclopedia* (Santa Barbara, CA: ABC CLIO, 2012), 322–23.

70 Liu, *Zhou Enlai da cidian*, 32; Larry Wortzel and Robin Higham, *Dictionary of Contemporary Chinese Military History* (Santa Barbara, CA: ABC CLIO, 1999), 188–89; "Yi kaiguo yuanshuai ceng zai Zhonggong Teke zuo tegong bei Mao Zedong xicheng wei Lu Zhishen" [Marshal of the nation's founding was a special agent and nicknamed Lu Zhishen by Mao Zedong], January 25, 2016, http://mil.news.sina.com.cn/history/2016-01-25/doc-fxnurxn9928426.shtml.

71 David Chambers 是即將問世的潘漢年自傳作者，並且慷慨地協助本書作者。

72 Chen Xiuliang, "Pan Hannian," in *Zhonggong dangshi renwu zhuan*, vol. 25, 24.

73 Chen, 25.

74 Shu-mei Shih, *The Lure of the Modern: Writing Modernism in Semicolonial China, 1917–1937* (Berkeley: University of California Press, 2001), 239, 256; Yin, *Pan Hannian de qingbao shengya*, 8, 14–15; Chen Xiulang, "Pan Hannian," 26–28.

75 Yin, *Pan Hannian de qingbao shengya*, 8–9, 14–15; Chen, "Pan Hannian," 31.

76 Yin, *Pan Hannian de qingbao shengya*, 73–77; Chen, "Pan Hannian," 31–32.

77 Chen, "Pan Hannian," 31–33.

78 Yin, *Pan Hannian de qingbao shengya*, 8, 14–15, 71–72; Van de Ven, *War and Nationalism in China 1925–1945*, 149, 164.

79 Chen, "Pan Hannian," 34–35.

80 Wang Junyan, *Liao Chengzhi zhuan* [The Biography of Liao Chengzhi] (Beijing: Renmin Chubanshe, 2006), 48; Van de Ven, *War and Nationalism in China*, 181; Yin, *Pan Hannian de qingbao shengya*, 79–80.

81 Wang Junyan, *Liao Chengzhi zhuan*, 44; Yin, *Pan Hannian de qingbao shengya*, 90–92, 126–27; Hao, *Zhongguo mimi zhan*, 59–60; Chen, "Pan Hannian," 35.

82 The KMT Juntong's Research Institute on International Questions (*Juntong Guoji Wenti Yanjiusuo*).

83 安全訓練包括的基本要點有如：除了辦公業務，不要被拍到照片；不要寫信給家人或朋友；以及不要與任何人討論這份工作。Yin, *Pan Hannian de qingbao shengya*, 90, 92–94.

84 Kai, *Li Kenong*, 430.

85 Yin, *Pan Hannian de qingbao shengya*, 131–35, 139.

86 李士群要求利用一名家族友人胡繡楓來執行這項工作。她已經被派至其他地方，但是潘漢年找到她的姊姊胡壽楣執行。

87 Chen Xiuliang, "Pan Hannian," in *Zhonggong dangshi renwu zhuan*, vol. 25, 41.

88 Kai, *Li Kenong*, 428–33; Yin, *Pan Hannian de qingbao shengya*, 158–60.

89 Yin, *Pan Hannian de qingbao shengya*, 185; Chen, "Pan Hannian," 43.

90 John Burns, "The Structure of Communist Party Control in Hong Kong," *Asian Survey*

48 Ding, 244, 250.
49 Ding, 252–56.
50 Yibin Xinwen Wang [Yibin Sichuan, News Network]: Liu Ding, http://www.ybxww.com/content/2011-6/13/2011613190904_2.htm.
51 Yibin Xinwen Wang.
52 這段期間，一些中共幹部在蘇聯研修旅程中，情報訓練經常是包含其中的項目。Interview with party historian, 2016.
53 Tong, *Fengyu sishinian*, vol. 1, 19–20.
54 Hao, *Zhongguo mimi zhan*, 6.
55 Yibin Xinwen Wang.
56 Hao, *Zhongguo mimi zhan*, 24–25; Kai, *Li Kenong*, 113–15; *Zhou Enlai nianpu 1898–1949*, 300–2 (entries for February 20 and March 5, 1936); Hans Van de Ven, *War and Nationalism in China, 1925–1945* (New York: Routledge, 2003), 170, 177–89; Wu Dianyao, "Liu Ding," in *Zhonggong dangshi renwu zhuan*, vol. 43, 303. Thanks to Dr. David Chambers for drawing this reference to our attention.
57 *Henan Guangbo Dianshi Daxue Xuebao* [Journal of the Henan Radio and Television University], no. 3, 2005, http://baike.baidu.com/subview/159034/9278390.htm.
58 North University of China, http://new.nuc.edu.cn/xxgk/lrxz.htm.
59 Yibin Xinwen Wang.
60 Yibin Xinwen Wang.
61 Yibin Xinwen Wang.
62 Chang, *Chinese Communist Who's Who*, vol. 2, 111–12.
63 Wilbur, "The Nationalist Revolution," in Fairbank, *Cambridge History of China*, vol. 12, 694; Chang, *Chinese Communist Who's Who*, vol. 2, 112; "Song juemi qingbao de qiren qigong Mo Xiong" [The Exceptional Talent and Rare Service of Mo Xiong], *Renmin Wang*, August 2013, http://dangshi.people.com.cn/n/2013/0815/c85037-22572055.html.
64 "Yifen juemi qingbao cushi hongjun tiaoshang changzhenglu" [Secret Intelligence Prompted Red Army to Embark on Long March].
65 Zhonggong Fujian Shengwei Xuanchuan Bu [Fujian CCP Committee Propaganda Department, ed.], *Changzheng, Changzheng: Cong Min Xibei dao Shaanbei* [Long March, Long March: From Northwest Fujian to Northern Shaanxi] (Fuzhou: Fujian Jiaoyu Chubanshe, 2006), 390–91.
66 Chang, *Chinese Communist Who's Who*, vol. 2, 112.
67 "Nie Rongzhen," in Shen, *Zhongyang weiyuan*, 612–13.
68 Timothy Cheek, "The Honorable Vocation: Intellectual Service in CCP Propaganda Institutions in Jin-Cha-Ji, 1937–1945," in Saich and Van de Ven, *New Perspectives on the Chinese Communist Revolution*, 255–57; Vladimirov, *The Vladimirov Diaries*, 164.
69 "Nie Rongzhen," in Klein and Clark, *Biographic Dictionary of Chinese Communism*, 2,

ai Wenxian Chubanshe, 2010), 205–6. Thanks to Dr. David Chambers for this reference.

25 Mu, *Chen Geng Tongzhi zai Shanghai*, 54–55, 58–59; Xiao, *Zhonggong Tegong*, 205.

26 根據這些參考資料，范爭波過去的居所在今日的地址是淮海中路五二六弄四十三號。[No. 43, Lane 526, Huaihai Zhong Road].

27 Mu, *Chen Geng Tongzhi zai Shanghai*, 59–65; Mu Xin, *Yinbi zhanxian tongshuai Zhou Enlai* [Zhou Enlai, Guru of the Hidden Battlefront] (Beijing: Zhongguo Qingnian Chubanshe, 2002), 212–14; *Zhou Enlai nianpu 1898–1949*, 166–67; Kuo, *Analytical History*, vol. 2, 293–94; Xiao, *Zhonggong Tegong*, 205–6.

28 Xiao, *Zhonggong Tegong*, 204, 206; Hui Guisong, "Aomen Zhonggong dixia dang ren Ke Lin" [Ke Lin of the Macau CCP Underground Party], *Guangxi Shenji*, no. 5 (1999): 34.

29 Hui, "Aomen Zhonggong dixia dang ren Ke Lin," 34–35.

30 Geoffrey C. Gunn, *Encountering Macau: A Portuguese City-State on the Periphery of China, 1557–1999* (Boulder, CO: Westview Press, 1996), 128–29.

31 Gunn, 153–55.

32 Vasco Silverio Marques and Anibal Mesquita Borges, *O Ouro no Eixo Hong Kong Macau, 1946–1973* [The Gold on the Axis of Hong Kong and Macau, 1946–1973] (Macau: Instituto Português do Oriente, 2012), 183, 217, 237, 246, 488; Gunn, *Encountering Macau*, 145–46.

33 Xiao, *Zhonggong Tegong*, 206–7. Thanks to Macau historian João Guedes for his comments on this entry.

34 Ding Jizhong, "Li Qiang," in *Zhonggong dangshi renwu zhuan*, vol. 72, 230–33.

35 Ding, 234–36.

36 Ding, 235–36.

37 Mu, *Yinbi zhanxian tongshuai Zhou Enlai*, 8–9.

38 Ding, "Li Qiang," 237–38.

39 Ding, 238; Hao, *Zhongguo mimi zhan*, 2.

40 According to references on the web, the house is located at the modern address of Number 9, Alley 420, Yan'an West Road, Shanghai（中共中央第一個祕密電台舊址：延安西路四二〇弄〔原大西路福康里〕九號。）

41 Ding, "Li Qiang," 238–39.

42 Ding, 239–40; Hao, *Zhongguo mimi zhan*, 7.

43 Mu, *Yinbi zhanxian tongshuai Zhou Enlai*, 197–98.

44 Kuo, *Analytical History*, vol. 2, 292, 312; Mu, *Yinbi zhanxian tongshuai Zhou Enlai*, 187, 194–95; Liu, *Zhou Enlai da cidian*, 28–29; Hao, *Zhongguo mimi zhan*, 6–7; Shen, *Zhongyang weiyuan*, 100, 268–69.

45 Ding, "Li Qiang," 240–41

46 Ding, 241–43.

47 Ding, 241–44.

11 Edgar A. Porter, *The People's Doctor: George Hatem and China's Revolution* (Honolulu: University of Hawaii Press, 1997), 249, 268; Ji Chaozhu, *The Man on Mao's Right* (New York: Random House, 2008), 267.

12 John Pomfret, *The Beautiful Country and the Middle Kingdom* (New York: Henry Holt, 2016), 346–47, 644; Richard Trahair, *Encyclopedia of Cold War Espionage, Spies, and Secret Operations* (Westport, CT: Greenwood Press, 2004), 298; Frank Coe [柯弗蘭], "Mao Zedong shi dangdai zui weida de Ma Kesi zhuyi zhe" (Mao Zedong Is the Greatest Marxist of the Modern Era), *Renmin Ribao* (*People's Daily*), December 28, 1976, http://blog.sina.com.cn/s/blog_ec9c21c00102vlco.html.

13 毛澤東與江青於一九三八年十一月二十日結婚。Pei Yiran, *Hongse shenghuo shi: geming suiyue nei xie shi, 1921–1949* [Red Life: Those Years of Revolution, 1921–1949] (Taipei: Showwe Information Co. Ltd., 2015), 349. 另見 "Yang Yinlu's Secret: Mao and Jiang's Marriage Was Not a Failure of Choice," March 3, 2013.

14 Zhou Hui, "Dong Jianwu," in *Zhonggong dangshi renwu zhuan*, vol. 68, 323; Dong Xiafei and Dong Yunfei, *Shenmi de Hongse Mushi, Dong Jianwu* [The Mysterious Red Pastor, Dong Jianwu] (Beijing: Beijing Chubanshe, 2001), 1–2; Snow, *Red Star Over China*, 56.

15 Zhang Yiyu, ed., *Shanghai Yinglie Zhuan Qi Zhuan* [Biographies of Shanghai's Brave Martyrs, vol. 7] (Shanghai: Zhonggong Shanghai Shiwei Dangshi Yanjiushi, and Shanghai Shi Minzheng Ju, 1991), 149–50.

16 Zhang, *Shanghai Yinglie Zhuan Qi Zhuan*, 150; Hong Kong Police Force, "Provisional List, Hong Kong Police Deaths in the Course of Duty, 1841– 1941," https://www.police.gov.hk/offbeat/788/eng/n10.htm; Chan Lau Kit-ching, *From Nothing to Nothing: The Chinese Communist Movement in Hong Kong, 1921–1936* (New York: St. Martin's Press, 1999), 179.

17 Zhang, *Shanghai Yinglie Zhuan Qi Zhuan*, 151.

18 .Zhang, 151–52.

19 Zhang, 154–56.

20 Pomfret, *The Beautiful Country and the Middle Kingdom*, 346–47, 644; Trahair, *Encyclopedia of Cold War Espionage, Spies, and Secret Operations*, 298.

21 Haynes and Klehr, *Venona*, 140.

22 Kai-yu Hsu, *Chou En-lai: China's Grey Eminence*, 27, 45; Shinkichi Eto, "China's International Relations, 1911–1931," in Fairbank, *Cambridge History of China*, vol. 13, 109–10; Boorman, *Biographical Dictionary of Republican China*, 293–97; Josephine Fowler, *Japanese and Chinese Immigrant Activists: Organizing in American and International Communist Movements* (New Brunswick, NJ: Rutgers University Press, 2007), 51.

23 在這方面的敘述來自底下的資料來源，以及中央電視台理想化的紀錄片《柯麟醫生》，二〇一六年八月十二日。

24 Xiao Zhihao, *Zhonggong Tegong* [Chinese Communist Special Operations] (Beijing: Shid-

The Origins of the Cultural Revolution, vol. 3: *The Coming of the Cataclysm 1961–1966* (New York: Columbia University Press, 1997), 292–93; Zeng, *Zhongguo gongchandang zuzhishi ziliao*, vol. 4, no. 1, 41; Vladimirov, *The Vladimirov Diaries*, 486, 488, 514, 517; Byron and Pack, *Claws of the Dragon*, 89, 192; Kai, *Li Kenong*, 295–96, 364.

288 Schoenhals, "A Brief History of the CID of the CCP," 3; Chang, *Chinese Communist Who's Who*, vol. 1, 172.

289 Schoenhals, "A Brief History of the CID of the CCP," 3.

290 "Kang Sheng," in *Zhongguo Xiandaishi Renwu Zhuan*, 734.

291 一九四七年，熊向暉發出警告，國民黨計畫攻擊延安。John Gittings, "Xiong Xianghui" (obituary), *The Guardian*, September 25, 2005, https://www.theguardian.com/news/2005/sep/26/guardianobituaries.china. 季辛吉絕非幻想，他寫信告訴尼克森，中國人「是強烈的意識形態擁護者，對於世界的走向，他們與我們抱持截然不同的看法。同時，他們也是冷酷的現實主義者，因為蘇聯、重新崛起的日本以及可能獨立的臺灣等威脅，估計認為需要我們。」"Kissinger's Second Visit to China, October 1971," from *Xin Zhongguo waijiao fengyun* [The Diplomacy of New China], vol. 3, 9–70, https:// nsarchive2.gwu.edu//NSAEBB/NSAEBB70/doc21.pdf.

292 MacFarquhar and Schoenhals, *Mao's Last Revolution*, 415; obituary, "Luo Qingchang."

Chapter 3——國共內戰時期與中華人民共和國建國初期的知名間諜

1 John N. Hart, *The Making of an Army "Old China Hand": A Memoir of Colonel David D. Barrett* (Berkeley: University of California Institute of East Asian Studies, 1985).

2 "Zhonggong Taiwan shuji Cai Xiaogan panbian, Taiwan dixia zuzhi quan jun fumo" [The defection of the CCP Taiwan secretary Cai Xiaogan sinks the entire Taiwan underground organization], *Sohu News*, May 26, 2014, http:// history.sohu.com/20140526/n400044379.shtml.

3 Taylor, *The Generalissimo*, 370–71; "Zhonggong Taiwan shuji Cai Xiaogan panbian."

4 "Zhonggong Taiwan shuji Cai Xiaogan panbian."

5 "Zhonggong Taiwan shuji Cai Xiaogan panbian."

6 Ian Easton, *The Chinese Invasion Threat: Taiwan's Defense and America's Strategy in Asia* (Arlington, VA: Project 2019 Institute, 2017), 48–52.

7 John Earl Haynes and Harvey Klehr, *Venona: Decoding Soviet Espionage in America* (New Haven: Yale University Press, 1999), 129.

8 James C. Van Hook, review of R. Bruce Craig, *Treasonable Doubt: the Harry Dexter White Spy Case* (Lawrence: University Press of Kansas, 2004), in *Intelligence in Recent Public Literature*, April 2007.

9 Haynes and Klehr, *Venona*, 139–40, 143–45.

10 Anne-Marie Brady, *Making the Foreign Serve China: Managing Foreigners in the People's Republic* (Lanham, MD: Rowman and Littlefield, 2003), 195.

一九二八年成為中共中央委員會委員。一九三三年十月，中共以彭湃和楊殷之名，重新命名中華蘇維埃共和國紅軍第一步兵學校。Shen, *Zhongyang weiyuan*, 68–269; Kuo, *Analytical History*, vol. 2, 92, 312.

262 Mu, *Yinbi zhanxian tongshuai Zhou Enlai,* 194; Hao, *Zhongguo mimi zhan*, 6–7.

263 Mu, *Yinbi zhanxian tongshuai Zhou Enlai,* 195; Liu, *Zhou Enlai da cidian*, 8–29.

264 Kuo, *Analytical History,* vol. 2, 292.

265 Mu, *Yinbi zhanxian tongshuai Zhou Enlai,* 97–198. 266. Mu, 200.

267 Mu, 212–14; *Zhou Enlai nianpu 1898–1949*, 166–67; Kuo, *Analytical History*, vol. 2, 93–294.

268 Liu, *Zhou Enlai da cidian*, 1–32; *Zhou Enlai nianpu 1898–1949*, 166–67, 210–11.

269 Wakeman, *Spymaster*, 178; *Wu Hao: Blood Soaked Secrets*; Li, *Chou En-lai*, 52–53.

270 顧順章家族被殺害人數約四到二十四人。Gao Wenqian, *Zhou Enlai: The Last Perfect Revolutionary* (New York: Public Affairs, 2007), 168; Kai-yu Hsu, *Chou En-lai: China's Gray Eminence*, 94–97; Dick Wilson, *Chou, The Story of Zhou Enlai, 1898–1976* (London: Hutchinson and Co., 1984), 110–12.

271 周恩來於一九三一年十二月離開上海。Shen, *Zhongyang weiyuan*, 540; Liu, *Zhou Enlai da cidian*, 32.

272 Averill, "The Origins of the Futian Incident," 81–83, 107–9; Chang, *Chinese Communist Who's Who*, vol. 2, 104, vol. 1, 171; Pantsov and Levine, *Mao: The Real Story*, 264.

273 Hao, *Zhongguo mimi zhan*, 13.

274 He, *Deng Fa zhuan*, 70–71.

275 Pantsov and Levine, *Mao: The Real Story*, 27–81.

276 Pantsov and Levine, 95–96.

277 Kai, *Li Kenong*, 74, 396, 406; Fan, *Ye Jianying zai guanjian shike*, 97–200; Chang, *Chinese Communist Who's Who*, vol. 2, 439.

278 Teiwes and Sun, *The Formation of the Maoist Leadership*, 342–44.

279 *Zhou Enlai nianpu 1898–1949*, 394.

280 Jin, *Chen Yun Zhuan,* 231; Kuo, *Analytical History*, vol. 3, 336–40.

281 王明、陳雲與康生被指名進入書記處，而中央委員會的前九名成員為張聞天、毛澤東、王明、陳雲、周恩來、張國燾、博古與項英。Jin, *Chen Yun Zhuan*, 231. 關於周恩來在這段時期的困境，見 Teiwes and Sun, "From a Leninist to a Charismatic Party," 363–65.

282 Kuo, *Analytical History*, vol. 3, 341.

283 Yu, *OSS in China*, 3–44; Feng Kaiwen, "Zhang Luping," in *Zhonggong dangshi renwu zhuan,* vol. 27, 196.

284 他的故事是迷人的。見 Rittenberg and Bennett, *The Man Who Stayed Behind.*

285 Barnouin and Yu, *Zhou Enlai*, 89–90; Chae-Jin Lee, *Zhou Enlai: The Early Years*, 1.

286 Gao, *Hong taiyang shi zeyang shengqi de*, 465.

287 Teiwes and Sun, "The Formation of the Maoist Leadership," 374; Roderick MacFarquhar,

240「耿惠昌任國家安全部部長。」Xinhua, August 30, 2007, http://news.xinhuanet.com/newscenter/2007-08/30/content_6634183.htm; Bill Savadove, "Beijing Surprises with Five New Ministers," *South China Morning Post*, August 31, 2007, http:// www.scmp.com/article/606160/beijing-surprises-five-new-ministers.

241 Mattis, "Assessing the Foreign Policy Influence of the Ministry of State Security."

242 Authors' interview, November 2013.

243 Kung, "Special Dispatch."

244「港媒統計稱解放軍新晉升十八名中將，凸顯科技強軍。」中國新聞網，http://www.chinanews.com/hb/2013/08-06/5126903.shtml.

245 [YueHuairang],"楊暉、顧祥兵、孫和榮、王平出任東部戰區領導," 澎拜 [The Paper], February 4, 2016, http://www.thepaper.cn/newsDetail_forward_1429364.

246 "Intelligence Chief under the Spotlight in U.S.," *China Daily*, May 20, 2011, http://usa.chinadaily.com.cn/epaper/2011-05/20/content_12547895.htm; "楊暉、顧祥兵、孫和榮、王平出任東部戰區領導," 澎拜 [The Paper], February 4, 2016.

247 楊暉 [Yang Hui], "中俄軍事安全合作概述 [Outline of Sino-Russian Military Security Cooperation]," 俄羅斯中亞東歐研究 [East European, Russian, and Central Asian Studies], no. 1 (2005), 87–88.

248 *Zhou Enlai nianpu 1898–1949*, 31, 33–35, 37–38, 40; Chae-Jin Lee, *Zhou Enlai: The Early Years* (Stanford, CA: Stanford University Press, 1994), 141-49.

249 In 1985 Zhou's affiliation with the CCP officially starts in "Spring 1921." *Zhou Enlai nianpu 1898–1949*, 47.

250 Liu, *Zhou Enlai da cidian*, 18.

251 Li, *Chou En-lai*, 84–85, 150–51; Chang, *Chinese Communist Who's Who*, vol. 1, 435.

252 "Nie Rongzhen," in Shen, *Zhongyang weiyuan*, 612–13.

253 Jin, *Chen Yun Zhuan*, 105; Hao, *Zhongguo mimi zhan*, 2–3.

254 Klein and Clark, *Biographic Dictionary*, vol. 1, 207.

255 Xue, "Guanyu zhonggong zhongyang teke nuogan wenti de tantao," 3.

256 *Zhou Enlai nianpu 1898–1949*, 128; Xue, "Guanyu zhonggong zhongyang teke nuogan wenti de tantao," 4.

257 Hao, *Zhongguo mimi zhan*, 5.

258 Xue, "Guanyu zhonggong zhongyang teke nuogan wenti de tantao," 4.

259 Mu, *Yinbi zhanxian tongshuai Zhou Enlai*, 14; Hao, *Zhongguo mimi zhan*, 7–8.

260 Hao, *Zhongguo mimi zhan*, 8; Jin, *Chen Yun Zhuan*, 103; Kai-yu Hsu, *Chou En-lai, China's Gray Eminence* 94; Shen, *Zhongyang weiyuan*, 621.

261 一九二八年八月二十四日，國民黨根據白鑫提供的資訊，襲擊上海新閘路上的一處地址。他們逮捕了中共中央軍事部長楊殷、中央軍委委員顏昌頤、江蘇省委軍委幹部刑士貞，以及中共黨員張際春。見 Mu, *Yinbi zhanxian tongshi Zhou Enlai*, 187. 楊殷也是一名早期的中共黨員（一九二二年），並且在廣東省委員會之中是重要人物。他在

de xin Zhongguo di yi ren Gong'an bu zhang" [Luo Ruiqing: the first Minister of Public Security for New China who only wanted to go to the front lines], http://cpc.people.com.cn/GB/64162/64172/85037/85038/65 80245.html.

218 Gu, *Jianguo yilai Gong'an gongzuo da shi yaolan*, 4, 5, 7; Yu Yongbo and Xu Caihou, eds., *Chen Yi Zhuan* [Biography of Chen Yi] (Beijing: Dangdai Zhongguo Chubanshe, 1997), 463; Shu, *Deterrence and Strategic Culture*, 66.

219 Dutton, *Policing Chinese Politics*, 146–47.

220 Gu, *Jianguo yilai Gong'an gongzuo da shi yaolan*, 53–56; Pantsov and Levine, *Mao: The Real Story*, 392–93.

221 Gu, *Jianguo yilai Gong'an gongzuo da shi yaolan*, 76.

222 Dutton, *Policing Chinese Politics*, 205–8.

223 MacFarquhar, *The Origins of the Cultural Revolution*, vol. 2, 242–43.

224 Dutton, *Policing Chinese Politics*, 218.

225. Dutton, 219–22.

226 Qiu Jin, *The Gulture of Power: The Lin Biao Incident in the Cultural Revolution* (Stanford, CA: Stanford University Press, 1999), 206.

227 Hao, *Zhongguo mimi zhan*, 378.

228 Shu, *Luo Ruiqing dajiang*, 388–89.

229 Wang Yongjun, ed., *Zhongguo Xiandai Shi Renwu Zhuan* [Biographies of Modern Chinese Historical Figures] (Chengdu: Sichuan Renmin Chubanshe, 1986), 806–7; Shen, *Zhongyang weiyuan*, 759–60.

230 Teiwes and Sun, *The End of the Maoist Era*, 15–16n41.

231 Wang, *Zhongguo Xiandai Shi Renwu Zhuan*, 808; Shen, *Zhongyang weiyuan*, 759–60; MacFarquhar and Schoenhals, *Mao's Last Revolution*, 474–75.

232 Schoenhals, *Spying for the People*, 171.

233 Guo Jian, Yongyi Song, and Yuan Zhou, *Historical Dictionary of the Chinese Cultural Revolution* (Lanham, MD: The Scarecrow Press, 2006), 328–29; Teiwes and Sun, *The End of the Maoist Era*, 15–16.

234 在周恩來與葉劍英的聲明之後，特務恢復了職位。Schoenhals, *Spying for the People*, 1–5.

235 MacFarquhar and Schoenhals, *Mao's Last Revolution*, 207–10.

236 Shen, *Zhongyang weiyuan*, 760.

237 Cheng, *China's Leaders*, 222–23.

238 "Minister of State Security Xu Yongyue," China News Service, March 17, 2003; "許永躍簡歷 [Xu Yongyue's Resume]," Xinhua; Kung Shuang-yin, "Special Dispatch: New Minister of State Security Xu Yongyue on Handling Internal Contradictions," *Ta Kung Pao*, March 19, 1998.

239 Lam, "Surprise Elevation for Conservative Patriarch's Protégé Given Security Post."

193 Sidney Rittenberg and Amanda Bennett, *The Man Who Stayed Behind* (New York: Simon and Schuster, 1993), 170–72; Byron and Pack, *The Claws of the Dragon*, 189.
194 Byron and Pack, *The Claws of the Dragon*, 334–35.
195 Ye Maozhi and Liu Ziwei, *Zhongguo guo'an wei* [China's National Security Commission] (New York and Hong Kong: Leader Press and Mirror Books, 2014), 79–80.
196 Hao, *Zhongguo mimi zhan*, 10.
197 "凌雲同志逝世 [Comrade Ling Yun Passes Away]," Xinhua, http://www.xin huanet.com/politics/2018-03/21/c_1122569805.htm.
198「解密：中國解放軍最神祕的部門——總參謀部」，看歷史：January 30, 2015, http://www.readlishi.com/ysmw/20150130/2201.html.
199 Hao, *Zhongguo mimi zhan*, 91.
200 Hao; Shen, *Zhongyang weiyuan*, 513; obituary, "Luo Qingchang"; Hu Jie, *Zhongguo Xibu mimi zhan* [Western China's Secret War] (Beijing: Jincheng Chubanshe, 2015), 343–46.
201 Shen, *Zhongyang weiyuan*, 513.
202 Obituary, "Luo Qingchang."
203 MacFarquhar and Schoenhals, *Mao's Last Revolution*, 98.
204 Xuezhi Guo, *China's Security State: Philosophy, Evolution, and Politics* (Cambridge: Cambridge University Press, 2012), 359, 361.
205 Obituary, "Luo Qingchang," puts the revival date at 1973, while Shen, *Zhong-yang weiyuan*, 513, says the date was 1975.
206 Yang, *Deng Xiaoping nianpu 1904–1974*, vol. 3, 1972; Office of the Historian, U.S. Department of State, *Foreign Relations of the United States, 1969–1976*, vol. 18, *China, January 1973–May 1973*, "Kissinger's Visits to Beijing and the Establishment of the Liaison Offices, January 1973–May 1973"; Xuezhi, *China's Security State*, 361–62.
207 MacFarquhar and Schoenhals, *Mao's Last Revolution*, 415; obituary, "Luo Qingchang."
208 MacFarquhar and Schoenhals, 413–30, 446–49.
209 Alexander V. Pantsov and Steven I. Levine, *Deng Xiaoping: A Revolutionary Life* (New York: Oxford University Press, 2015), 345–57; Vogel, *Deng Xiaoping*, 266–93.
210 機密文件。
211 機密文件。
212 Ezra F. Vogel, *Deng Xiaoping and the Transformation of China* (Cambridge, MA: Harvard University Press, 2013), 373–79.
213 Shen, *Zhongyang weiyuan*, 513.
214 Dutton, *Policing Chinese Politics*, 218–21, 227–30; MacFarquhar and Schoenhals, *Mao's Last Revolution*, 98–99.
215 Shu, *Luo Ruiqing dajiang*, 126–27.
216 Klein and Clark, *Biographic Dictionary of Chinese Communism, 1921–1965*, vol. 2, 642.
217 Schoenhals, *Spying for the People*, 27; Huang Lei, "Luo Ruiqing: zhi xiang shang qianxian

170 Gao, *Hong taiyang shi zeyang shengqi de*, 465.

171 David D. Barrett, *Dixie Mission: The United States Army Observer Group in Yenan, 1944* (Berkeley: University of California Center for Chinese Studies, 1970), 34.

172 Teiwes and Sun, *The Formation of the Maoist Leadership*, 374; Zeng Qinghong, ed., *Zhongguo gongchandang zuzhishi ziliao*, vol. 4, no. 1 [Materials on Chinese Communist Organizational History] (Beijing: Zhongguo gongchandang zuzhishi ziliao bianshen weiyuanhui, 2000), 41; Kai, *Li Kenong*, 279–80, 295–96, 364; Schoenhals, "A Brief History of the CID of the CCP," 4. 1

173 Kai, *Li Kenong*, 266–67.

174 Chambers, "Edging in from the Cold," cf. 266n62.

175 Schoenhals, "A Brief History of the CID of the CCP," 7.

176 "Pan Hannian Yang Fan sheng si lian: yuanyu yi zuo 24 nian" [Pan Hannian and Yang Fan's life and death: a 24-year miscarriage of justice], Xinwen Wu Bao, December 4, 2005.

177 Kai, *Li Kenong*, 406–8.

178 Kai, 405–8; Zhu Zi'an, "Chuanqi Jiangjun Li Kenong" [Legendary General Li Kenong], *Dangshi Zonglan* [Party History Survey], no. 9 (2009): 7.

179 Schoenhals, "A Brief History of the CID of the CCP," 10; Kai, *Li Kenong*, 417–18.

180. Kai, 418–20.

181 Schoenhals, "A Brief History of the CID of the CCP," 26; Kai, *Li Kenong*, 412.

182 少將：appointed 1955. Li Haiwen, "Hua Guofeng feng Zhou Enlai zhiming diaocha Li Zhen shijian" [Hua Guofeng and Zhou Enlai Investigate the Li Zhen incident], Zhongguo Gongchandang Xinwen Wang [Chinese Communist Party News Network], http://dangshi.people.com.cn/n/2013/1216/c85037-23851428.html.

183 Shen, *Zhongyang weiyuan*, 304; Li, "Hua Guofeng feng Zhou Enlai zhiming diaocha Li Zhen shijian."

184 Teiwes and Sun, *The End of the Maoist Era*, 119, 119n26.

185 與劉復之無關係。這兩人都曾經擔任公安部部長，但是在不同時期。謝富治是從一九五九至七二年，而劉復之則是從一九八三至八五年。

186 Shen, *Zhongyang weiyuan*, 304; more detail in Li, "Hua Guofeng feng Zhou Enlai."

187 Shen, 304; Li, "Hua Guofeng feng Zhou Enlai."

188 Teiwes and Sun, *The End of the Maoist Era*, 93–94.

189 Telephone interviews, Jan Wong and Norman Shulman, April 2016. 見http://www.janwong.ca/redchinablues.html.

190 Lilley and Lilley, *China Hands*, 174–84.

191 MacFarquhar and Schoenhals, *Mao's Last Revolution*, 228–29, 233–39; Ma Jisen, *The Cultural Revolution in the Foreign Ministry of China* (Hong Kong: The Chinese University Press, 2004), 267–84.

192 李海文提到，李震的家庭生活與職業生涯都是令人滿意的。

152 Kai, *Li Kenong*, 1–2.

153 Kai, 6–7; Shen, *Zhongyang weiyuan*, 322; Klein and Clark, *Biographic Dictionary of Chinese Communism, 1921–1965*, vol. 1, 509.

154 Kai, *Li Kenong*, 7–11; Faligot, *Les Services Secrets Chinois de Mao aux Jo*, 51–52; Chang Jun-mei, ed., *Chinese Communist Who's Who*, vol. 2 (Taipei: Institute for International Relations, 1970), 438; Mu, *Chen Geng tongzhi zai Shanghai*, 34–40; Barnouin and Yu, *Zhou Enlai*, 45–46; Yu, *OSS in China*, 34–35; Hao, *Zhongguo mimi zhan*, 9; Kuo, *Analytical History*, vol. 2, 55, 92nn18–19; "Yifen juemi qingbao cushi hongjun tiaoshang changzhenglu."

155 Hao, *Zhongguo mimi zhan*, 11–12.「逮捕顧順章」的命令是在一九三一年十二月十日從瑞金發出，大約是周恩來抵達當地之時。Schram, Averill, and Hodes, *Mao's Road to Power*, vol. 4, 163–65.

156 Hao, *Zhongguo mimi zhan*, 10, 13–15; Xu, *Wang Jiaxiang Nianpu*, 56–57; Shen, *Zhongyang weiyuan*, 99, 322; He, *Deng Fa Zhuan*, 70–71.

157 Hao, *Zhongguo mimi zhan*, 20; Kai, *Li Kenong*, 74–80.

158 Wang Fang, *Wang Fang Huiyi Lu* [The Memoirs of Wang Fang] (Hangzhou: Zhejiang Renmin Chubanshe, 2006), 14.

159 Snow, *Red Star Over China*, 69. 人在瑞金時，李克農同時是政治保衛局執行部部長暨第一方面軍政治保衛局局長。見 http://cpc.people.com.cn/GB/34136/2543750.html.

160 Kai, *Li Kenong*, 374, 396, 406; Fan Shuo, *Ye Jianying zai guanjian shike* [Ye Jianying in Crucial Moments] (Shenyang: Liaoning Renmin Chubanshe, 2001), 197–200; Chang, *Chinese Communist Who's Who*, vol. 2, 439.

161 Hao, *Zhongguo mimi zhan*, 54, 59; Kai, *Li Kenong*, 232.

162 Kai, 232; *Ba lu jun huiyi shiliao* [Eighth Route Army Memoirs and Historical Materials] 3 (Beijing: Jiefangjun Chubanshe, 1991), 18, 19, 21; Fang Ke, *Zhonggong Qingbao Shou Nao, Li Kenong* [Chinese Communist Intelligence Chief, Li Kenong] (Beijing: Zhongguo Shehui Kexue Chubanshe, 1996), 304–6.

163 Kai, *Li Kenong*, 127.

164 Kai, 127–29; Yin, *Pan Hannian de qingbao shengya*, 92; *Zhou Enlai nianpu 1949–1976*, vol. 3, 341–71; *Ba lu jun huiyi shiliao*, 19.

165 Wakeman, *Spymaster*, 341, 523.

166 Wakeman, 523.

167 Gao, *Hong taiyang shi zeyang shengqi de*, 509; "Zhongyang guanyu shencha ganbu de jueding" [Central Committee Decision Concerning Cadre Examination], August 15, 1943, in *Zhonggong zhongyang wenjian xuanji*, vol. 14, 89–96.

168 Vladimirov, *The Vladimirov Diaries*, 100, 154, 218.

169 Chen Yung-fa, "The Blooming Poppy Under the Red Sun: The Yan'an Way and the Opium Trade," in Saich and Van de Ven, *New Perspectives on the Chinese Communist Revolution*, 273–75.

[Public security knowledge questions and answers] (Beijing: Zhongguo Jingcha Xuehui Qunzhong Chubanshe, 1994), 21; "Kong Yuan," biography, on *Zhongguo zhengfu wang* (official web site of the PRC central government), http://www.gov.cn/gjjg/2008-10/16/content_1122294.htm; "Kong Yuan jianli jieshao, Kong Yuan Xu Ming de guanxi" [A brief introduction to Kong Yuan, the Kong Yuan and Xu Ming relationship], Lishi shang de jintian [Today on History], April 6, 2017, http:// www.todayonhistory.com/people/201704/25081.html.

137 *The Communist* no. 1 (October 1939), cited in Warren Kuo, *Analytical History of the Chinese Communist Party*, vol. 4 (Taipei: Institute of International Relations, 1971), 124–25, 382. 在一九三七年七月之後抵達延安的十萬人當中，關於特務和不受歡迎者的其他擔憂表現。見"Zhongyang guanyu shencha ganbu wenti de zhishi" [Central Committee Instruction Concerning the Question of Investigating Cadres], August 1, 1940, in *Zhonggong zhongyang wenjian xuanji*, vol. 12 [Selected Documents of the CCP Central Committee] (Beijing: Zhonggong zhongyang dangxiao chubanshe, 1992), 444–47; Lyman Van Slyke, "The Chinese Communist Movement During the Sino-Japanese War," in Fairbank, *Cambridge History of China*, vol. 13, 620–21, 634–35.

138 "Kong Yuan," http://www.jlsds.cn/yanjiu/renwu/kongyuan.html.

139 Yu, *Hongse jiandie—daohao bashan*, 242–43, 555–57.

140 Van Slyke, "The Chinese Communist Movement During the Sino-Japanese War," 718.

141 雖然鄧小平在文化大革命期間也失去職位，他仍是相較未受到傷害影響的人，因為他的背景是「完全乾淨的」：他從未在敵區工作，又是毛澤東的人。Interview with party historian, 2016.

142 見http://www.cqvip.com/read/read.aspx?id=1000063937.

143 The CCP Central Committee Finance Commission (Zhonggong Zhongyang Caijing Weiyuanhui) and the Government Administration Council Finance and Economic Commission (Zhengwuyuan Caizheng Jingji Weiyuanhui). Shen, *Zhongyang weiyuan*, 111.

144 "Kong Yuan, 1906–1990," *Jilin Dangshi Renwu* [Personalities in Jilin party history], http://www.jldsyjs.org/news_view.aspx?id=724.

145 "Kong Yuan, 1906–1990"; Shen, *Zhongyang weiyuan*, 111.

146 Shen.

147 Kai, *Li Kenong*, 417–18.

148 CCP-approved books by Hao Zaijin, Kai Cheng, and Li Li describe Li Kenong's life and times. See also http://dangshi.people.com.cn/GB/17 0835/175363/10479349.html.

149 Michael Schoenhals, "The Central Case Examination Group, 1966–1979," *China Quarterly*, no. 145 (March 1996): 97.

150 "Kong Yuan," http://www.jlsds.cn/yanjiu/renwu/kongyuan.html.

151 Shen, *Zhongyang weiyuan*, 112.

igins of the Cultural Revolution*, vol. 2: *Contradictions Among the People, 1956–1957* (New York: Columbia University Press, 1974), 148–49, 359–60.

119 Wang and Liu, *Zhongguo Xiandaishi Renwu Zhuan*, 735.

120 從鄧小平轉換至康生的事件發生在一九六六年八月十三日至二十三日、由林彪主持的第八屆中央委員會第十一次全體會議上。Yang Shengqun, ed., *Deng Xiaoping nianpu 1904–1974* [The Annals of Deng Xiaoping], vol. 2 (Beijing: Zhongyang Wenxian Chubanshe, 2012), 1930.

121 An Ziwen and Lu Dingyi, respectively. MacFarquhar and Schoenhals, *Mao's Last Revolution*, 96–98.

122 康生聲稱，能夠單憑看一個人就分辨出他是不是間諜（我看你就像特務）。Hao, *Zhongguo mimi zhan*, 280–81. 欲知特定於安全工作的「神祕主義」定義，見 Li Zengqun, ed., *Shiyong Gong'an xiao cidian* [A Practical Public Security Mini-Dictionary] (Harbin: Heilongjiang Renmin Chubanshe, 1987), 345.

123 Li Zhisui, *The Private Life of Chairman Mao: The Memoirs of Mao's Personal Physician* (London: Chatto and Windus, 1994), 549; Wang and Liu, *Zhong-guo Xiandaishi Renwu Zhuan*, 737.

124 鄧小平對於康生保持沉默，即使是當康生在死後被開除黨籍。Teiwes and Sun, *The End of the Maoist Era*, 14–15, 366–67.

125 Interview, Frederick Teiwes, citing a CCP historian, 2017.

126 MacFarquhar and Schoenhals, *Mao's Last Revolution*, 33.

127 本名陳開元，康生亦使用其他化名，包括田夫、陳鐵錚與石心。

128 Shen, *Zhongyang weiyuan*,111–12. 另見 Tian Changlie, ed., *Zhonggong Jilinshi dangshi renwu* [Personalities in Party History in Jilin Municipality] (Jilin: Dongbei Shida Chubanshe, 1999).

129 *Who's Who in Communist China* (Hong Kong: Union Research Institute, 1966), 312.

130 毛澤東日後在他的"Report on an Investigation of the Peasant Movement in Hunan" (March 28, 1927) 中形容，這項發展為「十四大事件」之一。見 Tony Saich, ed., *The Rise to Power of the Chinese Communist Party* (Armonk, NY: M. E. Sharpe, 1996), 205–6.

131 Shen, *Zhongyang weiyuan*; Tian, *Zhonggong Jilinshi dangshi renwu*.

132 See "Mosike Dongfang Daxue: Peiyangle yi pi Zhongguo geming de zhongjian" [Moscow University of the East: training the backbone of the Chinese revolution], http://dangshi.people.com.cn/GB/16079450.html.

133 Wang Jianying, ed., *Zhongguo Gongchandang zuzhi shi ziliao huibian* [Compilation of Materials on CCP Organizational History], vol. 2 (Beijing: Hongqi Chubanshe, 1983), 172.

134 見 http://www.cqvip.com/read/read.aspx?id=1000063937.

135 根據一名中國研究員的說法，關於訓練的細節，在中國境內少有可取得資訊，也較無中文紀錄。若可取得蘇聯的檔案，資訊或許會比較多。二〇一六年訪談內容。

136 康生在被李克農取代之前，擔任社會部副部長十八個月。*Gongan Shi Zhishi Wenda*

99 John Byron and Robert Pack, *The Claws of the Dragon: Kang Sheng—The Evil Genius Behind Mao and His Legacy of Terror in the People's Republic of China* (New York: Simon and Schuster, 1992), 42–44.

100 Shen, *Zhongyang weiyuan*, 701; Zhong, *Kang Sheng Pingzhuan*, 25. 為康生被驅逐出中國共產黨提出理由的《康生評傳》雖然是基於黨的紀錄與內部記述，其無奈及控訴的風格使之唯有其他資料來源的佐證才可靠。

101 Zhong, *Kang Sheng Pingzhuan*, 36; Shen, *Zhongyang weiyuan*, 701.

102 Mu, *Yinbi zhanxian tongshuai Zhou Enlai*, 377; Yin, *Pan Hannian de qingbao shengya*, 30–31.

103 Hao, *Zhongguo mimi zhan*, 56; Shen, *Zhongyang weiyuan*, 701.

104 Wang Qun, "Kang Sheng Zai Zhongyang Shehuibu" [Kang Sheng in the Central Social Affairs Department], *Bainian Chao* [Hundred Year Tide], May 2003, http://mall.cnki.net/magazine/Article/BNCH200305004.htm; Hao, *Zhongguo mimi zhan*, 56; Shen, *Zhongyang weiyuan*, 701.

105 Wang and Liu, 734.

106 Robert Conquest, *Inside Stalin's Secret Police: NKVD Politics 1936–1939* (London: MacMillan Press Ltd., 1985), 1; Robert Conquest, *The Great Terror: A Reassessment* (New York: Oxford University Press, 1991), 33–35.

107 Interview with party historian, 2016; Chen, "Suspect History and the Mass Line," 243.

108 Including Li Lisan and Ho Chi Minh, both later released. William J. Duiker, *Ho Chi Minh: A Life* (New York: Hyperion, 2000), 211–14.

109 Zhong, *Kang Sheng Pingzhuan*, 57–60.

110 Sophie Quinn-Judge, *Ho Chi Minh, The Missing Years* (Berkeley: University of California Press, 2002), 202, 207–8; Duiker, *Ho Chi Minh*, 213; Pantsov and Levine, *Mao: The Real Story*, 271.

111 Kuo, *Analytical History*, vol. 3, 340–41, 392–93.

112 Pantsov and Levine, *Mao: The Real Story*, 328–29; Teiwes and Sun, "From a Leninist to a Charismatic Party," 343–45, 371; Zhong, *Kang Sheng Pingzhuan*, 75–77.

113 Pantsov and Levine, *Mao: The Real Story*, 333–34.

114「特務如麻。」Zhong, *Kang Sheng Pingzhuan*, 54–55; Wang and Liu, *Zhongguo Xiandaishi Renwu Zhuan*, 734–35; Wang, "Kang Sheng Zai Zhongyang Shehuibu"; Hao, *Zhongguo mimi zhan*, 287.

115 Gao, *Hong taiyang zenyang shengqi de*, 465.

116 Gao, *Wannian Zhou Enlai*, 82; Gao, *Hong taiyang zenyang shengqi de*, 465; Roger Faligot, *Les Services Secrets Chinois de Mao aux Jo* [The Chinese Secret Services of Mao and Zhou] (Paris: Nouveau Monde, 2008), 81–82.

117 Schoenhals, "A Brief History of the CID of the CCP," 4; Kai, *Li Kenong*, 279–80.

118 Wang and Liu, *Zhongguo Xiandaishi Renwu Zhuan*, 735; Roderick MacFarquhar, *The Or-*

79 Teiwes and Sun, *The End of the Maoist Era*, 496–98; Shen, *Zhongyang weiyuan*, 183; MacFarquhar and Schoenhals, *Mao's Last Revolution*, 419–20.

80 Teiwes and Sun, *The End of the Maoist Era*, 158, 206, 208, 327–31, 383–87.

81 Teiwes and Sun, 574–81; MacFarquhar and Schoenhals, *Mao's Last Revolution*, 443–49.

82 Hannas, Mulvenon, and Puglisi, *Chinese Industrial Espionage*, 20–23.

83 作者感激 Frederick Teiwes 的觀察。

84 MacFarquhar, "Succession to Mao and the End of Maoism," 314.

85 Shen, *Zhongyang weiyuan*, 183.

86「中國人民解放軍總參謀部有多少位將軍」，鐵血網：October 29, 2008, http://bbs.tiexue.net/post2_3140644_1.html.

87「第七屆歐中論壇在烏克蘭成功舉行。」Embassy of the People's Republic of China in Ukraine, September 20, 2008,http://ua.china-embassy.org/chn/dsxxpd/dwhd/t513763.htm; "500 Representatives to Attend the Sixth Xiangshan Forum," China Military Online, October 13, 2015, http://english.chinamil.com.cn/news-channels/china-military-news/2015-10/13/content_6721282.htm.

88 Willy Wo-Lap Lam, "Meeting Endorses New Leadership for Army; Seal of Approval for New Military Lineup," *South China Morning Post*, October 19, 1992.

89 Authors' interview, July 2016.

90 Roberto Suro, "Not Chinese Agent, Says Chung," *Washington Post*, May 12, 1999.

91 這個條目改編自 Mattis, "Assessing the Foreign Policy Influence of the Ministry of State Security."

92「賈春旺同志簡歷」，人民網領導人資料庫：November 27, 2002, http://www.people.com.cn/GB/shizheng/252/9667/9683/20021127/875910.html.

93 Cheng Li, *China's Leaders: The New Generation* (Lanham, MD: Rowman and Littlefield Publishers, 2001), 89–90, 104–6; Long Hua, "How China Developed the 'Jiang-Zhu Structure'," *Hong Kong Economic Journal*, March 23, 1998.

94 "Chen Xitong resigns from office, Beijing takes more intensive action against corruption," *Ming Pao*, April 28, 1995.

95 Willy Wo-Lap Lam, "Security Boss Tipped to Leap Forward," *South China Morning Post*, May 29, 1997.

96 Kai, *Li Kenong*, 430–32.

97 Willy Wo-Lap Lam, "Jiang and Li Grasp Control of Security; Proteges of President and Premier Moved Up," *South China Morning Post*, March 2, 1998; Willy Wo-Lap Lam, "Zhu Cabinet a Blend of Four Generations; Leaders Have Say in Achieving Factional Balance," *South China Morning Post*, March 19, 1998.

98 儘管他改名多次，我們通篇仍使用「康生」。有些資料來源對於康生的出生年與加入中國共產黨的日期抱持不同意見，但是他的官方紀錄分別是一八九八年與一九二五年。Shen, *Zhongyang weiyuan*, 701; Wang and Liu, *Zhongguo Xiandaishi Renwu Zhuan*, 733.

58 Hao, *Zhongguo mimi zhan*, 5–7.
59 鄂豫皖根據地是在湖南、安徽與河南的交界地，距上海西邊約五百哩遠。最近的城市是武漢。
60 Wakeman, *Spymaster*, 42–45; Hsu Kai-yu, *Chou En-lai, China's Gray Eminence* (New York: Doubleday, 1968), 128.
61 Liu, *Zhou Enlai da cidian* 31–32; Hao, *Zhongguo mimi zhan*, 8–9; Barnouin and Yu, *Zhou Enlai*, 45–48.
62 Jin, *Chen Yun Zhuan*, 104; Hao, *Zhongguo mimi zhan*, 9–10.
63 Jin, *Chen Yun Zhuan*, 104; Liu, *Zhou Enlai da cidian*, 31–32; *Zhou Enlai nianpu 1898–1949*, 210–11.
64 Wakeman, *Spymaster*, 178; Li Tien-min, *Chou En-lai* (Taipei: Institute of International Relations, 1970), 152–53; *Wu Hao: Blood Soaked Secrets in the Dark Shadows of History*, in *Dangshi Wencong*, no. 88 (2003) 以就事論事的風格，形容顧家滿門遇害的謀殺案。
65 Stuart Schram, Stephen C. Averill, and Nancy Hodes, *Mao's Road to Power: Revolutionary Writings 1912–1949*, vol. 4 (Armonk, NY: M. E. Sharpe, 1992), 163–65, 有一段翻譯文字：「下令逮捕革命叛徒顧順章。一份由臨時中央蘇維埃政府人民政委發出的一般命令，一九三一年十二月十日。」
66 Wakeman, *Spymaster*, 466; Hsu, *The Invisible Conflict*, 62–63.
67 關於華國鋒的父母，可取得的資料很有限。一份由鄧小平的支持者寫於一九七七年的在地下通告聲稱，華的母親有許多愛人，包括保護他的康生。Robert Weatherly, *Mao's Forgotten Successor: The Political Career of Hua Guofeng* (New York: Palgrave Macmillan, 2010), 23–26.
68 Wang Yongjun and Liu Jianbai, eds., *Zhongguo Xiandaishi Renwu Zhuan* [Biographies of Personalities in Modern Chinese History] (Chengdu: Sichuan Renmin Chubanshe, 1986). 這份敘事中未提到華國鋒，另見 Shen, *Zhongyang weiyuan*, 183–84.
69 Weatherly, *Mao's Forgotten Successor*, 30–33.
70 Weatherly, 36–38, 69.
71 Weatherly, 70, 75, 83, 90.
72 Weatherly, 4–6, 78; Shen, *Zhongyang weiyuan*, 183.
73 Weatherly, *Mao's Forgotten Successor*, 84–89, 94–96. 其他四個毛澤東偏愛的省分是河北、湖北、浙江與河南。
74 Weatherly, *Mao's Forgotten Successor*, 100–10; Shen, *Zhongyang weiyuan*, 183.
75 Teiwes and Sun, *The End of the Maoist Era*, 36–37, 270; Weatherly, *Mao's Forgotten Successor*, 114–16.
76 *Zhou Enlai nianpu 1949–1976*, vol. 3, 629.
77 Teiwes and Sun, *The End of the Maoist Era*, 119.
78 *Zhou Enlai nianpu 1949–1976*, vol. 3, 629, 694; Teiwes and Sun, *The End of the Maoist Era*, 443–45, 448–56, 492–98.

Prompted Red Army to Embark on Long March], *Zhongguo Gongchandang xinwenwang*, April 8, 2009, http://dangshi.people.com.cn/GB/144956/9090941.html.

39「作戰序列」是用來形容一隊軍力細節的軍事用語。

40 *Zhonggong dangshi renwu zhuan*, vol. 31, 357–58.

41 Yang, "Deng Fa," 359; *Zhou Enlai nianpu 1898–1949*, 293; Warren Kuo, *Analytical History of the Chinese Communist Party*, vol. 3 (Taipei: Institute of International Relations, 1970), 133.

42 He Jinzhou,*Deng Fa zhuan* [Biography of Deng Fa] (Beijing: Zhonggong Dangshi Chubanshe, 2008), 123–27; Yang, "Deng Fa," 359; Snow, *Red Star Over China*, 52–53.

43 Teiwes and Sun, "From a Leninist to a Charismatic Party," 387n140; Otto Braun, *A Comintern Agent in China 1932–1939* (St. Lucia: University of Queensland Press, 1982), 31, 152; Dieter Heinzig, *The Soviet Union and Communist China 1945–1950* (Armonk, NY: M. E. Sharpe, 1998), 26; Yang, "Deng Fa," 360–62.

44 He, *Deng Fa zhuan*, 127; Shen, *Zhongyang weiyuan*, 99.

45 Shen, *Zhongyang weiyuan*, 99; Yang, "Deng Fa," 361–63; He, *Deng Fa zhuan*, 144.

46 Yang, "Deng Fa," 363.

47 Vladimirov, *The Vladimirov Diaries,* 130–31; Gao Hua, *Hong taiyang shi zeyang shengqi de* [How Did the Red Sun Rise Over Yan'an: A History of the Rectification Movement] (Hong Kong: Chinese University Press, 2000), 508–9.

48 Teiwes and Sun, "From a Leninist to a Charismatic Party," 374.

49 Mayumi Itoh, *The Making of China's War with Japan: Zhou Enlai and Zhang Xueliang* (New York: Palgrave, 2016), 212.

50「人物名片：耿惠昌」Xinhua, March 17, 2013 http://news.xinhuanet.com/rwk/2013-03/17/c_124468635.htm; "Chen Wenqing becomes minister of state security as Geng Huichang steps down."

51 Chi Hsiao-hua, "Scholar Minister Who Is Low-Profiled and Withdrawn," *Sing Tao Jih Pao*, August 31, 2007.

52 劉之根（Liu Zhigen），耿惠昌（Geng Huichang），"一九八四年美國大選形勢展望," 現代國際關係 [*Contemporary International Relations*], no. 6 (1984): 7–10, 62.

53 "The Five Fresh Faces in the Political Reshuffle," *South China Morning Post*, August 31, 2007; Chi, "Scholar Minister Who Is Low-Profiled and With-drawn."

54 "Geng Huichang," China Vitae, http://www.chinavitae.com/biography/Geng_Huichang/career.

55 Shen, *Zhongyang weiyuan*, 621.

56 Mu, *Chen Geng tongzhi zai Shanghai*, 4–6; Mu, "Chen Geng," 6–8.

57 Wang Jianying, ed., *Zhongguo gongchandang zuzhi shi ziliao huibian,* vol. 2 [A Compilation of Chinese Communist Party Organizational History, vol. 2] (Beijing: Zhonggong Zhongyang Dangxiao Chubanshe, 1995), 35.

18 He, 48–51; Mu, "Chen Geng," 13–15.

19 Mu, "Chen Geng," 16–18.

20 Li Songde, *Liao Chengzhi* (Singapore: Yongsheng Books, 1992), 431–32; Wang Junyan, *Liao Chengzhi Zhuan* [The Biography of Liao Chengzhi] (Beijing: Renmin Chubanshe, 2006), 3, 33–34, 678.

21 Mu, "Chen Geng," 19–22; Snow, *Random Notes on Red China*, 92–99.

22 Mu, "Chen Geng," 22–25, 68–78, 83–85; Chen Jian, *Mao's China and the Cold War* (Chapel Hill: University of North Carolina Press, 2001), 127.

23 Mu, "Chen Geng," 85–88.

24「陳文清任國家安全部部長，耿惠昌不再擔任。」*China Economic News* via 163.com, November 7, 2016, http://news.163.com/16/1107/10/C58 T707V000187V8.html.

25「陳小工：全國人大外事委員會委員、中將。」環球網 [*Global Times Online*], November 21, 2013, http://world.huanqiu.com/hot/2013–11/4588673.html.

26 Mattis, "PLA Personnel Shifts Highlight Intelligence's Growing Military Role."

27 "陳小工 [Chen Xiaogong]."

28 James Mulvenon, "Chen Xiaogong: A Political Biography," *China Leadership Monitor* no. 22 (Fall 2007).

29 Mulvenon; Ray Cheung, "Knives Being Sharpened Behind Sino-U.S. Smiles," *South China Morning Post*, October 26, 2003; Kevin Pollpeter, "U.S.-China Security Management: Assessing the Military-to-Military Relationship" (Santa Monica, CA: RAND, 2004), 26.

30 Mulvenon, "Chen Xiaogong," 3–4.

31 Kenneth W. Allen et al., "China's Defense Minister and Ministry of National Defense," in Pollpeter and Allen, *The PLA as Organization 2.0*, 111, 117.

32 "Central Asia Expert to Head PLA Intelligence," *South China Morning Post*, January 12, 2012, http://www.scmp.com/article/989896/central-asia-expert-head-pla-intelligence.

33 Yang Shilan, "Deng Fa," in *Zhonggong dangshi renwu zhuan*, vol. 1, 347–48.

34 Yang, 348–55.

35 Hao, *Zhongguo mimizhan,* 12, 14–15; Yang, "Deng Fa," 356–57; Jiang Liuqing, *Zhonggong Chanchu Baowei Shiji* [A History of Chinese Communist Weeding and Protection] (Beijing: Jiefangjun Chubanshe, 2014), 63–65; Stephen C. Averill, "The Origins of the Futian Incident," in *New Perspectives on the Chinese Communist Revolution*, ed. Tony Saich and Hans Van de Ven (Armonk, NY: M. E. Sharpe, 1995), 85–86, 91.

36 Hao, *Zhongguo mimi zhan,* 13–15; Xu, *Wang Jiaxiang Nianpu*, 56–57; Jiang Guansheng, *Zhonggong zai Xianggang, Shang* [The Chinese Communists in Hong Kong, vol. 1] (Hong Kong: Cosmos Books, Inc., 2011), 118–19; Shen, *Zhongyang weiyuan*, 322.

37 Yang, "Deng Fa," 356–57; Teiwes and Sun, "From a Leninist to a Charismatic Party," 370, 387n140.

38 "Yifen juemi qingbao cushi hongjun tiaoshang changzhenglu" [Secret Intelligence

de zhenshi gushi [Secret Agent—Democracy Movement—Falungong: The True Story of a Life (Part I)]," Ming Hui Net, September 12, 2003, http://www.minghui.org/mh/articles/2003/9/12/57232.html; Jon R. Lindsay, Tai-ming Cheung, and Derek S. Reveron, *China and Cybersecurity: Espionage, Strategy, and Politics in the Digital Domain* (New York: Oxford University Press, 2015), 32.

Chapter 2——中國共產黨情報領袖

1 Jin, *Chen Yun Zhuan*, 105.

2 Hao, *Zhongguo mimi zhan*, 13.

3 Mu Xin, "Chen Geng," in *Zhonggong dangshi renwu zhuan*, vol. 3, 2.

4 Donald W. Klein and Anne B. Clark, *Biographic Dictionary of Chinese Communism, 1921–1965*, vol. 2 (Cambridge, MA: Harvard University Press, 1971), 190–92; Shen, *Zhongyang weiyuan*, 460–61.

5 He Lin, ed., *Chen Geng Zhuan* [Biography of Chen Geng] (Beijing: Dangdai Zhongguo Chubanshe, 2007), 16; Mu, "Chen Geng," 3–4.

6 He, *Chen Geng Zhuan*, 19; Mu, "Chen Geng," 5–6. 陳拯救蔣介石的事件也記錄在 Howard L. Boorman, *Biographic Dictionary of Republican China,* vol. 1 (New York: Columbia University Press, 1970), 190, 以及其他中國大陸的資料來源中，但不在 Jay Taylor, *The Generalissimo: Chiang Kai-shek and the Struggle for Modern China* (Cambridge, MA: Belknap Press, 2009). 關於這起事件更廣泛的描述，見C. Martin Wilbur, "The Nationalist Revolution: From Canton to Nanking, 1923–28," in *Cambridge History of China*, vol. 12, ed. John K. Fairbank (Cambridge: Cambridge University Press, 1983), 555.

7 Mu Xin, *Chen Geng tongzhi zai Shanghai*, 4–6; Mu, "Chen Geng," 6–8.

8 Mu, *Chen Geng tongzhi zai Shanghai*, 6.

9 Warren Kuo, *Analytical History of the Chinese Communist Party*, vol. 2 (Taipei: Institute of International Relations, 1968), 55, 92nn18–19.

10 He, *Chen Geng Zhuan*, 45. For more details, see the entry on Ke Lin.

11 He, 40–41; Mu, *Chen Geng tongzhi zai Shanghai*, 34–40; Yin, *Pan Hannian de qingbao shengya*, 9–10, 14–16; Quan Yanchi, *Zhongguo miwen neimu* [Secrets and Insider Stories of China] (Lanzhou: Gansu wenhua chubanshe, 2004), 44; Kuo, *Analytical History*, vol. 2, 285–87; Yu, *OSS in China*, 34–35; Hao, *Zhongguo mimi zhan*, 9.

12 He, *Chen Geng Zhuan*, 41.

13 Mu, *Chen Geng tongzhi zai Shanghai*, 23–24.

14 Mu, 25.

15 Robert Bickers, "Changing Shanghai's 'Mind': Publicity, Reform, and the British in Shanghai, 1928–1931," China Society Occasional Papers no. 26, 1992, 8–9.

16 Hao, *Zhongguo mimi zhan*, 6.

17 He, *Chen Geng Zhuan*, 41–42.

中關係之危機管理上的主要夥伴之一。見 *Managing Sino-American Crises: Cast Studies and Analysis*, ed. Michael D. Swaine, Zhang Tuosheng, and Danielle F. S. Cohen (Washington, DC: Brookings Institution Press, 2006).

151 Elsa Kania and Peter Mattis, "Modernizing Military Intelligence: Playing Catchup (Part Two)," *China Brief* 16, issue 9 (December 21, 2016), https:// jamestown.org/program/modernizing-military-intelligence-playing-catchup-part-two/.

152 Authors' interviews, August 2017.

153 "China Names Head of New Security Ministry," Associated Press, June 21, 1983; "Functions of New Ministry of State Security," Xinhua, June 20, 1983.

154 "Inaugural Meeting of the Ministry of State Security," Xinhua, July 1, 1983.

155 "Vice Minister of Public Security Ling Yun Discusses Counter-revolutionary Offenses," Xinhua, June 30, 1979.

156 根據一名前資深情報官員的說法，即使是許永躍部長在安全體系的王儲地位，以及多年來做為陳雲的個人祕書，都不足以讓他被國安部總部菁英接受。Authors' interview, November 2013.

157 Zhao Xiangru, "Ministry of State Security Holds First Meeting," *People's Daily*, July 2, 1983.

158 Jane Li, "China to Prosecute Former Spy Chief for Corruption," *South China Morning Post*, December 30, 2016, http://www.scmp.com/news/china/policies-politics/article/2058244/china-prosecute-ex-deputy-spy-chief-corrup tion.

159 "Chen Xitong resigns from office, Beijing takes more intensive action against corruption," *Ming Pao*, April 28, 1995.

160 無論如何，後者設法存活下來了，並且在負責反間諜工作的後繼者墜落之後又重新浮上檯面。Peter Mattis, "The Dragon's Eyes and Ears: Chinese Intelligence at the Crossroads," *The National Interest*, January 20, 2015, https://nationalinterest.org/feature/the-dragons-eyes-ears-chinese-intelligence-the-crossroads-12062.

161 這些日期是基於省級人事任命與中國境內的間諜逮捕新聞而推測出來的。

162 Samantha Hoffman and Peter Mattis, "Managing the Power Within: China's Central State Security Commission," *War on the Rocks*, July 18, 2016, https:// warontherocks.com/2016/07/managing-the-power-within-chinas-state-security-commission/.

163 Authors' interviews, July 2012, March 2015, September 2017, November 2017; Institute on Global Conflict and Cooperation, "China and Cybersecurity: Political, Economic, and Strategic Dimensions," Report from Workshops held at the University of California, San Diego, April 2012, 6; "Taiwan Unveils Chinese Spy Master," *The Straits Times*, December 7, 2000; "Guo'an bu die bao renyuan 10 wan ren: guowai 4 wan duo guonei 5 wan duo" [Ministry of State Security espionage personnel number 100,000 with more than 40,000 abroad and 50,000 at home], *China Digital Times*, June 1, 2015, https://chinadigitaltimes.net/chinese/2015/06/; Ding Ke, "Tegong-minyun-Falungong: yi ge shengming

136 MacFarquhar and Schoenhals, *Mao's Last Revolution*, 415; obituary, "Luo Qingchang: cengren," April 21, 2014.

137 William C. Hannas, James Mulvenon, and Anna B. Puglisi, *Chinese Industrial Espionage: Technology Acquisition and Military Modernization* (New York: Routledge, 2013), 20–23.

138 Roderick MacFarquhar, "Succession to Mao and the End of Maoism," in *The Politics of China: Sixty Years of the People's Republic of China*, 3rd ed., ed. Roderick MacFarquhar (Cambridge: Cambridge University Press, 2011), 314.

139 機密文件。

140 Jonathan D. Pollack, "The Opening to America," in *Cambridge History of China*, vol. 15 (Cambridge: Cambridge University Press, 1991), 458–60.

141 Maurice Meisner, *Mao's China and After: A History of the People's Republic* (New York: The Free Press, 1999), 453–66.

142 Meisner, 483–84, 486–87; Richard Baum, "The Road to Tiananmen," in MacFarquhar, *The Politics of China*, 350–54; Orville Schell and John Delury, *Wealth and Power: China's Long March to the Twenty-First Century* (New York: Random House, 2013), 281–82.

143 Maurice Meisner, *Mao's China and After*, 461–66.

144 Mark Stokes and Ian Easton, "The Chinese People's Liberation Army General Staff Department: Evolving Organization and Missions," in *The People's Liberation Army as Organization 2.0*, ed. Kevin Pollpeter and Kenneth W. Allen (Vienna, VA: DGI Inc., 2015), 146–47.

145 美國在一九八七年於華府針對一名總參二部武官執行的臥底行動。侯德勝是唯一被公開討論的中國武官涉入地下情報行動的案例。James Mann and Ronald Ostrow, "U.S. Ousts Two Chinese Envoys for Espionage," *Los Angeles Times*, December 31, 1987.

146 根據資料來源的不同，總參謀部也有第七局，有些形容其隸屬於總參二部技術系統，或是做為第四個分析支局。Nicholas Eftimiades, *Chinese Intelligence Operations* (Annapolis, MD: Naval Institute Press, 1994), 78–84, 86; Kan Zhongguo, "Intelligence Agencies Exist in Great Numbers, Spies Are Present Everywhere; China's Major Intelligence Departments Fully Exposed," *Chien Shao* (Hong Kong), January 1, 2006; Howard DeVore, *China's Intelligence and Internal Security Forces* (Coulsdon, UK: Jane's Information Group, 1999), sec. 4–2.

147 這些責任歸屬的地理區域是可取得的最佳資訊，儘管似乎已經過時，且不足以滿足北京可能的情報需求。該區域對循環報導（circular reporting）來說，若非不可能，也是難以辨識。

148 "Character and Aim," China Institute for International Strategic Studies, undated, http://www.ciiss.org.cn/xzyzz.

149 Bates Gill and James Mulvenon, "Chinese Military-Related Think Tanks and Research Institutes," *The China Quarterly*, no. 171 (September 2002): 619.

150 Gill and Mulvenon, 621–62. 中國國際戰略研究基金會是卡內基國際和平基金會在美

ao_665539/3602_665543/3604_665547/t18056.shtml.

119 機密文件。

120 Schoenhals, "Brief History of the CID of the CCP," 15.

121 Gu, *Gong'an Gongzuo*, 93–94.

122 面對在東南亞與其他地方的中華人民共和國反對者，中國最終支持了國家解放運動與政府。Alexander, *International Maoism in the Developing World*, 280–82; Wedeman, *The East Wind Subsides*, 184–87; C. C. Chin and Karl Hack, *Dialogues with Chin Peng: New Light on the Malayan Communist Party* (Singapore: Singapore University Press, 2004).

123 Schoenhals, "Brief History of the CID of the CCP."

124 成立於一九四九年八月的南光公司成為中國共產黨在澳門的非官方辦公室，直到新華社在一九八七年取代這個角色。Geoffrey C. Gunn, *Encountering Macau: A Portuguese City-State on the Periphery of China, 1557–1999* (Boulder, CO: Westview Press, 1996), 174.

125 Schoenhals, "Brief History of the CID of the CCP"; Yang, *Yang Shangkun Riji*, v. 1, 337, 352, 359–60, v. 2, 79.

126 Schoenhals, "Brief History of the CID of the CCP," 10; Klein and Clark, *Biographic Dictionary*, vol. 1, 511; Kai, *Li Kenong*, 418–20.

127 Yang, *Yang Shangkun Riji*, v. 2, 216–32.

128 *Zhonggong Diyi*, 513.

129 Obituary, "Luo Qingchang: cengren Zhongyang Diaocha Bu buzhang Zhou Zongli linzhong qian zhaojian" [Luo Qingchang: the former Central Investigation Department Director whom Zhou Enlai summoned on his deathbed], dangshi.people.com.cn, April 21, 2014.

130 Yang Shengqun, ed., *Deng Xiaoping nianpu, 1940–1974, Xia* [The Annals of Deng Xiaoping, 1940–1974, vol. 3] (Beijing: Zhongyang Wenxian Chubanshe, 2009), 1930.

131 Tong Xiaopeng, *Fengyu sishinian* [Forty years of trial and hardships] (Beijing: Zhongyang Wenxian Chubanshe, 1997), 403–6; MacFarquhar and Schoenhals, *Mao's Last Revolution*, 98.

132 機密文件。

133 MacFarquhar and Schoenhals, *Mao's Last Revolution*, 98.

134 Guo, *China's Security State*, 359, 361; Obituary, "Luo Qingchang: cengren" 指出重建日是在一九七三年，而Shen, *Zhongyang weiyuan*, 513 則說是在一九七五年。

135 Zhonggong Zhongyang Wenxian Yanjiushi, *Deng Xiaoping nianpu, 1904- 1974, Xia* [The Annals of Deng Xiaoping, 1904–1974, vol. 3] (Beijing: Zhongyang Wenxian Chubanshe, 2009), 1972; Office of the Historian, U.S. Department of State, *Foreign Relations of the United States, 1969–1976*, vol. 18, *China, January 1973–May 1973*, "Kissinger's Visits to Beijing and the Establishment of the Liaison Offices, January 1973–May 1973," https://history.state.gov/historicaldocuments/frus1969-76v18/ch1; Guo, *China's Security State*, 361–62.

August 15, 1993, https://www.nytimes.com/1993/08/15/magazine/the-true-story-of-m-butterfly-the-spy-who-fell-in-love-with-a-shadow.html; Robert David Booth, *State Department Counterintelligence: Leaks, Spies, and Lies* (Dallas, TX: Brown Books Pub. Group, 2014), 108–9; C. S. Trahair, *Encyclopedia of Cold War Espionage, Spies, and Secret Operations* (Westport, CT: Greenwood Press, 2004), 165–66.

100 Schoenhals, "Brief History of the CID of the CCP, " 270.

101 Schoenhals.

102 Schoenhals.

103 Shen Zhihua, *Mao Zedong, Shidalin yu Chaoxian zhanzheng* [Mao Zedong, Stalin and the Korean War] (Guangzhou: Guangdong Renmin Chubanshe, 2003), 465–66. Mao probably learned of Stalin's death a few hours after telling Li Kenong to take sick leave. *Zhou Enlai nianpu 1949–1976*, vol. 1, 288.

104 Schoenhals, "Brief History of the CID of the CCP," 270–71.

105 仍存在於中央軍委轄下的一個軍事情報部門。

106 Schoenhals, "Brief History of the CID of the CCP"; Yang Shangkun, *Yang Shangkun Riji, Shang* [The Diary of Yang Shangkun, 2 vols.] (Beijing: Zhongyang Wenxian Chubanshe, 2001), 161, 165, 169, 185 (separate military intelligence from the CMC: "決定把軍情由軍委分開，在黨內成為一個調查部，由克農兼部長," 169). Confidential document.

107 即使在一九六九年，一份中情局機密報告仍提到社會部，但是沒有載明中調部的存在。見Central Intelligence Agency, "Communist China: The Political Security Apparatus," POLO 35, February 20, 1969 (declassified), ii-iv, 10–16, 22–25, 29, 31, 33–35, 65, 70–71.

108 Schoenhals, "Brief History of the CID of the CCP," 15–16; Yang, *Yang Shangkun Riji*, vol. 1, 1, 185, 359, vol. 2, 226.

109 國安部情報史研究處執行過這類出版前審查工作，"Edging in from the Cold," 37.

110 Gu, *Gong'an Gongzuo*, 82–84, entries for March 21 to April 11, 1955.

111 Gu, 89, entry for August 25, 1955.

112 Andrew G. Walder, *China Under Mao: A Revolution Derailed* (Cambridge, MA: Harvard University Press, 2015), 135.

113 Kai, *Li Kenong*, 406–9.

114 Kai, 406–8; Gu, *Gong'an Gongzuo*, 82; Chambers, "Edging in from the Cold," 34.

115 Kai, *Li Kenong*, 405–8; Zhu Zi'an, "Chuanqi Jiangjun Li Kenong" [Legendary General Li Kenong], in *Dangshi Zonglan* [Party History Survey], no. 9 (2009): 7.

116 欲見如此行動的生動敘事，見Frank Holober, *Raiders of the China Coast: CIA Covert Operations During the Korean War* (Annapolis, MD: Naval Institute Press, 1999).

117 Schoenhals, "Brief History of the CID of the CCP."

118 PRC Ministry of Foreign Affairs, "The Second Upsurge in the Establishment of Diplomatic Relations," http://www.fmprc.gov.cn/mfa_eng/zili-

82 *Washington Post*, July 7, 1983.

83 CIA Directorate of Intelligence, "China: Reorganization of Security Organs" (Washington, DC: Central Intelligence Agency, August 1, 1983, declassified copy, U.S. Library of Congress); Peter Mattis, "The Analytic Challenge of Understanding Chinese Intelligence Services," *Studies in Intelligence* 56, no.3 (September 2012), https://www.cia.gov/library/center-for-the-study-of-intelligence/csi-publications/csi-studies/studies/vol.-56-no.-3/pdfs/Mattis-Understanding%20Chinese%20Intel.pdf.

84 Author interview with municipal PSB official, 2009.

85 "Mou shi ming gan danweiqingbao" [The weak password of the intelligence platform of a sensitive unit in a certain city] (Bao'an District Government, Shenzhen), April-May 2015, https://wooyun.shuimugan.com/bug/view?bug_no=107569.

86 Gu, *Gong'an Gongzuo*, 828 (line 5), 834 (list of concerns in 1991 summary).

87 Sarah Cook and Leeshai Lemish, "The 610 Office: Policing the Chinese Spirit," *China Brief* 11, issue 17 (September 16, 2011), https://jamestown.org/program/the-610-office-policing-the-chinese-spirit/.

88 Gu, *Gong'an Gongzuo*, 1087.

89 Gu, 1320.

90 機密採訪。

91 Bing Lin, "Tiqu dianzi shuju ye xu quanzhaogongmin yinsi" [Extraction of electronic data requires attention to citizen privacy], *Beijing Shibao*, September 22, 2016; "China: New Rules onElectronic Data CollectionTake Effect," *Duihua Human Rights Journal*, October 11, 2016, duihuahrjournal.org; State Council Document 692, "Zhonghua Renmin Gongheguo Fan Jiandie Fa Shishi Xize" [PRC Counterespionage Law Detailed Regulations], December 6, 2017, http://www.gov.cn/zhengce/content/2017-12/06/content_5244819.htm.

92 *Operation Mekong*, Bona Film Group, China, Thailand, 2016.

93「一個機構，兩塊牌子。」Kai, *Li Kenong*, 364; Hao, *Zhongguo mimi zhan*, 105, 411.

94 Schoenhals, "A Brief History of the CID of the CCP."

95 完整的機構名稱是「中共中央軍事委員會總參謀部情報部」。

96 Hao, *Zhongguo mimi zhan*, 411; Kai, *Li Kenong*, 343.

97 Robert J. Alexander, *International Maoism in the Developing World* (Westport, CT: Praeger Publishers, 1999), 280–82; Andrew Hall Wedeman, *The East Wind Subsides: Chinese Foreign Policy and the Origins of the Chinese Cultural Revolution* (Washington, DC: The Washington Institute Press, 1987), 184–87; Schoenhals, "Brief History of the CID of the CCP," 269–70.

98 Hao, *Zhongguo mimi zhan*, 375–76; Kai, *Li Kenong*, 344–45.

99 Joyce Wadler, *Liaison: The Real Story of the Affair that Inspired M. Butterfly* (New York: Bantam, 1994); see also Joyce Wadler, "The True Story of M. Butterfly," *New York Times*,

com.cn/GB/14576/28320/28321/28332/1926520.html; authors' interviews with Public Security officers in 2008 and 2015; interviews with PRC citizens in 2018.

65 Andrew Nathan and Andrew Scobell, *China's Search for Security* (New York: Columbia University Press, 2012), 295.

66 BBC News, "In Your Face: China's All-seeing State," December 10, 2017, https://www.bbc.com/news/av/world-asia-china-42248056/in-your-face-china-s-all-seeing-state.

67 ZDNet, "Chinese Company Leaves Muslim-tracking Facial Recognition Database Exposed Online," February 14, 2019, https://www.zdnet.com/arti cle/chinese-company-leaves-muslim-tracking-facial-recognition-database-exposed-online/.

68 Nathan and Scobell, *China's Search for Security*, 295。「姚艮在與蘇聯專家工作的日子裡」，公安史話，http://www.mps.gov.cn/n2254860/n2254883/n2254884/c3590085/content.html.

69 Schoenhals, *Spying for the People*, 24.

70 Schoenhals, 25.

71 Tsering Shakya, *The Dragon in the Land of Snows* (New York: Columbia University Press, 1999) 170–84, 282–86, 358–60; James Lilley and Jeffrey Lilley, *China Hands: Nine Decades of Adventure, Espionage, and Diplomacy in Asia* (New York: Public Affairs, 2004), 136–37.

72 Gu, *Gong'an Gongzuo*, 304, 307, 317; Dutton, *Policing Chinese Politics*, 224–26; Roderick MacFarquhar and Michael Schoenhals, *Mao's Last Revolution* (Cambridge, MA: Harvard University Press, 2006), 97–98, 225; Guo, *China's Security State*, 79–83; Schoenhals, *Spying for the People*, 26–28; Yang Shengqun, *Deng Xiaoping nianpu 1904–1974*, v. 2 [Annals of Deng Xiaoping, 1904–1974] (Beijing: Zhongyang Wenxian Chubanshe, 2009), 1930.

73 Shen, *Zhonggong diyi*, 304; Li Haiwen, "Hua Guofeng feng Zhou Enlai zhiming diaocha Li Zhen shijian" [Hua Guofeng and Zhou Enlai Investigate the Li Zhen incident], Zhongguo Gongchandang Xinwen Wang [Chinese Communist Party News Network], http://dangshi.people.com.cn/n/2013/12 16/c85037-23851428.html. Within a year Kang Sheng, his mentor, would become inactive due to illness.

74 *Zhou Enlai nianpu 1949–1976*, vol. 3, 629, 174–80; Lilley and Lilley, *China Hands*, 181–84.

75 Lilley and Lilley, *China Hands*, 162–66, 177–78, 180.

76 Gu, *Gong'an Gongzuo*, 358.

77 Gu, entries at the end of each year (see especially 1959–62 and 1970–81); Dutton, *Policing Chinese Politics*, 239, 257–58.

78 Gu, *Gong'an Gongzuo*, 362; CIA, "Soviet Diplomats Expelled from China on Espionage Charges," January 19, 1974, https://www.cia.gov/library/reading room/docs/CIA-RDP-78S01932A000100010083-6.pdf.

79 Dutton, *Policing Chinese Politics*, 237. 80. Dutton, 270–71.

81 Ding Zhaoshen, *Duan wei Yang Fan* [The Broken Mast, Yang Fan] (Beijing: Qunzhong Chubanshe, 2001), 6; Kai, *Li Kenong*, 409; Chambers, "Edging in from the Cold," 34.

Hao, *Zhongguo mimi zhan*, 318–321; Jin, *Mao Zedong Zhuan*, 655.

51 Kai, *Li Kenong*, 266–68; Yin, *Pan Hannian de qingbo Shengya*, 185–87.

52 Kai, *Li Kenong*, 279.

53 見State Council of the People's Republic of China, http://english.gov.cn/state_council/2014/09/09/content_281474986284154.htm.

54 Gu Chunwang, *Jianguo Yilai Gong'an Gongzuo Da Shi Yaolan* [Major Highlights in Police Work Since the Founding of the Nation] (Beijing: Qunzhong Chubanshe, 2003), 2–3; Shu Yun, *Luo Ruiqing Dajiang* [General Luo Ruiqing] (Beijing: Jiefangjun Wenyi Chubanshe, second ed., 2011), 258–59; *Zhou Enlai nianpu 1949–1976* [Annals of Zhou Enlai, 1949–1976], 3 vols. (Beijing: Zhongyang Wenxian Chubanshe, 1997), 6; Michael Schoenhals, *Spying for the People: Mao's Secret Agents, 1949–1967* (New York: Cambridge University Press, 2013), 27; Kai, *Li Kenong*, 364–65; Guo Xuezhi, *China's Security State, Philosophy, Evolution, and Politics* (Cambridge: Cambridge University Press, 2012), 73–74, 355; Dutton, *Policing Chinese Politics*, 139, 157.

55 Shu, *Luo Ruiqing Dajiang*, 258–59.

56 Public Security Police Station Organization Regulations (December 1954), http://www.npc.gov.cn/wxzl/wxzl/2000-12/10/content_4274.htm.

57 Børge Bakken,"Transition, Age, and Inequality: Core Causes of Chinese Crime," delivered at the 20th International Conference of the Hong Kong Sociological Association, Chinese University of Hong Kong, December 1, 2018; Shu, *Luo Ruiqing Dajiang*, 259–61; Wakeman, *Spymaster*, 361.

58 Shu Guang Zhang, *Deterrence and Strategic Culture: Chinese-American Confrontations, 1949–1958* (Ithaca: Cornell University Press, 1992), 66; Gu, *Gong'an Gongzuo*, 19.

59 Maury Allen, *China Spy: The Story of Hugh Francis Redmond* (New York: Gazette Press, 1998), 108–9, 178; "Ben DeFelice Dies," *Washington Post*, April 9, 2004; Gu, *Gong'an Gongzuo*, 53; Nicholas Dujmovic, "Two CIA Prisoners in China, 1952–1973: Extraordinary Fidelity," *Studies in Intelligence* 50, no. 4 (2006).

60. Dutton, *Policing Chinese Politics*, 147.

61. Dutton, 167–68, 175.

62 David Ian Chambers, "Edging in from the Cold: The Past and Present State of Chinese Intelligence Historiography," *Studies in Intelligence* 56, no. 3 (September 2012): 34, https://www.cia.gov/library/center-for-the-study-of-intelligence/csi-publications/csi-studies/studies/vol.-56-no.-3/pdfs/Chambers-Chinese%20Intel%20Historiography.pdf; Zhang Yun, *Pan Hannian Zhuan* [Biography of Pan Hannian] (Shanghai: Shanghai Renmin Chubanshe, 1996), 317; Kai, *Li Kenong*, 406; Guo, *China's Security State*, 72–75, 345– 48; Gu, *Gong'an Gongzuo*, 82–83; Dutton, *Policing Chinese Politics*, 176–78.

63 Guo, *China's Security State*, 72–75; Dutton, *Policing Chinese Politics*, 172–73.

64 「身分證意識將代替戶口意識。」*Fazhi Ribao*, December 26, 2002, http://www.people.

35 Kai, *Li Kenong*, 364; Hao, *Zhongguo mimi zhan*, 105.

36 *Zhongguo Gongchandang zuzhi shi ziliao*, vol. 4, 549.

37 Xu Aihua, "Zhongguo de Fu'er Mosi, yuan Gongan buzhang Zhao Cangbi de Yan'an baowei gongzuo" [China's Sherlock Holmes: Former MPS Minister Zhao Cangbi's Protection Work in Yan'an], *Renminwang*, November 12, 2009, http://dangshi.people.com.cn/GB/85038/10366238.html; Hao, *Zhongguo mimi zhan*, 137.

38 延安抗日大學（延安抗大）、陝北公學、馬列學院。Yin Qi, *Pan Hannian de qingbao shengya* [The Intelligence Career of Pan Hannian] (Beijing: Renmin Chubanshe, 1996), 83–88, 125–27.

39. Yin, 83–88.

40「非法」特務的定義：Norman Polmar and Thomas B. Allen, *The Encyclopedia of Espionage* (New York: Gramercy Books, 1997), 277; Carl, *CIA Insider's Dictionary*, 271–72; Ilya Dzhirkvelov, *Secret Servant: My Life with the KGB and the Soviet Elite* (London: Collins, 1987), 106–8, 178; Robert Whymant, *Stalin's Spy: Richard Sorge and the Tokyo Espionage Ring* (New York: St. Martin's Press, 1996) 26–39; Ruth Werner, *Sonya's Report* (London: Chatto and Windus, 1991), 42–46, 98–111.

41 Frederic Wakeman Jr., *Spymaster: Dai Li and the Chinese Secret Service* (Berkeley: University of California Press, 2003), 341, 523.

42 Ji Chaozhu, *The Man on Mao's Right* (New York: Random House, 2008), 19–22, 32–34.

43 Wakeman, *Spymaster*, 523; Kai, *Li Kenong*, 285, 287.

44 Kuo, *Analytical History*, vol. 4, 148.

45 Michael Dutton, *Policing Chinese Politics* (Durham and London: Duke University Press, 2005), 106–7.

46 Frederick C. Teiwes and Warren Sun, "From a Leninist to a Charismatic Party: The CCP's Changing Leadership, 1937–1945," in *New Perspectives on the Chinese Communist Revolution*, ed. Tony Saich and Hans Van de Ven (Armonk, NY: M. E. Sharpe, 1995), 346–47.

47 He, *Deng Fa Zhuan*, 165; Hao, *Zhongguo mimi zhan*, 189; Jin Chongji, ed., *Chen Yun zhuan* [The Biography of Chen Yun] (Beijing: Zhongyang Wenxian Chubanshe, 2005), 335.

48 *Suimengqu Gonganshi changbian* [A Public Security History of Suiyuan and Inner Mongolia in Draft] (Hohhot: Neimenggu Gongan Ting Gongan Shi Yanjiu Shi, 1986), 122–23.

49 Gao, *Hong taiyang zenyang shengqi de*, 465–66; Gao Wenqian, *Wannian Zhou Enlai* [Zhou Enlai's Later Years] (Hong Kong: Mirror Books, 2003), 82; Peter Vladimirov, *The Vladimirov Diaries, Yenan, China: 1942–1945* (New York: Doubleday and Company, 1975), 136, 190–94.

50 Chen Yung-fa, "Suspect History and the Mass Line: Another Yan'an Way," in *Twentieth Century China: New Approaches*, ed. Jeffrey S. Wasserstrom (London: Routledge, 2003), 182–83; Lin Qingshan, *Kang Sheng Zhuan* (Jilin: Jilin Renmin Chubanshe, 1996), 112;

保衛局局長。

20 Warren Kuo, *Analytical History of the Chinese Communist Party*, vol. 3 (Taipei: Institute of International Relations, 1970), 6.

21 Kuo; "Zhang Shunqing," *Baidu Encyclopedia* online, http://baike.baidu.com/view/2710205.htm. 張也是走在軍事政治官員的職涯上。他在一九四二年於廣東取得黨委員會的一席之地，但是在一九四四年被中國國民黨逮捕，並且遭到殺害。

22 Kuo, *Analytical History*, 7.

23 Mu, *Yinbi zhanxian tongshuai Zhou Enlai,* 463–64, 466; interview with Taiwan academic, 2016. 可取得的組織目錄中，並未針對錢的職責有特定描述。

24 Yang Shilan, "Deng Fa," in *Zhonggong Dangshi Renwu Zhuan* [Biographies of Personalities in Chinese Communist Party History], vol. 1 (Xi'an: Xi'an Renmin Chubanshe, 1980), 359.

25 Interview, 2016.

26 Hao, *Zhongguo mimi zhan*, 19–20.

27 Edgar Snow, *Red Star Over China* (London: Victor Gollancz Ltd., 1938), 431; Edgar Snow, *Random Notes on Red China (1936–1945)* (Cambridge, MA: Harvard University Press, 1957), 42, 43, 46.

28 Hao, *Zhongguo mimi zhan*, 54.

29 直到一九三八年八月之前，康生負責管理黨的所有情報工作。Zhong Kan, *Kang Sheng Pingzhuan* [A Critical Biography of Kang Sheng] (Beijing: Hongqi Chubanshe, 1982), 77. 第三個被整併進社會部的單位前身是保衛處，為毛澤東在延安的保護單位。

30 Donald W. Klein and Anne B. Clark, *Biographic Dictionary of Chinese Communism, 1921–1965,* vol. 1 (Cambridge, MA: Harvard University Press, 1971), 425; interview with party historian, 2016.

31 針對自一九六八至七一年，乃至一九八〇年代之間的中國情報工作，郭潛的著作是唯一可公開取得的英文綜合資訊，而且這些著作到了今天依舊具實用價值。當郭於一九八四年八月離世時，蔣經國與李登輝甚至致贈題詞花環。Interview, Taipei archivist, 2008, and extract of unclassified collection on Warren Kuo viewed in 2008.

32 CCP Secretariat, "Guanyu chengli shehui bu de jueding" [Concerning the Decision to Establish the Central Social Department], February 18, 1939, in *Kangzhan shiqi chubao wenjian* [Documents on Digging Out Traitors and Protection in the Anti-Japanese War], December 1948.

33 Warren Kuo, *Analytical History of the Communist Party of China*, vol. 4 (Taipei: Institute of International Relations, 1971), 374–35.

34 社會部的公開名稱之一是「敵區工作委員會」。李克農在一九四一年三月成為該委員會副主席。*Zhongguo Gongchandang zuzhi shi ziliao, 4, 1945.8— 1949.9* [Materials on CCP Organizational History, vol. 4, August 1945–1949] (Beijing: Zhonggong Dangshi Chubanshe, 2000), 549; Hao, *Zhongguo mimi zhan*, 54, 59.

4 Mu, *Yinbi zhanxian tongshuai Zhou Enlai*, 6–9.

5 Hao, *Zhongguo mimi zhan*, 2.

6 Hao, 2; Mu, *Yinbi zhanxian tongshuai Zhou Enlai*, 7.

7 Xue, "Guanyu zhonggong zhongyang teke," 2.

8 中華人民共和國不同的資料來源提供了中國共產黨情報活動早期的不同敘事，但是最具說服力且嚴謹的分析文獻為 Xue, "Guanyu Zhonggong Zhongyang Teke."

9 Xue, 2–4; *Zhou Enlai nianpu 1898–1949* [Annals of Zhou Enlai, 1898–1949] (Beijing: Zhongyang Wenxian Chubanshe, 1989), 128.

10 Xue, "Guanyu zhonggong zhongyang teke," 3–4.

11 大多數的資料來源承認顧順章至少是實質上的中央特科負責人："the actual head" (*shiji fuze ren*) in Hao, *Zhongguo mimi zhan*, 5; the "leader" (*bu zhang*) in *Zhongguo gongchandang lingdao jigou yange he chengyuan minglu* [Directory of Organizations and Personnel of the Communist Party of China During the Revolution] (Beijing: Zhonggong Dangshi Chubanshe, 2000), 117. 另見 Chang, *Chinese Communist Who's Who*, v. 2, 435; Frederic Wakeman Jr., *Policing Shanghai, 1927–1937* (Berkeley: University of California Press, 1995), 138–39.

12 Hao, *Zhongguo mimi zhan*, 9; Maochun Yu, *OSS in China: Prelude to Cold War* (New Haven, CT: Yale University Press, 1996), 34–35; Barbara Barnouin and Yu Changgen, *Zhou Enlai, A Political Life* (Hong Kong: Chinese University of Hong Kong, 2006), 45–46; Mu, *Chen Geng tongzhi zai Shanghai*, 34–40.

13 Mu, *Yinbi zhanxian tongshuai Zhou Enlai*, 12.

14 一九三二至三四年，李克農在瑞金同時擔任政治保衛局執行部部長和第一方面軍政治保衛局局長。"Li Kenong," *News of the Communist Party of China*, http://cpc.people.com.cn/GB/34136/2543750.html, and http://www.xwwb.com/web/wb2008/wb2008news.php?db=15& thisid=95528.

15 Zhao Shaojing, "Suqu 'Guojia zhengzhi baoweiju' yu sufan kuodahua went banzheng" [The Soviet Area State Political Protection Bureau and the Question of Enlarging the Purge of Counter-revolutionaries], http://www.scuphilosophy.org/research_display.asp?cat_id=94&art_id=7873, Sichuan University Institute for Philosophy, 9 May 2009.

16 一九三一年一月 (Hao, *Zhongguo mimi zhan*, 15) 或是同年五月 (Xu Zehao, *Wang Jiaxiang nianpu* [Annals of Wang Jiaxiang] (Beijing: Zhongyang Wenxian Chubanshe, 2001), 56–57).

17 Tan Zhenlin, Li Yimang, Li Yutang, Wu Lie, Hai Jinglin, and Ma Zhulin were also noted in leadership positions for the new bureau. Hao, *Zhongguo mimi zhan*, 13; Shen, *Zhongyang weiyuan*, 322.

18 Hao, *Zhongguo mimi zhan*, 10; Shen, *Zhongyang weiyuan*, 99; He Jinzhou, *Deng Fa Zhuan* [A Biography of Deng Fa] (Beijing: Zhonggong Dangshi Chubanshe, 2008), 70–71.

19 如同先前所注，李克農在瑞金時，同時擔任政治保衛局執行部部長暨第一方面軍政治

sensitive-data-us-officials-say/2013/05/20/51330428-be34-11e2-89c9-3be8095fe767_story.html?utm_term=.5623b53c1113.

27 Brian Bennett and W. J. Hennigan, "China and Russia Are Using Hacked Data to Target U.S. Spies, Officials Say," *Los Angeles Times*, August 31, 2015, http://www.latimes.com/nation/la-na-cyber-spy-20150831-story.html.

28 "APT1: Exposing One of China's Cyber Espionage Units," Mandiant, February 19, 2013, https://www.fireeye.com/content/dam/fireeye-www/services/pdfs/mandiant-apt1-report.pdf.

29 Insikt Group, "Recorded Future Research Concludes Chinese Ministry of State Security Behind APT3," Recorded Future, May 17, 2017, https://www.recordedfuture.com/chinese-mss-behind-apt3/.

30 見本書第二章「耿惠昌」的條目。

31 Mark Mazzetti et al., "Killing C.I.A. Informants, China Crippled U.S. Spying Operations," *New York Times*, May 20, 2017, https://www.nytimes.com/2017/05/20/world/asia/china-cia-spies-espionage.html. This account is bolstered by the authors' interviews with several U.S. and allied intelligence officers throughout 2017.

32 Winston Lord to Henry Kissinger, "Memcon of Your Conversations with Chou En-lai," Office of the President, National Security Council, July 29, 1971, Digital National Security Archive, https://nsarchive2.gwu.edu/NSA EBB/NSAEBB66/.

33 Ernest May, "Conclusions: Capabilities and Proclivities," in *Knowing One's Enemies: Intelligence Assessment before the Two World Wars*, ed. Ernest May (Princeton: Princeton University Press, 1986), 532–33.

34 例如 Peter Mattis, "New Law Reshapes Chinese Counterterrorism Policy and Operations," *China Brief*, January 25, 2016, https://jamestown.org/program/new-law-reshapes-chinese-counterterrorism-policy-and-operations/.

35 Authors' interview, Washington, DC, July 2012.

Chapter 1——中國共產黨情報組織

1 例如 Zhang Shaohong and Xu Wenlong, *Hongse guoji tegong* [Red International Agents] (Haerbin: Haerbin Chubanshe, 2005); Yu Tianming, *Hongse jiandie—daihao Bashan* [Red Spy—Code Name Bashan] (Beijing: Zuojia Chubanshe, 1993).

2 Mark Kelton, "Putin's Bold Attempt to Deny Skripal Attack," *The Cipher Brief*, September 19, 2018, https://www.thecipherbrief.com/putins-bold-attempt-to-deny-skripal-attack.

3 Yu, *Hongse jiandie—daihao Bashan*; Shen Xueming, ed., *Zhonggong diyi jie zhi diwu jie Zhongyang weiyuan* [Central Committee Members from the First CCP Congress to the Fifteenth] (Beijing: Zhongyang Wenxian Chubanshe, 2001), 621; Mu Xin, *Chen Geng tongzhi zai Shanghai* [Comrade Chen Geng in Shanghai] (Beijing: Wenshi Zike Chubanshe, 1980), 6–8.

January 1, 2006.

14 "Leadership Changes at the Fourteenth Party Congress," in *China Review 1993*, ed. Maurice Brosseau and Joseph Cheng Yu-shek (Hong Kong: Chinese University Press, 1993), 2.23.

15 Willy Wo-Lap Lam, "Surprise Elevation for Conservative Patriarch's Protégé Given Security Post," *South China Morning Post*, March 17, 1998.

16 "人物庫：陳文清 [Personalities Database: Chen Wenqing]," Xinhua, February 28, 2013, http://news.xinhuanet.com/rwk/2013-02/28/c_124400603.htm.

17 Dean Cheng, "Chinese Lessons from the Gulf Wars," in *Chinese Lessons from Other Peoples' Wars*, ed. Andrew Scobell, David Lai, and Roy Kamphausen (Carlisle, PA: U.S. Army War College Strategic Studies Institute, 2011), 153–200.

18 Kai Cheng, Li Kenong, Zhonggong yinbi zhanxian de zhuoyue lingdao ren [Li Kenong: Outstanding Leader of the CCP's Hidden Battlefront] (Beijing: Zhongguo Youyi Chubanshe, 1996), 430–32.

19 Peter Mattis, "Modernizing Military Intelligence: Realigning Organizations to Match Concepts," in *China's Evolving Military Strategy*, ed. Joe McReynolds (Washington, DC: The Jamestown Foundation, 2016), 308–33.

20 Peter Mattis, "PLA Personnel Shifts Highlight Intelligence's Growing Military Role," *China Brief*, November 5, 2012, https://jamestown.org/program/pla-personnel-shifts-highlight-intelligences-growing-military-role/.

21 Authors' interview, Beijing, August 2017.

22 接下來的段落擷取自 Peter Mattis, "China Reorients Strategic Military Intelligence," *Jane's Intelligence Review*, March 3, 2017.

23 Nathan Thornburgh, "Inside the Chinese Hack Attack," *Time*, August 25, 2005, http://content.time.com/time/nation/article/0,8599,1098371,00.html; Richard Norton-Taylor, "Titan Rain—How Chinese Hackers Targeted Whitehall," *The Guardian*, September 4, 2007, https://www.theguardian.com/technology/2007/sep/04/news.internet.

24 見 https://citizenlab.ca/2009/03/tracking-ghostnet-investigating-a-cyber-espionage-network.

25 Ellen Nakashima, "Report on 'Operation Shady RAT' Identifies Widespread Cyber-spying," *Washington Post*, August 3, 2011, https://www.washingtonpost.com/national/national-security/report-identifies-widespread-cyber-spying/2011/07/29/gIQAoTUmqI_story.html?utm_term=.dea6a5a91ff3; Kim Zetter, "Google Hack Attack Was Ultra Sophisticated, New Details Show," *Wired*, January 14, 2010, https://www.wired.com/2010/01/operation-aurora/.

26 Ellen Nakashima, "Chinese Hackers Who Breached Google Gained Access to Sensitive Data, U.S. Officials Say," *Washington Post*, May 20, 2013, https://www.washingtonpost.com/world/national-security/chinese-hackers-who-breached-google-gained-access-to-

4 Hao, *Zhongguo mimi zhan*, 1, 6–8; Mu Xin, *Yinbi zhanxian tongshuai Zhou Enlai* [Zhou Enlai, Guru of the Hidden Battlefront] (Beijing: Zhongguo Qingnian Chubanshe, 2002), 8–9, 14–15, 133–34; Chen, *Zhongguo Gongchandang Qishi Nian*, 109–10; U. T. Hsu, *The Invisible Conflict* (Hong Kong: China Viewpoints, 1958), 10; Xue Yu, "Guanyu zhonggong zhongyang teke nuogan wenti de tantao" [An Investigation into Certain Issues Regarding the CCP Central Committee Special Branch], *Zhonggong Dangshi Yanjiu* [The Study of Chinese Communist History], no. 3 (1999), 2–3.

5 因為他是叛徒，有些中華人民共和國的敘事避免承認顧順章是中央特科負責人，但是官方資料和來自臺灣的資料清楚地指明，顧順章直到被捕之前，對於整個機構「長期」肩負「實質的責任」。Hsu, *The Invisible Conflict*, 56–57; Hao, *Zhongguo mimi zhan*, 5, 8; Chang Jun-mei, ed., *Chinese Communist Who's Who*, vol. 2 (Taipei: Institute of International Relations, 1970), 435; Liu Wusheng, ed., *Zhou Enlai Da Cidian* [The Dictionary of Zhou Enlai] (Nanchang: Jiangxi Renmin Chubanshe, 1998), 31.

6 Zhao Yongtian, *Huxue Shuxun* [*In the Lair of the Tiger*] (Beijing: Junshi Kexue Chubanshe, 1994), 3.

7 Frederick C. Teiwes, *Politics and Purges in China: Rectification and the Decline of Party Norms, 1950–65* (Armonk, NY: M. E. Sharpe, 1979), 159.

8 曾經在敵方區域為中國共產黨組織與宣傳部門從事危險「地下」工作的幹部也面臨著類似的風險。在這最後一個分類當中，最顯著的人是前中華人民共和國領導人劉少奇，他在文化大革命期間受苦並死於獄中。

9 這是在文化大革命（1966-76）達到顛峰的理想，但是其根源來自一九四九年以前的革命時期。欲求簡潔的解釋，見 Frederick C. Teiwes and Warren Sun, *The End of the Maoist Era: Chinese Politics During the Twilight of the Cultural Revolution* (Armonk, NY: M. E. Sharpe, 2007), 329, 390n17; Alexander V. Pantsov and Steven I. Levin, *Mao: The Real Story* (New York: Simon and Schuster, 2012), 555–56; Andrew G. Walder, *China Under Mao: A Revolution Derailed* (Cambridge: Harvard University Press, 2015), 336–37.

10 Central Intelligence Agency, "Beijing Institute for International Strategic Studies Established," December 14, 1979, CIA Electronic Reading Room, https://www.cia.gov/library/readingroom/docs/DOC_0001257059.pdf.

11 Peter Mattis, "Assessing the Foreign Policy Influence of the Ministry of State Security," *China Brief*, January 14, 2011, https://jamestown.org/program/assessing-the-foreign-policy-influence-of-the-ministry-of-state-security/.

12 Lu Ning, "The Central Leadership, Supraministry Coordinating Bodies, State Council Ministries, and Party Departments," in *The Making of Chinese Foreign and Security Policy in the Era of Reform, 1978–2000*, ed. David Lampton (Stanford, CA: Stanford University Press, 2001), 50, 414.

13 Kan Zhongguo, "Intelligence Agencies Exist in Great Numbers, Spies Are Present Everywhere; China's Major Intelligence Departments Fully Exposed," *Chien Shao* (Hong Kong),

注釋
Notes

序文

1 見參考書目中Michael Dutton、Michael Schoenhals、Scot Tanner、Frederic Wakeman、Miles Maochun Yu、William Hannas、James Mulvenon和 Anna Puglisi 的作品，以進一步了解這段文字。其作品內容是關於中國地下情報活動的上乘之作。David Chambers 即將出版的新作更是關注中國革命時期的中國共產黨情報工作，並進行了深度探究。

2 關於瞎子摸象的寓言故事，見https://www.jainworld.com/literature/story25.htm.

引言

1 情報在中國的定義類似於其他國家，但是更精準來說，有其獨到之處。例如，在某本中華人民共和國的字典中，情報被定義為「蒐集有關軍事、政治、經濟、外交、科學及其他許多面向上的機密資料時，所採行的調查與其他手段。」而某本臺灣軍事教科書中，則將情報定義為「利用祕密、公開與半公開的手段來蒐集有關敵人的資訊，包括軍事準備和發展、意圖以及未來的戰鬥區域布局，並寫成特定報告。」Li Zengqun, ed., *Shiyong Gong'an Xiao cidian* [A Practical Public Security Mini-Dictionary] (Harbin: Heilongjiang Renmin Chubanshe, 1987), 345, 363; Hu Wenlin, ed., *Qingbao Xue* [The Study of Intelligence] (Taipei: Zhongyang Junshi Yuanxiao, 1989), 1–2, 5–6.

2 見「中國間諜與安全的網路辭彙表」，以進一步了解情報、安全、公安、保衛與其他相關概念的定義。如同在接下來的章節中將會看到的，「特務」是一個包羅萬象的詞，涵括了情報與保衛，其下分支有暗殺工作和偵察（似乎是戰術情報與反情報實地工作的結合），而「公安」則包括了警察與鋤除漢奸（挖掘出或「鋤除」背叛漢民族的人——非法協助外國人的人）。Hao Zaijin, *Zhongguo mimi zhan—zhonggong qingbao, baowei gongzuo jishi* [China's Secret War—The Record of Chinese Communist Intelligence and Protection Work] (Beijing: Zuojia Chubanshe, 2005), 3. 一個對於安全的美式定義是「為確保不受到惡意行為或影響的侵犯，而建立並維持的保護性措施」，似乎包含了中國概念中的「保衛」與「公安」。Leo D. Carl, *CIA Insider's Dictionary of U.S. and Foreign Intelligence, Counterintelligence, and Tradecraft* (Washington, DC: NIBC Press, 1996), 566.

3 Chen Yung-fa, *Zhongguo Gongchandang Qishi Nian* [Seventy Years of the Chinese Communist Party] (Taipei: Linking Books, 1998), 221; Feng Xiao-mei, ed., *1921–1933: Zhonggong Zhongyang zai Shanghai* (Shanghai: Zhong-gong Dangshi Chubanshe, 2006), 368.

中共百年間諜活動

從建黨初始到競逐國際強權，
剖析中共情報系統的
歷史與組織，
透視紅色情報員如何滲透、
潛伏，在外交、軍事、
經濟、科技上威脅全世界！

中共百年間諜活動：從建黨初始到競逐國際強權，剖析中共情報系統的歷史與組織，透視紅色情報員如何滲透、潛伏，在外交、軍事、經濟、科技上威脅全世界！
／彼得．馬提斯（Peter Mattis），
馬修．布拉席爾（Matthew Brazil）著；
林詠心譯. －初版. －臺北市：麥田出版：
英屬蓋曼群島商家庭傳媒股份有限公司
城邦分公司發行, 2021.10
　面；　公分
譯自：Chinese Communist espionage : an intelligence primer.
ISBN 978-626-310-057-2(平裝)
1. 情報組織 2. 中國
599.732　　110010228

印　　刷　漾格科技股份有限公司
封面設計　許晉維
初版一刷　2021年10月
初版二刷　2024年1月

定　　價　新台幣480元
I S B N　978-626-310-057-2
Printed in Taiwan

作　　者　彼得．馬提斯（Peter Mattis）、
　　　　　馬修．布拉席爾（Matthew Brazil）
譯　　者　林詠心
特約編輯　劉懷興
責任編輯　林如峰
國際版權　吳玲緯
行　　銷　闕志勳　吳宇軒　余一霞
業　　務　李再星　李振東　陳美燕
副總編輯　何維民
編輯總監　劉麗真
總 經 理　陳逸瑛
發 行 人　涂玉雲

出　　版

麥田出版
台北市中山區104民生東路二段141號5樓
電話：(02) 2-2500-7696　傳真：(02) 2500-1966
麥田網址：https://www.facebook.com/RyeField.Cite/

發　　行

英屬蓋曼群島商家庭傳媒股份有限公司城邦分公司
地址：10483台北市民生東路二段141號11樓
網址：http://www.cite.com.tw
客服專線：(02)2500-7718; 2500-7719
24小時傳真專線：(02)2500-1990; 2500-1991
服務時間：週一至週五09:30-12:00; 13:30-17:00
劃撥帳號：19863813　戶名：書虫股份有限公司
讀者服務信箱：service@readingclub.com.tw
麥田網址：https://www.facebook.com/RyeField.Cite

香港發行所

城邦（香港）出版集團有限公司
地址：香港九龍九龍城土瓜灣道86號順聯工業大廈6樓A室
電話：+852-2508-6231　傳真：+852-2578-9337
電郵：hkcite@biznetvigator.com

馬新發行所

城邦（馬新）出版集團【Cite(M) Sdn. Bhd. (458372U)】
地址：41, Jalan Radin Anum, Bandar Baru Sri Petaling, 57000 Kuala Lumpur, Malaysia.
電話：+603-9056-3833　傳真：+603-9057-6622
電郵：services@cite.my